工程建设理论与实践丛书

建筑设计与环境规划

JIANZHU SHEJI YU HUANJING GUIHUA

薛祖伟　区慧美　刘增国　主编

U0289774

华中科技大学出版社
http://press.hust.edu.cn
中国·武汉

内 容 简 介

本书为城市规划、环境规划和建筑设计领域工作人员设计的参考用专著。内容围绕建筑设计与环境规划展开,包括建筑的组成要素设计、建筑的环境要素设计、绿色建筑设计、建筑环境规划与管理、民用建筑环境规划与设计等。

图书在版编目(CIP)数据

建筑设计与环境规划/薛祖伟,区慧美,刘增国主编;李枫等副主编.—武汉:华中科技大学出版社,2024.8

ISBN 978-7-5772-0791-9

Ⅰ.①建…　Ⅱ.①薛…　②区…　③刘…　④李…　Ⅲ.①建筑设计-研究　②环境规划-研究　Ⅳ.①TU2　②X32

中国国家版本馆 CIP 数据核字(2024)第 105269 号

建筑设计与环境规划			
Jianzhu Sheji yu Huanjing Guihua	薛祖伟	区慧美	刘增国　主编

策划编辑:周永华

责任编辑:郭雨晨

封面设计:杨小勤

责任校对:刘小雨

责任监印:朱　玢

出版发行:华中科技大学出版社(中国·武汉)　　电话:(027)81321913

武汉市东湖新技术开发区华工科技园　　邮编:430223

录　　排:华中科技大学惠友文印中心

印　　刷:武汉科源印刷设计有限公司

开　　本:710mm×1000mm　1/16

印　　张:19

字　　数:342 千字

版　　次:2024 年 8 月第 1 版第 1 次印刷

定　　价:98.00 元

编　委　会

主　编　薛祖伟　新疆铁道勘察设计院有限公司

区慧美　广州市城市规划勘测设计研究院有限公司

刘增国　山东鼎实建筑设计有限公司

副主编　李　枫　中铁四局集团有限公司

王超进　江苏省建筑设计研究院股份有限公司

李　刚　中建八局华中建设有限公司

夏　卫　中国铁路广州局集团有限公司站房建设指挥部

编　委　王进轩　宣化冶金环保设备制造（安装）有限责任公司

房　肖　广州帛铎工程技术咨询有限公司

吴浩彬　汕头市自然资源局潮南分局

前　　言

如果说 19 世纪以前的规划师与建筑师关注城市建筑的风格,19 世纪的规划师与建筑师注重建筑群体的组合,那么 20 世纪以后的规划师与建筑师则更加明确空间的重要性。进入 21 世纪以后,适宜环境的创造成为规划师、建筑师的关注重点。以城市的整体环境为依托,以从整体到局部、从外部到内部为设计原则,区域及建筑群与城市环境的协调既要考虑周边环境的需求,又要认识到区域及建筑群对环境所产生的影响。

从广义的角度来理解,我们可以把建筑看成一种人造的空间环境。从整体上来说,组成建筑的要素包括建筑形体以及建筑的内外空间。而规划、设计就是组织建筑群和内部空间,同时处理好建筑与城市环境之间的空间关系。建筑对一个城市的改变作用可以以小见大。新建筑可以给那些没有定义的空间一个明确的形式。建筑的形体应该是内部空间的合理体现,而建筑的外部空间则应该是建筑形体与周边环境共同限定的。建筑设计不是孤立的,应该与环境规划融合、协调、互相促进。

本书主要分为绪论、建筑设计概要、建筑的组成要素设计、建筑的环境要素设计、绿色建筑设计、建筑环境规划与管理、民用建筑环境规划与设计 7 章。本书可供城市规划、环境规划和建筑设计领域的工作人员参考。

本书在编写过程中引用了许多学者在科研、实践中的经验资料,在此一并表示感谢。由于编者水平有限,书中难免存在不足之处,恳请读者批评指正。

目 录

第 1 章　绪论 …………………………………………………………………（1）

　1.1　建筑与建筑设计 ………………………………………………………（1）

　1.2　建筑与环境 ……………………………………………………………（7）

　1.3　我国建筑设计与环境规划发展趋势 …………………………………（10）

　1.4　建筑设计与环境规划的关系 …………………………………………（14）

第 2 章　建筑设计概要 ……………………………………………………（19）

　2.1　房屋建筑空间构成及构造 ……………………………………………（19）

　2.2　建筑平面设计 …………………………………………………………（23）

　2.3　建筑剖面设计 …………………………………………………………（28）

　2.4　建筑体型及立面设计 …………………………………………………（31）

　2.5　高层民用建筑设计 ……………………………………………………（34）

　2.6　建筑空间的组合与利用 ………………………………………………（37）

第 3 章　建筑的组成要素设计 ……………………………………………（40）

　3.1　屋顶设计 ………………………………………………………………（40）

　3.2　墙体设计 ………………………………………………………………（58）

　3.3　地面设计 ………………………………………………………………（67）

　3.4　门窗的设计 ……………………………………………………………（72）

第 4 章　建筑的环境要素设计 ……………………………………………（84）

　4.1　光线与建筑设计 ………………………………………………………（84）

　4.2　声音与建筑设计 ………………………………………………………（102）

　4.3　空气与建筑设计 ………………………………………………………（115）

　4.4　热湿与建筑设计 ………………………………………………………（124）

　4.5　颜色与建筑设计 ………………………………………………………（133）

　4.6　水与建筑设计 …………………………………………………………（139）

　4.7　绿色植被与建筑设计 …………………………………………………（144）

第 5 章　绿色建筑设计 ……………………………………………………（150）

　5.1　绿色建筑设计概述 ……………………………………………………（150）

5.2　不同气候区域绿色建筑设计特点 ……………………………（154）

5.3　绿色建筑设计要素 …………………………………………（184）

5.4　绿色建筑设计内容 …………………………………………（187）

5.5　绿色建筑要素设计的实践 …………………………………（192）

第6章　建筑环境规划与管理………………………………………（198）

6.1　防灾减灾的建筑规划方法 …………………………………（198）

6.2　建筑环境的维护管理 ………………………………………（225）

6.3　建筑使用寿命的可持续发展规划 …………………………（228）

第7章　民用建筑环境规划与设计…………………………………（231）

7.1　绿色生态住宅区景观环境规划与设计 ……………………（231）

7.2　基于系统环境观的低碳型铁路枢纽规划设计 ……………（251）

参考文献………………………………………………………………（291）

后　　记………………………………………………………………（295）

第1章 绪 论

1.1 建筑与建筑设计

1.1.1 建筑的概念、分类与分级

1. 建筑的概念

不同的人对建筑有着不同的理解。建筑可以是一个物体、一种生产活动,还可以是一处空间。首先,人们对建筑最普遍的认知是房子——房子是建筑,但建筑不仅仅是房子,塔、纪念碑等也可以称为建筑。其次,建筑是生产活动——个体建筑物的构建与城市的建设,乃至更大范围内的城市规划工作,均属于建筑的范畴。集中的房屋形成了街道、村镇和城市,人类建筑活动的范围也因此而扩大。由此,建筑为人类活动提供了场所,建筑也成为人类最初的生产活动。最后,建筑是空间——这是重要的也是常被忽视的一种概念,建筑可以是实空间包围所形成的虚空间,也可以是虚空间包围所形成的实空间。

建筑一词在汉语里是多义的、含糊的。《辞海》对建筑的解释是:①建筑物和构筑物的通称;②工程技术和建筑艺术的综合创作;③各种土木工程、建筑工程的建造活动。《韦氏词典》对建筑的解释是:设计房屋与建造房屋的科学及行业,形成一种风格。至今,学术界对建筑的定义仍有争论,虽然有着不同的解读,却都能反映出建筑的基本性质和特征。

本书所讨论的建筑是建筑物与构筑物的总称。建筑物是指供人们在其中生产、生活或进行其他活动的房屋或场所,即直接供人们使用的建筑称为建筑物,如住宅、办公楼等。构筑物是指间接供人们使用的建筑,如水塔、蓄水池、烟囱、储油罐等。

2. 建筑的分类与分级

1）建筑的分类

（1）按使用性质及功能分类。

建筑按使用性质及功能可分为生产性建筑和非生产性建筑，其中生产性建筑包含工业建筑与农业建筑，非生产性建筑为民用建筑，包含居住建筑与公共建筑。

①工业建筑：为工业生产服务的各类建筑，如生产车间、辅助车间、动力用房、仓储建筑等。

②农业建筑：用于农业、牧业生产和加工的建筑，如温室、畜禽饲养场、粮食与饲料加工站、农机修理站等。

③居住建筑：供人们日常居住生活使用的建筑，如住宅、宿舍、公寓等。

④公共建筑：供人们进行各种社会活动的建筑，包括行政办公建筑、文教建筑、托幼建筑、医疗建筑、商业建筑等。

（2）按规模分类。

建筑按规模可分为大量性建筑和大型性建筑。

①大量性建筑：主要是指量大面广，与人们生活密切相关的那些建筑，如住宅、学校、商店、医院、中小型办公楼等。

②大型性建筑：主要是指建筑规模大、耗资多、影响较大的建筑，与大量性建筑相比，其修建数量有限，但在国家或地区范围内具有很强的代表性，对城市的面貌影响很大，如大型火车站、大型体育馆、博物馆、大会堂等。

（3）按建筑高度分类。

根据《民用建筑设计统一标准》（GB 50352—2019），民用建筑按地上建筑高度可分为低层建筑、多层建筑、高层建筑、超高层建筑。

①建筑高度不大于 27.0 m 的住宅建筑、建筑高度不大于 24.0 m 的公共建筑及建筑高度大于 24.0 m 的单层公共建筑为低层或多层民用建筑。

②建筑高度大于 27.0 m 的住宅建筑和建筑高度大于 24.0 m 的非单层公共建筑，且高度不大于 100.0 m 的，为高层民用建筑。

③建筑高度大于 100.0 m 为超高层建筑。

2）建筑的分级

（1）按耐久性能划分。

耐久等级依据建筑的重要性和规模来确定。

①100 年以上：适用于重要的建筑和高层建筑。

②50～100 年：适用于一般性建筑。

③25～50 年：适用于次要的建筑。

④15 年以下：适用于临时性建筑。

（2）按耐火性能划分。

耐火等级由建筑构件的燃烧性能和耐火极限的最低值所决定，是衡量建筑耐火性能的指标。建筑按耐火等级划分为四级，一级的耐火性能最好，四级最差。性能重要、规模宏大或者具有代表性的建筑，通常按一级耐火等级进行设计；大量性建筑或一般性建筑按二、三级耐火等级设计；次要的或者临时性建筑按四级耐火等级设计。

1.1.2　建筑的属性与基本要素

1.建筑的属性

（1）空间属性。

建筑是实体和空间的统一，实体是空间的依托，空间是建筑的灵魂。一方面，建筑的空间属性体现在建筑的三维空间上：建筑存在长、宽、高三个方向的尺寸。另一方面，空间属性又体现在人在建筑中的行为活动上。当建筑师通过墙的围合、屋顶的覆盖等手段创造一定的空间边界时，在边界以内，人类工作、休息等活动才得以展开。人们在建筑中进行活动时，真正使用的并不是空间中的墙体、屋顶等边界实体，而是这类边界实体所限制的内部空间。这种人的活动与空间之间的关系，就是建筑最重要的属性——空间属性。

（2）艺术属性。

建筑具有艺术属性，很多建筑师、哲学家、音乐家都表达了这一观点。阿尔伯蒂认为"宇宙永恒地运动着，在它的一切运动中自始至终贯穿着类似性，所以我们应当从音乐家那里借用一切有关和谐的法则"；谢林认为"建筑是凝固的音乐"；音乐理论家姆尼兹·豪普德曼认为"音乐是流动的建筑"；古罗马、古希腊和中国古代的代表建筑，都具有浓郁的艺术属性。

（3）技术属性。

建筑需要技术来支撑，很多建筑师也表达了这一观点。勒·柯布西耶提出，"建筑是居住的机器"；弗兰克·劳埃德·赖特提出，建筑是用结构来表达思想科学

性的艺术;皮埃尔·路易吉·奈尔维提出,建筑必须是一个技术与艺术的综合体。

现代建筑的技术属性更加明显,包括材料技术、结构技术等方面。建筑材料多取自自然:木材做建筑木构架,如抬梁结构、斗拱等;石材做建筑的基础、结构柱等;混凝土做建筑的墙体等。建筑师可以选择合适的材料为建筑提供材料技术支撑。建筑有多种结构,包括梁板结构、框架结构、拱形结构、悬挑结构、壳体结构、折板结构、悬索结构等。建筑师可以选择适合的结构,为建筑提供结构技术支撑。

2. 建筑的基本要素

按照上述三种属性分类,构成建筑的基本要素是建筑功能、建筑技术和建筑形象,三个要素彼此之间形成辩证统一的关系。

(1)建筑功能是指建筑在物质方面和精神方面必须满足的使用要求,是建筑的主要目的。

(2)建筑技术包括建筑材料技术、结构技术、施工技术,是达到目的的手段。

(3)建筑形象是指建筑形体、建筑色彩、材料质感、内外装修等,是建筑功能、技术和艺术内容的综合表现。

上述三个要素中建筑功能居于主导地位,它对建筑技术和建筑形象起决定作用。建筑技术是实现建筑功能的手段,因而建筑功能和建筑形象要受其制约;反之,建筑功能和建筑形象的要求也会推动建筑技术的发展。建筑形象也不只是被动地表现建筑功能,同样的功能要求、同样的材料或技术条件下,由于设计的构思和艺术处理手法不同,以及建筑所处具体环境的差异,完全可能产生风格各异的建筑形象,在一些情况下,对建筑形象的要求会成为设计中首要考虑的因素。所以,建筑功能、建筑技术、建筑形象三者的关系应该是辩证统一、相辅相成的。

1.1.3　建筑设计的内容、依据和工作阶段

建筑设计能够为建筑实体的营造提供依据,同时是一种艺术创作的过程。建筑设计既要考虑人们的物质生活需要,也要考虑人们的精神生活需要。

1. 建筑设计的内容

建筑设计的内容按照专业方向分为建筑方案、建筑结构和建筑设备三个部分。

（1）建筑方案。

建筑方案涉及建筑学的多个方面,其中包括建筑的平面设计、各功能房间的布置、交通流线的组织、主次空间的关系、内外空间的协调、建筑单体的造型、建筑材料的应用、庭院和广场等多元素的综合设计,等等。

（2）建筑结构。

建筑结构设计通常开始于建筑方案初步完成后,为了配合建筑方案需要的多样空间,由结构工程师给出坚固、经济合理的配套结构体系,包括柱梁的网状系统、钢筋混凝土的型号和规格等。

（3）建筑设备。

这类设计的内容包括给排水、强弱电、暖通、排污、燃气等方面。

2. 建筑设计的依据

（1）使用功能。

建筑设计是指根据使用功能的要求,在指定的地点,设计指定功能的单体建筑或建筑群。其不仅要满足使用功能的要求,还应满足人体活动尺度、人的生理和心理的需求,为人们创造一个舒适、安全、卫生的环境。为了满足使用者的需求,应该了解人体活动的一些基本数据,例如:幼儿园建筑的楼梯踏步高度、窗台高度、黑板的高度均应满足儿童的使用要求;医院建筑中病房的设计应考虑通道必须能够保证移动病床顺利进出等。

（2）自然条件。

①气候条件。

气候条件包括温度、湿度、风向、风速等,不同地区的建筑风貌大相径庭,与当地的人文历史有紧密的联系,与所在地区的气候条件也有着千丝万缕的联系。在设计中需因地制宜,如我国北方建筑需考虑长达五六个月的保温需要,以及秋冬季室内日照的需要;岭南建筑通过设计骑楼来应对南方炎热多雨的气候;瑞典和芬兰的小型单体建筑可以通过屋顶的坡度来处理大量的积雪,以免积雪压坏建筑。

②地形、地质条件和抗震等级。

我国幅员辽阔,地形地貌特征丰富,建筑设计应遵循的条件也不尽相同,如我国北部平原地区建筑的抗震等级通常为 7 级,但在四川盆地地震活动较频繁的山区,级别较高的公共建筑抗震等级需要达到 8 级甚至 9 级。

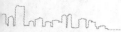

（3）环境条件。

建筑设计需考虑建筑周边的环境条件，如基地方位、形状、面积，周围的绿化、风景，原有建筑，管网等。"成功的建筑是像生长在土地上的一样，与周围环境结合得天衣无缝，而不是放之四海而皆准的。"复杂的环境条件会对建筑设计提出更大挑战，同时也提出更多的可能性，使建筑设计更加精彩。

（4）技术要求。

建筑设计中的材料、结构、设备、施工等应符合国家制定的规范及标准，如防火规范、采光设计标准、无障碍设计规范、建筑与市政工程防水通用规范等。

3. 建筑设计的工作阶段

1）设计前期准备工作

设计前期准备工作包括设计依据研究、原始资料收集、现场踏勘、调查研究等。

2）设计阶段工作

（1）提出项目建议书。

（2）编制可行性研究报告。

（3）进行项目评估。

（4）编制设计文件。编制设计文件是最为重要的一个阶段，工作量较大，涉及专业较多，时间周期较长。设计文件包括方案设计、初步设计、技术设计、施工图设计四个部分。

①方案设计：包括设计说明、总平面图及建筑设计图纸、投资估算、设计委托或设计合同中规定的透视图、鸟瞰图及建筑模型等。

②初步设计：包括设计图纸、设计说明（设计总说明和各专业设计说明）、主要设备及材料表、工程概算书等。

③技术设计：根据已经得到批准的初步设计而编制的更精确、更完备、更具体的文件和图纸。该阶段可根据实际需要来确定是否实施。

④施工图设计：包括封面、图纸目录、设计说明、全部专业设计图纸和工程预算书。

（5）施工前准备工作。

（6）组织施工。

（7）施工验收，交付生产使用。

1.2 建筑与环境

1.2.1 建筑是人工环境

人类环境一般包括自然环境和人工环境。

自然环境是指人们周围的各种自然因素的总和,包括大气、水、植物、动物、土壤、太阳辐射等。自然环境是人类赖以生存的物质基础,也是建筑中不可或缺的重要因素。自然环境是人工环境的基础,它不依附于建筑而存在,却在极大程度上影响着建筑。建筑的产生是人类对自然环境的改造,它往往能对自然环境造成局部的影响。

人工环境是指人类为了满足自身的需要,在自然物质的基础上,通过长期有意识的社会劳动、加工和改造自然物质、创造物质生产体系、积累物质文化等形成的环境体系。人工环境是对自然环境的发展,与自然环境密不可分,互相影响。它与自然环境的区别在于人是它的主导因素。人工环境包含了建筑,建筑则是人工环境作用的产物。

建筑是建筑物与构筑物的总称,是人们为了满足社会生活需要,利用所掌握的物质技术手段,并运用一定的科学规律和美学法则创造的人工环境。人们希望建筑能满足的要求如下。

(1)安全性:能够抵御飓风、暴雨、地震等各种自然灾害所引起的危害或人为的侵害。

(2)功能性:满足居住、办公、营业、生产等不同类型建筑的使用功能。

(3)舒适性:保证居住者在建筑内的健康和舒适。

(4)美观性:要有亲和感,并反映当时的文化和审美追求。

人们对不同类型建筑的要求不同,比如对住宅、影剧院、商场、办公楼等建筑要求健康舒适;对生物实验室、制药厂、集成电路车间等的工艺环境有严格要求;还有一些建筑,人们要求其既要满足工艺要求,又要保证舒适性。

1.2.2 建筑环境的发展过程

随着不同时期社会生产力和科学技术的发展,人们追求和创造的建筑环境也在不断进步。

（1）远古时代。

远古时代人类面对的首要问题是如何在恶劣的自然环境中保护自己、求得生存。从巢居、穴居、散居到建房聚居的过程正是人类力图适应自然、利用自然、改造自然，不懈地改善其生存环境的真实写照。

（2）远古时代到工业革命之前。

远古时代到工业革命之前，人类为防御自然气候与灾害对生命的威胁所建的建筑仅仅是遮风避雨的遮蔽所，建筑环境设计也将夏季利用通风，冬季防止渗透风，利用自然光采光，利用太阳热辐射等作为主要的设计项目。

（3）工业革命到 20 世纪 70 年代。

工业革命到 20 世纪 70 年代，大量煤炭和石油的开采，以及发电和燃气生产技术的成熟使人们能方便地得到丰富的电能和天然气；空调、采暖及人工照明等设施的使用，则使人们能够追求建筑的舒适性。人类进入了所谓的"舒适建筑"阶段，进而出现了全封闭、完全靠空调和人工照明来维持室内环境、与自然界隔绝的"现代化建筑"。然而，从 1974 年开始持续的石油危机，转瞬之间便使能源供应出现了危机。许多节能规划项目的立项、有关合理使用能源的法规、建筑隔热性能的研究、大量合理使用能源的指南等相继出现。与此同时，积极利用太阳能等自然资源、采用高效机械设备、以节能为宗旨的节能建筑逐渐增多。此阶段的建筑环境设计特征是在舒适和节能之间寻找平衡点。

（4）20 世纪 80 年代至今。

节能建筑使人工生物圈内的平衡被打破，许多闻所未闻的健康问题显现出来，建筑物综合征等引起了人们的关注。建筑物综合征也叫病态建筑综合征（sick building syndrome，简称 SBS），是发生在建筑中的一种对人体健康的急性影响，是由建筑的运行和维护与最初设计或规定的运行程序不协调所引起的。20 世纪 80 年代，国外学者又开始研究"健康建筑"，关注室内空气品质，甚至在大楼里建起模拟自然环境的森林浴空调系统。这一阶段，尽管建筑能耗有所反弹，但更多的研究还是集中在如何提高能源利用率上，建筑环境设计特征是在健康和节能之间寻找平衡点。

可持续发展理论的提出使人们开始反思，此前的建筑发展历程实际上是人类在不断地与自然界抗衡，是人类将不可再生的能源作为武器与自然界斗争的过程，其结果是人与自然两败俱伤。建筑环境设计不仅影响室内环境品质，还影响人们的健康和舒适，而且影响建筑所需能耗及其向大气排放的废气的质量，于是学者们提出了绿色建筑(或者可持续建筑、生态建筑)的概念。这种建筑的环境应该是健康和舒适的,所用能源是相对清洁的,对大气的影响较小,并尽可能地充分利用可再生能源,保护居住者的健康,充分体现可持续发展和人类回归自然的理念。国内外许多学者致力于绿色建筑的研究,并建立了一些示范建筑,甚至建立了"零能耗"的样板房。可持续发展对建筑环境的学科发展提出了一个新的要求,促使人们从人的生理和心理角度出发,研究确定合理的室外室内环境标准,分割室内居住区域和非居住区域,研究自然能源的利用,在室内环境的品质、能耗、环保与周围环境布局之间寻找建筑设计与环境规划的平衡点。

1.2.3　人类对建筑环境的认识

建筑与环境之间的关系实际上是非常复杂、难以认识和预测的,因为建筑涉及室外环境和人。室外环境具有随机变化的特点,而人对环境的感觉与反应又存在显著的个体差异,而且还会随着很多外部环境和主观因素的变化而变化。因此,人类对建筑环境规律的探索从来没有停止过。

从人类历史来看,人类对建筑环境的认识主要有以下几个发展阶段。

(1)被动适应环境阶段。在人类社会发展初期,人类往往依靠天然环境或材料被动地改善和适应环境,以减少建筑环境对居住者的不利影响。在这个阶段,人类对建筑环境的客观规律缺乏科学的认识。

(2)主动改造环境阶段。在这一阶段,人类往往能根据气候特点主动采取一定的手段和措施来改造建筑内外环境,满足居住者的需求。

(3)主动利用和适应环境阶段。在这一阶段,人类逐渐认识到改造建筑环境的做法往往会对居住者产生不利的影响,充分利用和结合当地的气候特点和建筑模式来适应和改善建筑环境,是实现人类、建筑与自然和谐发展的基本手段,也是构造舒适建筑环境的基本方法。为此,现代社会又提出了生态建筑和绿色建筑的发展模式,以充分满足人类的健康、舒适、高效的建筑环境需求。人类在利用自然和改造自然的过程中,随着建筑业的不断发展以及对环境利用的深入理解和认识,逐渐对建筑环境系统形成了辩证发展观。不同地域和不同气候条件下的居住者,可以根据当地的气候特点、自然资源,并结合当时的物质技术条件选择最适合自己生产和生活的建筑模式及建筑环境。

1.3 我国建筑设计与环境规划发展趋势

1.3.1 我国建筑设计发展趋势

1. 绿色可持续的发展趋势

建筑设计中,建筑师对环保材料的应用越来越广泛。无论是建筑的室内环境设计还是室外环境设计,建筑师都已将环保这一主题作为核心要素加以考虑。

建筑师在进行建筑设计时,会将可持续发展纳入设计范围,从人们生活方式的可持续、环境的良性循环等角度加以落实。建筑的可持续设计必须以建构人文环境与自然生态的和谐关系为落脚点。当前,我国正处于低碳转型期,建筑设计也逐渐呈现出低碳可持续发展的趋势。建筑师正在重塑建筑和建筑环境对自然的影响。我国可持续设计的被动立场已经改变,可持续设计已成为建筑设计的基本环节,以及当今建筑设计发展的必然趋势。

2. 建筑环境设计与建筑融合共生趋势

与以往建筑设计过分注重建筑中心地位、忽略建筑外部空间环境设计不同,当今我国更加注重建筑环境的营造和建筑空间设计,从建筑设计出发,建筑环境设计与建筑融合共生的趋势逐渐增强。在建筑环境中做文章,将人们从建筑外部空间环境中获得的体验与感知,随着人的动线逐渐引入建筑,使得建筑与环境二者联系更加紧密。这时建筑环境设计就显得尤为重要。一个好的建筑环境设计像是一个故事的开始,建筑则是这个故事的高潮。若建筑外部环境设计十分精彩,但建筑不能融入,则如虎头蛇尾;反之,建筑设计得很好,但其与外部环境设计不协调,则是狗尾续貂。建筑环境设计与建筑设计不再是相互独立的关系,只有二者相互协调才能成为一个完整的设计。

3. 老龄化影响下适老的发展趋势

随着社会日益发展,我国老年人口数量逐年增多,老龄化趋势也逐渐显现。我国由快速城市化的"成年型"社会迈向快速人口老龄化的"老年型"社会,老年宜居环境建设工作不仅意义重大,而且刻不容缓。老年人作为一个特殊的社会群体,心理和生理会随着年龄的增长产生一定的变化,设计更加适合老年人休闲疗养的舒适性建筑环境,在中国社会人口老龄化背景下,有助于提升老年人群幸福指数。随着我国建筑环境设计的不断发展,建筑设计对老年人的人文关怀也逐渐增多,呈现出多样的适老发展趋势,体现在以下方面。

(1)安全性逐步提高。由于建筑和周边的景观环境经常存在一些不安全因素,因此基本设施的设置需要满足老年人的基本需求。当今的建筑环境设计在一些细节上更加注重保障老年人的安全,提升了建筑环境的安全性。

(2)更加注重私密性与健康。老年人害怕孤独是一种普遍现象。现代建筑环境设计除了增加老年人与社会互动的机会,也更关注老年人的隐私,避免老年人的生活空间受到干扰。室外建筑环境设计注重私密空间与开放空间设计,以促进老年人的交流与活动,也满足了老年人对私密性的基本要求。

4. 建筑设计中的乡土传统元素与建筑艺术融合发展趋势

随着乡村振兴战略的提出,我国乡村发展受到的关注越来越多,乡村建筑的传承与发展也必将以乡土传统元素与建筑艺术融合的方式成为建筑师的关注焦点。在传统乡土元素的建筑挖掘与深化过程中,传统乡土建筑中的材料、做法以及与自然景观相协调的设计手法等必将被逐渐运用到建筑景观环境艺术的设计之中。如何保护和创造一种独特和难忘的乡村场所感,是当代中国乡土建筑环境艺术设计的一个重点。乡村场所感营造直接影响乡土建筑给人的直观感受,一个好的乡土建筑景观环境的营造,能够以点成线、以线带面地带动整个村落的复兴与发展。乡土建筑环境艺术设计不是照猫画虎,照搬旧的元素和形式,而是深入挖掘乡土建筑的文化精髓。中国当代建筑师必将深入地探究地域文化中的传统要素,从创造出更为符合中国民情的现代乡土建筑元素角度出发进行建筑设计。

5. 以人为本、公众参与的发展趋势

建筑设计中两个需要着重考虑的要素是:视觉服务性和实用服务性。视觉服务性是建筑设计的宗旨,实用服务性是建筑设计的目的。当代中国建筑设计考虑大众对建筑环境艺术的需求,逐渐成为符合人的生理与心理、符合物质与精神需求、以人为本的设计。公众作为设计的参与者和使用者,将会促进建筑设计的发展,这是中国未来人居环境设计发展的一大趋势。

6. 新技术新材料出现后的发展趋势

建筑设计中出现了众多新技术,如用不锈钢面板(8~10 mm 厚)弯成曲面并将其作为地面吸水水泥的分界分隔;彩色的吸水水泥铺地材料的应用完全改变了以往石材、水泥砖拼花的模式;新的石材切割工艺可以做出不同的圆角圆弧。这些新技术使建筑设计表现得更有艺术性,也更富有新意。新的花草树木的栽培技术,使得热带雨林的树木可以在北方生长、夏日的花木可以在秋冬开花,给人带来意想不到的新奇体验。新材料的应用和技术的变革,是建筑设计发展的必然趋势。

7. 人工智能引入后的发展趋势

人工智能已逐步运用于建筑设计与实施过程。比如,现在我们可以看到机器人盖房子砌墙、机器人铺地、机器人种树种草,等等。同时,人工智能也给建筑形式带来了巨大变革,如扎哈·哈迪德利用人工智能技术设计的曲面形式的建筑就是其中的典型。可见,随着技术形式的变革,建筑设计也会出现相应的革命性转变。

综上所述,建筑设计的目标已不再是单一的建筑环境,而是综合的文化生态环境系统的创设。当代建筑设计关注的重点已从空间组织和形式美感直接或间接地转向对环境之于人的社会交往行为的探讨。

1.3.2 我国环境规划发展趋势

1. 我国环境规划的内容和模式趋势

首先,很多规划师在进行环境规划时,都会实施以下步骤,即现状调查与评价、发展预测、目标和指标体系确定、环境功能区划、方案确定与优化等。这些步骤可以说是当前环境规划不可或缺的编制程序。同时,在现状调查分析的基础上进行预测分析、制订和优选方案、落实措施等,则被认为是规划师所要实施的一般性规划模式。不同行政范围、地域范围的环境规划内容虽有所不同,但污染控制始终是环境规划非常重要的内容。

其次,在环境规划中,公众参与越来越多,且受到规划师的日益重视。公众作为维持生态、保护环境的基本支点之一,是环境保护必不可少的力量。广泛而有效的公众参与有助于解决环境冲突,提高环境的可行性和有效性。随着我国现代化建设的不断推进,公众参与环境规划将向更加"细化""物化""可操作化"

方向发展,并逐步形成具有中国特色的公众参与环境规划管理,成为政府实施环境建设的有效手段。

2. 我国环境规划的方法与技术模型应用趋势

1)我国环境规划中方法应用的趋势

我国环境规划的方法主要有指标体系构建的方法体系、方案优选方法体系、未来发展预测方法体系等。

(1)指标体系构建的方法体系。

指标体系的建立是环境规划的一项重要内容,环境承载力分析、生态适宜性评价、基于压力-状态-响应(pressure-state-response,简称 PSR)模型的指标体系构建等方法得到了普遍应用。

①环境承载力,又称环境承受力或环境忍耐力,是指在一定条件下,区域环境对人类社会活动承受能力的阈值,包括环境的容量、质量和承受力。环境承载力分析能够比较客观地反映环境的可持续发展能力。

②生态适宜性评价已成为城市环境功能分区及土地和旅游资源规划与管理的重要依据之一。生态适宜性评价是指针对研究区域的各类生态因子,包括生物因子与环境因子,如水文、地理、地形、地质等进行综合评价并确定其对某种用途的适宜程度,是区域生态环境规划的核心工作,也是进行区域规划其他任务(如区域生产力布局、城镇体系布局)的重要依据,一般包括建设用地适宜性评价和生态敏感性评价等。具体步骤包括:a. 选取评价因子;b. 单因子评价;c. 确定各因子权重;d. 权重叠加,综合评价。

③压力-状态-响应(PSR)模型是经济合作与发展组织(Organization for Economic Co-operation and Development,OECD)和联合国环境规划署(United Nations Environment Programme,UNEP)共同提出的,用于评价人类活动对生态环境的影响程度,是较为成熟的评价指标体系。此模型中,P 代表土地系统受到的外部压力,S 代表自然资源的变化状况,R 代表人类为改善不良影响而采取的保护措施。基于 PSR 模型的指标体系构建可衡量人口增长、社会经济发展等因素给城市土地利用施加的压力,描述当前状况下的经济发展水平、资源产出水平和土地生态质量等土地产出水平,分析土地利用系统对压力的适应能力以及环境保护措施和治理手段的成效。压力、状态、响应之间相互制约、相互影响,反映了环境压力与环境变化之间的因果关系。

(2)方案优选方法体系。

方案优选方法体系中运用较为广泛的是层次分析法。层次分析法(analytic

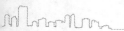

hierarchy process,简称 AHP)是一种适用于影响因素较多的复杂系统的决策分析方法,它在环境规划指标和方案的筛选、规划预测等方面应用广泛。

（3）未来发展预测方法体系。

未来发展预测方法体系中运用得最多的是情景分析法。这种方法是政策和规划领域中的重要研究工具,是对未来可能发生的态势及其影响进行分析的有效方法。情景分析法更能体现环境规划时效性和政策性的特点,充分考虑了未来发展的不确定性,对可能产生的多种结果进行分析,相对于模型预测等传统方法更加客观、公正。

2）我国环境规划中技术模型应用的趋势

首先,3S[遥感(remote sensing,RS)、地理信息系统(geographic information system,GIS)和全球定位系统(global positioning system,GPS)]、GNSS(global navigation satellite system,全球卫星导航系统)及 VR(virtual reality,虚拟现实技术)等现代技术在环境规划中的应用越来越广泛,极大提高了环境规划中信息获取的真实性、可靠性和广泛性。MATLAB(matrix 与 laboratory 两个词的组合,意为矩阵工厂,是美国 MathWorks 公司出品的商业数学软件,用于数据分析、无线通信、深度学习、图像处理与计算机视觉、信号处理、量化金融与风险管理、机器人、控制系统等领域)、Surfer8.0、Access 数据库等技术软件在环境规划中的拓展应用使得规划数据的分析预测更加准确、快速。系统动力学仿真模型用以模拟封闭系统的动态变化,定量预测系统行为,确定规划最佳方案。

其次,环境规划是建立在环境规划决策支持体系之上的,这是因为其能为环境规划和环境管理提供决策依据和科学的操作技术手段。依靠环境规划决策支持体系,规划师可以更好地解决环境规划中的半结构化和非结构化决策问题。

总之,环境规划是我国建筑师、规划师等组织开展环境布置或保护等工作的纲领和依据,是起指导作用的,其规划或设计将直接影响环境规划或保护的成效。我国应加强环境规划体系的建设,力争建成更加科学而健全的环境规划体系。

1.4　建筑设计与环境规划的关系

1.4.1　环境规划的要点

建筑的主要功能就是作为人类的隐蔽场所。在远古时代,人类建造固定居所的目的就是遮风挡雨,防止猛兽的侵害,抵御炎热和寒冷,保护自身安全,也就是建造与外界相隔离的内部空间。这也是建筑的起源。当然,人类的居住环境并不局限于建筑的内部空间,要向建筑的外部延伸,也要将室外空间作为人类生活场所的一部分。建筑的内外空间互为补充,承担诸多功能。日本建筑学家芦原义信认为:"意大利人生活的寝室都很小,但他们拥有很大的起居室。究其原因,在意大利,街道和广场都被看作生活场所。"人类的生活环境由建筑内部空间、建筑之间的空间、吊脚楼下架空层等中间领域也就是半室外空间组成。所以,要综合考虑人类的生活环境。

进行建筑的环境规划,必须把握如下三个要点。

1. 场所与地域环境

(1)环境的分阶段组成。

从空间上讲,人类环境包括身边的狭窄环境以及地球环境、宇宙环境等宽广的环境。人类群居学是希腊城市规划学者康斯坦丁诺所提倡的人类居住社会科学。他的研究指出环境由房间、居家、邻居、城市等阶段构成,并且各个组成要素之间相互关联和重叠。其研究说明进行建筑规划时,需要考虑城市规划乃至地球层面上的各种因素。反过来,进行城市规划时,需要考虑建筑规划乃至人体层面上的各种因素。这个观点对地球环境问题越来越受关注的当今与今后的生活环境规划,很有指导意义。

(2)环境的场所性。

建筑设计的第一阶段是熟悉地块和周边环境。除了解地域所在环境、用地形状、植被、栖息生物、气候条件等,也要了解土地的历史。在日本阪神大地震中,有一处倒塌大楼旁边的相邻建筑只受到轻微伤害。其原因就是倒塌大楼处的地基过去是一片低洼湿地,属于软弱地基。因此,地层中是否存在断裂带也需要得到重视。

建筑设计无法在像白纸那样的均质空间中完成,必须把握好每一片土地的特性。但是,近代社会的技术进步让人们产生了"在任何条件下的土地上都能设计建筑,在人工环境下也能创造舒适的生活空间"的规划思想。这就是近代社会的"场所性的丧失"。

(3)风土与地域。

地球是太阳系中的一个行星,被大气层包围着,其地表面积的 70% 是海洋。地球地表附近的环境适合动植物的发育,动植物经过进化,形成了丰富的生物体系。地球绕太阳运行一圈的时间大约是一年,自转周期是一天。由于自转与公转,因此产生昼夜和四季现象。地球是球体状,其表面接受太阳光和热的条件各不相同,使得地表各处的物理环境存在差别。因此不同地域出现了适合不同地域环境条件的多种动植物,产生了具有不同物理环境特征和生物生长环境特征的"风土"。

人类与其他动植物不同。人类依靠技术的力量,创造出适合自己生理特点、与外部环境(自然环境)相对分离的环境(人工环境)。其结果是产生了适合地域自然环境,也就是符合风土特征的各式建筑。

随着技术的惊人进步,人类不断征服自然环境,开始创造人工环境。

不过,维持人工环境需要消耗巨大的能源和其他资源。这就是造成当今地球环境问题的元凶之一。为了解决破坏生态系统和威胁人类生存的地球环境问题,要坚持以与其他生物共存、可持续发展的居住环境建设为基本原则。

2. 各主体的环境

人类作为主体,如何把握环境客体(实质环境)是环境规划的基本。人类由于年龄、身体与精神状态、民族与国民性等的不同,把握环境的方式和受到环境的影响也各不相同。

(1)年龄。

不同年龄段的人对同样的面积(环境)的理解是有区别的。这种理解上的区别在其他方面也有很多,例如不同年龄段的人对声音、视觉的生理反应是不同的。一般来讲,随着年龄的增加,其生理反应逐渐衰退。

(2)身体与精神状态。

人(主体)的身体、精神状态不同,把握环境(客体)的方式也不同。例如,对健康人群的行动没有任何影响的环境,对行动不便的人群来说,或许存在大问题;有精神障碍的人群对高温的反应迟钝,容易遭受严重的烧伤。建筑和城市的无障碍化就是针对弱势人群而设计的,在考虑不同人群的生活环境时,需要充分把握生活在该地区的不同人群的生理和心理状况,为他们提供便利。

需要注意的是,即便是健康人群,每一个人的身体和精神状态也是有差别的。如何定义健康,其实是一个复杂、困难的事情。例如:随着年龄的增加,身体的灵活性下降;突然生病而无法正常行动;发生停电等紧急情况时,视觉能力受限,不能顺利完成避难等。

（3）民族与国民性。

单单列举声音一项，不同国民性的人（主体）对环境（客体）的感受也各不相同。一份调查结果反映：对路口刺耳的警笛声，欧洲人认为与教堂的钟声相似，可以接受。必须了解不同国民性的人对环境不同的接纳方式，这对于建筑规划的国际化有益。

3. 形象化的环境

对客观存在的物理性环境（客体的环境），人们存在主观意识上的差别，会形成各自独立的环境（主体的环境）认识。如公元前 7 世纪，西亚的巴比伦尼亚人认为，大地就像一个很大的圆盘，飘浮在周围大海之中。主体如何认识客体对考虑环境很重要。因为建筑规划必须迎合主体，人类赞美什么、喜欢什么、何时感到舒适等这些客体的环境（刺激）与主体（人类）的关系，都是必须了解和掌握的。

1.4.2　建筑设计与环境规划的关系

长期以来，建筑设计中的突出问题便是人与环境之间的关系，即建筑功能同环境规划之间的关系。由于人与环境的交互作用大都表现为其在受刺激后的心理活动与外在表现以及活动空间状态的转移，因此，二者既相辅相成又相互制约，即建筑设计既需要满足空间使用和美观的需求，又需要在外部的构造方面同周边的环境、城市的文脉和整体风格相互协调。

从大的环境来看，建筑仅仅是环境的一部分，建筑美从整体上说是服从于周围环境的。建筑作为稳定的不可移动的具体形象，总是要借助于周围环境恰当而和谐的布局才能获得完美的造型表现。只有在充分理解建筑与环境之间关系的情况下，才能设计出建筑与环境协调统一、可持续的作品。建筑设计与环境规划的关系如下。

1. 建筑应与环境相融合

建筑和环境不是各自独立的，而是相互关联、相互融合的。在设计过程中必须重视建筑和环境本体的匹配性、融合性，使建筑和环境融为一个整体，从而在风格、文化、形式上达到高度一致。

2. 建筑应与环境相协调

建筑师以建筑所处的不同环境为基础进行设计，而环境同时也依据建筑风

格的不断演变,动态地反映历史的发展和文化的进步。所以说,在建筑与环境的关系之间,人们所追求的协调并不是表面形式的相同或相似,而是二者之间的相互结合。

3. 建筑与环境互为动力

马克思认为,人们的意识最初来源于对周围可感知环境的一种感觉,是对自身以外的其他人、物的狭隘联系的一种自我感觉。从人们开始有意识地改变环境起,人与环境之间的关系就已经从最初的同一性关系向对象性关系转变。建筑环境设计也需要遵循这种主观意识发展的规律,经历从自发到自觉的演变过程。

第 2 章　建筑设计概要

2.1　房屋建筑空间构成及构造

2.1.1　房屋建筑空间组合形式

房屋建筑空间有室内空间与室外空间两类,有时室内外空间结合在一起。这里仅就室内空间而言。为满足生产、生活的需要,房屋建筑由大小不等的各种使用空间及交通联系空间构成。由于房屋功能的不同,建筑使用空间的大小、数量及组合形式多种多样,所以建筑空间构成千变万化,建筑体型也千姿百态。

房屋建筑空间的组合形式大体上可分为下列几种。

(1)单元式:其特点是房间围绕一个公共使用部分(通常是交通中心)布置。多层职工住宅是单元式空间组合形式的典型例子,多以楼梯间为中心,每层围绕楼梯间布置各自的房间。

(2)走廊式(过道式):常见的宿舍楼、教学楼、办公楼、医院等都属于这种空间组合形式。它以较长的公共走廊(外廊或内廊)联系同一层的各个房间。

(3)套间式(穿堂式):各使用空间彼此连通,如商场、展览馆等建筑都是这样的空间组合形式。大多数生产厂房也是这种形式。

(4)大厅式:如影剧院、体育馆、大会堂等,它们的特点是以空间较大的观众厅或会议厅为建筑的主体,在周围布置一些空间较小的房间。

2.1.2　房屋建筑构造及定位轴线

1.建筑构造组成

一般民用建筑由基础、墙体和柱、楼板、楼梯、屋顶及门窗、隔墙等组成,有些建筑还有阳台、雨篷等组成部分。图 2.1 为某民用建筑构造组成。

基础是建筑墙和柱下部的承重部分,支承建筑的全部荷载,并将这些荷载传

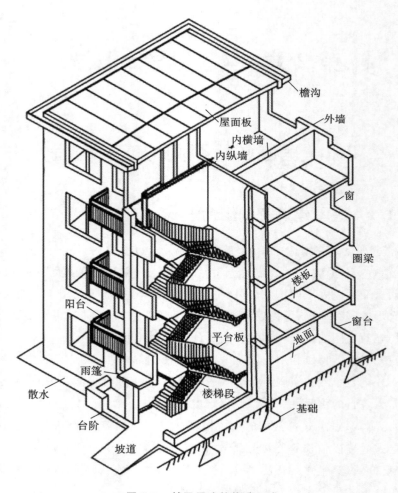

图 2.1　某民用建筑构造组成

给基础下的地基。

　　墙体和柱均是竖向承重构件,支承屋顶、楼层,并将这些荷载及自重传给基础。同时,直接对外接触的墙体还起着抵御风雨侵袭、隔声、隔热、保温的作用,而内墙则将建筑的内部分成若干空间,起分隔和承重的作用。

　　楼板把建筑从水平方向分成若干层,它承受上部的荷载,并连同自重一起传给墙体或柱。

　　楼梯是楼层间的垂直交通工具,高层建筑中还设有电梯。

　　屋顶是建筑顶部的承重结构,承受着风雪荷载和人的重量;同时屋顶也是围护结构,起着保温、防水、隔热的作用。

门是人们进出房间的通道,窗则起着采光和通风的作用。

　　建筑的室内设施一般有浴厕设备、垃圾道、通风道等卫生设施及壁橱、吊柜、壁龛、搁板等储藏设施,建筑的室外设施有道路、围墙、门墩、自行车棚、化粪池、花架等。

2. 定位轴线

　　《建筑模数协调标准》(GB/T 50002—2013)规定了定位轴线的确定方法。定位轴线是确定建筑结构或构件位置及其标志尺寸的线,用于平面时称为平面定位轴线(或横向定位轴线),用于竖向时称为竖向定位轴线(或纵向定位轴线)。定位轴线之间的距离(如开间、进深、跨度、柱距)均应符合模数数列的规定。设置定位轴线是为了统一与简化结构或构件等的尺寸和节点构造,减少规格类型,提高互换性和通用性,以满足建筑工业化的要求。

　　图 2.2 是框架结构柱子位置平面图。图 2.3 表示砌体建筑的墙体定位。

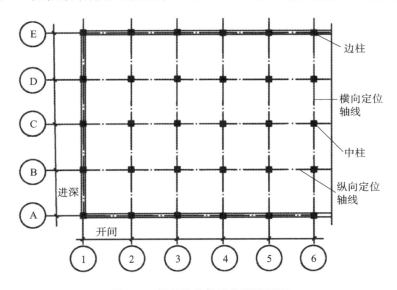

图 2.2　框架结构柱子位置平面图

1～6 为横向定位轴线的编号,A～E 为纵向定位轴线的编号。

2.1.3　民用建筑中常用的名词术语

　　民用建筑中常用的名词术语如下。

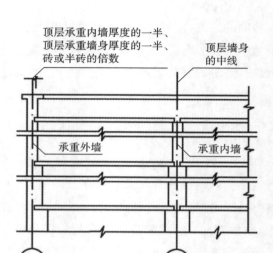

图 2.3　砌体建筑的墙体定位

（1）横向：建筑的宽度方向。

（2）纵向：建筑的长度方向。

（3）横向定位轴线：沿建筑宽度方向设置的轴线，用以确定墙体、柱、梁、基础的位置，其编号方法为采用阿拉伯数字注写在轴线圆内。

（4）纵向定位轴线：沿建筑长度方向设置的轴线，用以确定墙体、柱、梁、基础的位置，其编号方法为采用拉丁字母注写在轴线圆内，但 I、O、Z 不用。

（5）开间：两条横向定位轴线之间的距离。

（6）进深：两条纵向定位轴线之间的距离。

（7）层高：建筑的层间高度，即地面至楼面或楼面至楼面的高度。

（8）净高：房间的净空高度，即地面至吊顶下皮的高度，它等于层高减去楼地面厚度、楼板厚度和吊顶厚度。

（9）建筑总高度：室外地坪至檐口顶部的总高度。

（10）建筑面积：建筑长度、宽度外包尺寸的乘积再乘以层数，它由使用面积、交通面积和结构面积组成。

（11）使用面积：主要使用房间和辅助使用房间的净面积（净面积为轴线尺寸减去墙厚所得的净尺寸的乘积）。

（12）交通面积：走道、楼梯间、电梯间等交通联系设施的净面积。

（13）结构面积：墙体、柱所占的面积。

2.2　建筑平面设计

　　一般而言,一幢建筑是由若干单体空间有机组合起来的整体空间,任何空间都具有三度性。因此,在进行建筑设计的过程中,人们常从平面、剖面、立面三个不同方向的投影来综合分析建筑的各种特征,并通过相应的图示来表达其设计意图。

　　建筑的平面、剖面、立面设计是密切联系而又互相制约的。平面设计是关键,它集中反映了建筑平面各组成部分的特征及其相互关系、使用功能的要求、是否经济合理。除此之外,建筑平面与周围环境的关系、建筑是否满足建筑平面设计的要求,还不同程度地反映建筑空间艺术构思及结构布置关系等。一些简单的民用建筑,如办公楼、单元式住宅等,其平面布置基本上能反映建筑空间的组合。因此,在进行方案设计时,先从平面入手,同时认真分析剖面及立面的可能性和合理性,及其对平面设计的影响。只有综合考虑三者的关系,按完整的三度空间概念进行设计,才能做好一个建筑设计。

2.2.1　建筑平面设计的内容

　　民用建筑类型繁多,各类建筑房间的使用性质和组成类型也不相同。无论是由几个房间组成的小型建筑还是由几十个甚至上百个房间组成的大型建筑,从组成平面各部分的使用性质来分析,均可归纳为以下两个组成部分,即使用部分和交通联系部分。

　　使用部分包括各类建筑中的主要使用房间和辅助使用房间。主要使用房间是建筑的核心,由于它们的使用要求不同,形成了不同类型的建筑。如住宅中的起居室、卧室,教学楼中的教室、办公室,商业建筑中的营业厅,影剧院的观众厅等都是构成各类建筑的基本空间。辅助使用房间是为保证建筑主要使用要求而设置的,与主要使用房间相比则属于建筑的次要部分,如公共建筑中的卫生间、储藏室及其他服务性房间,住宅建筑中的厨房、厕所,一些建筑中的各种电气、水、采暖、空调通风、消防等设备用房。

　　交通联系部分是建筑中各房间之间、楼层之间和室内与室外联系的空间,如各类建筑中的门厅、走道、楼梯间、电梯间等。

　　由于使用功能不同,以上几个部分在房间设计及平面布置上均有不同,设计中应根据不同要求区别对待,采用不同的方法。建筑平面设计的任务就是充分

研究几个部分的特征和相互关系,以及平面与周围环境的关系,在各种复杂的关系中找出平面设计的规律,使建筑能满足功能、技术、经济、美观的要求。

建筑平面设计包括单个房间平面设计及平面组合设计。

单个房间平面设计是在整体建筑合理而适用的基础上,确定房间的面积、形状、尺寸以及门窗的大小和位置。

平面组合设计是根据各类建筑功能要求,抓住主要使用房间、辅助使用房间交通联系部分的相互关系,结合基地环境及其他条件,采取不同的组合方式将各单个房间合理地组合起来。

建筑平面设计所涉及的因素很多,如房间的特征及其相互关系、建筑结构类型及其布局、建筑材料、施工技术、建筑造价、节约用地以及建筑造型等方面的问题。因此,平面设计实际上就是研究解决建筑功能、物质技术、经济及美观等问题。

2.2.2 建筑平面的组合设计

每一幢建筑都是由若干房间组合而成的。建筑平面组合涉及的因素很多,如基地环境、使用功能、物质技术、建筑美观、经济条件等。进行组合设计时,必须在熟悉各组成部分的基础上,紧密结合具体情况,通过调查研究,综合分析各种制约因素,分清主次,认真处理好各方面的关系,如建筑内部与总体环境的关系,建筑内部各房间与整个建筑之间的关系,建筑使用要求与物质技术、经济条件之间的关系等。在组合过程中反复思考,不断调整修改,使平面设计趋于完善。建筑平面的组合实际上是建筑空间在水平方向的组合,这一组合必然导致建筑内外空间和建筑形体在水平方向予以确定。因此在进行平面组合设计时,可以及时勾画建筑形体的立体草图,考虑其在三度空间中可能出现的空间组合及形象,即从平面设计入手,但是着眼于建筑空间的组合。如何将单个房间与交通联系部分组合起来,使之成为一个使用方便、结构合理、造型简洁、构图完整、造价经济及与环境协调的建筑,这就是平面组合设计的任务。

(1)使用功能。

建筑性质不同,也就有不同的功能要求。一幢建筑的合理性不仅体现在单个房间上,而且在很大程度上取决于各种房间功能要求的组合。如教学楼设计中,虽然教室、办公室本身的大小、形状、门窗布置均满足使用要求,但若走道、门厅、楼梯布置不合理,就会造成不同程度的干扰,使得人流交叉、使用不便。因此,可以说使用功能是平面组合设计的核心。

平面组合的优劣主要体现在功能分区及流线组织两个方面。当然,对于采光、通风、朝向等要求也应予以充分的重视。

①合理的功能分区。合理的功能分区是将建筑若干部分按不同的功能要求进行分类,并根据它们之间的密切程度加以划分,使分区明确,联系方便。在分析功能关系时,常借助功能分析图来形象地表示各类建筑的功能关系及联系顺序。按照功能分析图将性质相同、联系密切的房间邻近布置或组合在一起,将使用中有干扰的部分适当分隔。这样既满足联系密切的要求,又能创造相对独立的使用环境。

具体设计时,可根据建筑不同的功能特征,从以下几个方面进行分析。

a.主次关系。组成建筑的各房间,其使用性质及重要性必然存在着主次之分。在平面组合时应分清主次、合理安排。如教学楼中,教室、实验室是主要使用房间,办公室、管理室、厕所等则属于次要房间;居住建筑中的起居室是主要房间,厨房、厕所、储藏室是次要房间;商业建筑中的营业厅,影剧院中的观众厅、舞台皆属于主要使用房间。

平面组合中,一般将主要使用房间布置在朝向较好的位置,使其靠近主要出入口,具有良好的采光通风条件,次要房间可布置在条件较差的位置。

b.内外关系。各类建筑的组成房间中,有的对外联系密切,直接为公众服务,有的对内关系密切,供内部使用。如办公楼中的接待室、传达室是对外的,而各种办公室是对内的。又如影剧院的观众厅、售票房、休息厅、公共厕所是对外的,而办公室、管理室、储藏室是对内的。平面组合时应妥善处理功能分区的内外关系,一般将对外联系密切的房间布置在交通枢纽附近,位置明显,便于直接对外,而将对内性强的房间布置在较隐蔽的位置。

c.联系与分隔。在分析功能关系时,常根据房间的使用性质,如"闹"与"静","清"与"污"等方面反映的特性进行功能分区,使其既分隔而互不干扰且又有适当的联系。如教学楼中的普通教室和音乐教室同属教室,它们之间联系密切,但为防止声音干扰,必须适当隔开;教室与办公室之间要求方便联系,但为了避免学生影响教师的工作,需适当隔开。

②明确的流线组织。各类民用建筑因使用性质不同,往往存在着多种流线,归纳起来分为人流及货流两类。所谓流线组织明确,即使各种流线简洁、通畅,不迂回逆行,尽量避免相互交叉。在建筑平面设计中,各房间一般是按使用流线的顺序关系有机组合起来的。因此,流线组织合理与否,直接影响到平面组合是否紧凑、合理,平面利用是否经济等。以展览馆建筑为例,常按人流参观路线的顺序将各展室连接起来。火车站建筑有旅客进出站路线,人流路线为到站—问

讯—购票—候车—检票—上车，出站时经由站台验票出站。平面布置以人流路线为主，并将其与行包线分开，尽量缩短各种流线的长度。

（2）结构类型。

建筑结构与材料是构成建筑的物质基础，在很大程度上影响着建筑的平面组合。因此，平面组合在考虑满足使用功能要求的前提下，应选择经济合理的结构方案，并使平面组合与结构布置协调一致。

目前民用建筑常用的结构类型有三种，即混合结构、框架结构、空间结构。

①混合结构。建筑的主要承重构件有墙、柱、梁板、基础等，砖墙和钢筋混凝土梁板的混合结构最为普遍。这种结构形式的优点是构造简单、造价较低，其缺点是房间尺寸受钢筋混凝土梁板经济跨度的限制，室内空间小，开窗也受到限制，仅适用于房间开间和进深尺寸较小、层数不多的中小型民用建筑，如住宅、中小学校、医院及办公楼等。

混合结构根据受力方式可分为横墙承重、纵墙承重、纵横墙承重三种方式。对于房间开间尺寸部分相同，且符合钢筋混凝土板经济跨度的建筑，常采用横墙承重。当房间进深较统一，进深尺寸较大且符合钢筋混凝土板的经济跨度，但开间尺寸多样，要求布置灵活时，可采用纵墙承重，如要求开间较大的教学楼、办公楼等。

②框架结构。框架结构的主要特点是承重系统与非承重系统有明确的分工：支承建筑空间的骨架（如梁、柱）是承重系统；而分隔室内外空间的围护结构和轻质隔墙是不承重的。这种结构形式强度高，整体性好，刚度大，抗震性好，平面布局灵活性强，开窗较自由，但钢材、水泥用量大，造价较高，适用于开间、进深较大的商店、教学楼、图书馆之类的公共建筑以及多层或高层住宅、旅馆等。

③空间结构。随着建筑技术、建筑材料和结构理论的进步，新型高效的建筑结构也在飞速地发展，出现了各种大跨度的新型空间结构，如薄壳、悬索、网架等。这类结构用材经济，受力合理，并为建设大跨度的公共建筑提供了有利条件。

（3）设备管线。

民用建筑中的设备管线主要包括给水、排水、采暖、空气调节、电气照明、通信等所需的设备管线，它们都占有一定的空间。在进行平面组合时，除应考虑一定的设备位置，恰当地布置相应的房间（如厕所、盥洗间、配电室、空调机房、水泵房等），对于设备管线比较多的房间（如住宅中的厨房、厕所，学校、办公楼中的厕所、盥洗间，旅馆中的客房卫生间、公共卫生间等），在满足使用要求的同时，应尽量将设备管线集中布置、上下对齐，方便使用，有利于施工和节约管线。

（4）建筑造型。

建筑平面组合除受到使用功能、结构类型、设备管线的影响外，在一定程度上也受到建筑造型的影响。当然，造型本身是离不开功能要求的，是内部空间的直接反映。但是，简洁、完整的造型要求以及不同建筑的外部性格特征又会反过来影响平面布局及平面形状。一般说来，简洁、完整的建筑造型无论对缩短内部交通流线，还是对于简化结构、节约用地、降低造价以及提高抗震性能等都是极为有利的。

（5）平面组合形式。

各类建筑由于使用功能不同，房间之间的相互关系也不同。有的建筑由一个个大小相同的重复空间组合而成，它们彼此之间没有一定的使用顺序关系，各房间既联系又相对独立，如学校、办公楼；有的建筑以一个大房间为主，其他均为从属房间，环绕着这个大房间布置，如电影院、体育馆；有的建筑房间排列顺序完全按使用顺序而定，如展览馆、火车站等。平面组合就是根据使用功能特点及交通路线的组织，将不同房间组合起来。平面组合大致可以归纳为如下几种形式。

①走道式组合。走道式组合的特点是使用房间与交通联系部分明确分开，各房间沿走道（走廊）一侧或两侧并列布置，房间门直接开向走道，通过走道相互联系；各房间基本上不被打扰，能较好地保持相对独立性。走道式组合的优点是各房间有直接的天然采光和通风，结构简单，施工方便等。因此，这种形式广泛应用于一般性的民用建筑，特别适用于房间面积不大、数量较多的重复空间组合，如学校、宿舍、医院、旅馆等。

②套间式组合。套间式组合的特点是用穿套的方式按一定的序列组织空间，房间与房间之间相互穿套，不再通过走道联系。这种形式通常适用于房间的连续性较强，使用房间不需要单独分隔的情况，如展览馆、火车站等建筑类型。套间式组合按其空间序列的不同又可分为串联式和放射式两种。串联式是按一定的顺序关系将房间连接起来，放射式是将各房间围绕交通枢纽呈放射状布置。

③大厅式组合。大厅式组合是以公共活动的大厅为主，穿插布置辅助房间。这种组合的特点是主体房间使用人数多、面积大、层高大，辅助房间与大厅相比，尺寸大小悬殊，常布置在大厅周围并与主体房间保持一定的联系。

④单元式组合。将关系密切的房间组合成一个相对独立的整体，称为单元。将一种或多种单元按地形和环境情况在水平或垂直方向上重复组合，使之成为一幢建筑，这种组合方式称为单元式组合。单元式组合的优点是能使建筑标准化，节省设计工作量，简化施工，同时功能分区明确，平面布置紧凑。单元与单元

之间相对独立,互不干扰。除此以外,单元式组合布局灵活,能适应不同的地形,形成多种不同的组合形式,因此广泛用于大量的民用建筑,如住宅、学校、医院等。

以上是常用的平面组合形式。随着时代的发展,使用功能也必然会发生变化,加上新结构、新材料、新设备的不断出现,新的形式将会层出不穷,如自由灵活的大空间分隔形式及庭院式空间组合形式等。

2.2.3　建筑平面组合与总平面的关系

任何一幢建筑(或建筑群)都不是孤立存在的,而是处于一个特定的环境之中,它在基地中的位置、形状、平面组合、朝向、出入口的布置及建筑造型等都必然受到总体规划及基地条件的制约。由于基地条件不同,相同类型和规模的建筑会有不同的组合形式。即使是基地条件相同,由于周围环境不同,其组合也不会相同。为使建筑既满足使用要求,又能与基地环境协调一致,首先必须做好总平面设计,即根据使用功能要求,结合城市规划的要求,场地的地形、地质条件、朝向、绿化以及周围建筑等因地制宜地进行总体布置,确定主要出入口的位置,进行总平面功能分区,在功能分区的基础上进一步确定单体建筑的布置。

总平面功能分区是将各部分建筑按不同的功能要求进行分类,将性质相同、功能相近、联系密切、对环境要求一致的部分划分在一起,组成不同的功能区,各区相对独立并成为一个有机的整体。

进行总平面功能分析,一般应考虑以下几点要求。

(1)各区之间相互联系的要求。如中学教室、实验室、办公室、操场等之间是如何联系的,它们之间的交通关系又是如何组织的。

(2)各区相对独立与分隔的要求。如学校的教师用房(办公、备课及教工宿舍)既要考虑与教室有较方便的联系又要求有相对的独立性,避免干扰,并适当分隔。

(3)室内用房与室外场地的关系。可通过交通组织、合理布置各出入口加以处理。

2.3　建筑剖面设计

建筑剖面设计确定建筑各部分高度、建筑层数、建筑空间的组合与利用,以及建筑剖面中的结构、构造关系等。它与平面设计是从两个不同的方面来反映建筑内部空间关系的。平面设计着重解决内部空间水平方向上的问题,而剖面设计则主要研究竖向空间的处理,但同样都涉及建筑的使用功能、技术经济条件、周围环境等问题。

建筑剖面设计主要包括以下内容。

(1)确定房间的剖面形状、尺寸及比例关系。

(2)确定房屋的层数和各部分的标高,如层高、净高、窗台高度、室内外地面标高。

(3)解决天然采光、自然通风、保温、隔热、屋面排水等问题及选择建筑构造方案。

(4)选择主体结构与围护结构方案。

(5)进行房屋竖向空间的组合,研究建筑空间的利用。

2.3.1　房间的剖面形状

(1)分类和要求。

房间的剖面形状分为矩形和非矩形两类,大多数民用建筑均采用矩形。这是因为矩形剖面简单、规整、便于竖向空间的组合,同时结构简单,施工方便。非矩形剖面常用于有特殊要求的房间。

房间的剖面形状主要根据使用要求和特点来确定,同时也要结合具体的物质技术、经济条件及特定的艺术构思考虑,使之既满足使用要求,又能达到一定的艺术效果。

(2)使用要求。

住宅、学校、办公楼、旅馆、商店等建筑的房间剖面形状多采用矩形,这是因为矩形剖面不仅能满足这类建筑的要求,而且具有上面谈到的一些优点。对于某些有特殊功能要求(如对视线、音质等有要求)的房间,则应根据使用要求选择适合的剖面形状。

有视线要求的房间主要是指影剧院的观众厅、体育馆的比赛大厅、教学楼中的阶梯教室等。这类房间除平面形状、大小满足一定的视距、视角要求外,地面应有一定的坡度,以满足良好的视觉要求,即便于使用者舒适、无遮挡地看清对象。

地面的升起坡度与设计视点的选择、座位排列方式(即前排与后排对位或错位排列)、排距、视线升高值(即后排与前排的视线升高差)等因素有关。

设计视点是指按设计要求所能看到的极限位置,以此为视线设计的主要依

据。各类建筑由于功能不同,观看对象性质不同,设计视点的选择也不一致。如电影院将设计视点定在银幕底边的中点,这样可保证观众看清银幕的全部;体育馆将设计视点定在篮球场边线或边线上空 300～500 mm 处等。设计视点选择是否合理是衡量视觉质量好坏的重要标准,直接影响地面升起坡度和经济性。设计视点越低,视野范围越大,地面升起坡度越大;设计视点越高,视野范围越小,地面升起坡度越小。一般来说,当观察对象低于人眼高度时,地面升起坡度大,反之则升起坡度小。

2.3.2　剖面设计应适应设备布置的需要

建筑设计中,对房间高度有影响的主要是电气系统中照明、通信、动力(小负荷)等管线的敷设,空调管道的位置和走向,冷、热水管道,上、下水管道的位置和走向,以及其他专用设备的位置等。例如医院手术室内设有下悬式无影灯时,室内的净高就应较高。又如某档案馆跨度大(11 m),楼面负荷重,楼板厚,梁很高,梁下有空调管道,空调通过吊顶板的孔均匀送风,顶板和管道之间要有一定距离,另外还要留出灯具、烟感器、自动灭火器等的位置,这个层高为 4.2 m 的档案馆室内净高仅有 2.7 m。可见,设备布置对剖面设计的影响不容忽视。当今建筑中采用的新设备多,它们直接影响着层高、层数、立面造型等。因此,在剖面设计时应慎重对待。

2.3.3　剖面设计要充分利用空间

提高建筑空间的利用率是建筑设计的一个重要课题,利用率一方面是水平方向的,表现于平面上;另一方面是垂直方向的,表现于剖面上。空间的充分利用主要依赖于良好的剖面设计。例如住宅设计中,在入口部分的过道上空做些吊柜,既可增加储藏面积,又能降低层高,使住宅具有小巧感,使人感到亲切。一些公共建筑的空间高大,利用夹层、跃廊等可以增加面积、节约投资,同时还可利用夹层丰富空间,增强室内的艺术效果。

跃层建筑的设计目的是节省公共交通面积,减少干扰,主要用于每户建筑面积较多的住宅设计,也可用于公共建筑。在剖面设计中应注意楼梯和层高的高度问题。错层的剖面设计主要适用于建筑纵向或横向需随地形分段而高低错开的情况。可利用室外台阶解决上下层入口的错层问题,也可利用室内楼梯,调整楼梯梯段数量和梯段的踏步数,使楼梯平台的标高和错层地面的标高一致。

2.4　建筑体型及立面设计

2.4.1　概述

建筑不仅要满足人们生产、生活等物质功能的要求,而且要满足人们精神文化方面的要求。为此,不仅要赋予它实用属性,同时也要赋予它美观的属性。建筑的美观性主要是通过内部空间及外部造型的艺术处理来体现,同时也涉及建筑的群体空间布局,建筑的外观形象对人的精神感受产生的影响尤为深刻。

建筑体型及立面设计着重研究建筑的体量大小、体型组合、立面及细部处理等。在满足使用功能和经济合理的前提下,建筑师运用不同的材料、结构形式、装饰细部、构图手法等创造出预想的意境,从而使建筑给人以庄严、挺拔、明朗、轻快、简洁、朴素、大方、亲切的印象,具有独特的表现力和感染力。

建筑体型和立面设计是整个建筑设计的重要组成部分。外部体型和立面反映内部空间的特征,但绝不能简单地理解为建筑体型和立面设计只是内部空间的最后加工,是建筑设计完成后的最后处理,而应与平、剖面设计同时进行,并贯穿整个设计。在方案设计一开始就应在功能、物质技术条件等制约下按照美观的要求考虑建筑体型及立面的雏形。随着设计的不断深入,在平、剖面设计的基础上对建筑外部形象从总体到细部反复推敲、协调、深化,使之达到形式与内容的完美统一,这是建筑体型和立面设计的主要方法。

建筑体型和立面设计是不可分割的。体型设计反映建筑外形总的体量、形状、组合、尺度等空间效果,是建筑形象的基础。但是,只有体型美还不够,还须在建筑的立面设计中进一步地刻画和完善,才能获得完美的建筑形象。

建筑体型和立面设计虽然各有不同的设计方法,但是它们都要遵循建筑形式美的基本规律,按照建筑构图要点,结合功能使用要求和结构、构造、材料、设备、施工等物质技术手段,从大处着眼,逐步深入,对每个细部反复推敲,力求达到比例协调、形象完美的效果。

建筑体型和立面设计不能脱离物质技术发展的水平和特定的功能、环境而任意塑造,它在很大程度上要受到使用功能、材料、结构施工技术、经济条件及周围环境的制约。因此,每一幢建筑都具有自己独特的形式和特点。除此之外,建筑体型和立面设计还要受到不同国家的自然社会条件、生活习惯和历史传统等

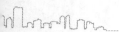

各方面综合因素的影响,建筑外形不可避免地要反映出特定历史时期、特定民族和地区的特点,具有时代气息、民族风格和地区特色。只有全面考虑上述因素,运用建筑艺术造型构图规律来塑造建筑体型和立面造型,才能创造出真实而具有强烈感染力的建筑形象。

2.4.2　建筑的立面设计

立面设计是在符合功能使用要求和结构、构造合理的基础上,紧密结合内部空间设计,对建筑体型进一步刻画处理。建筑的各立面可以看成由许多构(部)件(如门、窗、墙、柱、垛等)组成。

确定这些组成部分和构(部)件的比例、尺度、材料、质地、色彩等,运用构图要点,设计出与整体协调、与内容统一、与内部空间相呼应的建筑立面,就是立面设计的主要任务。

建筑立面设计一般包括建筑各个面的设计,并按正投影方法予以绘制。实际上,建筑造型是一种三度空间的艺术,我们看到的建筑都是透视效果,而且还是视点不断移动时的透视效果。如果加上时间的因素,可以说建筑是四度空间的艺术。因此,我们在立面设计中,除单独确定各个立面以外,还必须对实际空间效果加以研究,使每个立面之间相互协调,形成有机统一的整体。

(1)墙面的设计。

建筑的外墙面对建筑的特性、风格和艺术的表达起相当重要的作用。墙面处理最关键的问题就是如何把墙、垛、柱、窗、洞、槛墙等各种要素组织在一起,使之有秩序、有变化。墙面的处理不能孤立地进行,它必然要受到内部房间划分以及柱、梁、板等结构体系的制约。为此,在组织墙面时,必须充分利用这些内在要素的规律性来反映内部空间和结构的特点。同时,还要使墙面具有良好的比例、尺寸、韵律感。要巧妙地安排门、窗和窗间墙,恰当地组织阳台、凹廊等。还可借助窗间墙的线脚以及为分隔窗用的隔片、为遮阳用的纵横遮阳板等,赋予墙面更多的变化。因此,建筑墙面的设计具有灵活性。

(2)建筑虚实与凹凸的处理。

建筑的"虚"指的是立面上的虚体部分,如玻璃门窗洞口、门廊、空廊、凹廊等,它们给人以不同程度的空透、开敞、轻巧的感觉;"实"指的是立面上的实体部分,如墙面、柱面、台阶踏步、屋面、栏板等,它们给人以不同程度的封闭、厚重、坚实的感觉。以虚为主的手法大多能赋予建筑轻快、开朗的特点;以实为主的手法大多能赋予建筑厚重、坚实、雄伟的感觉。对立面凹凸关系的处理可以丰富立面效果,加强光影变化,组织体量变化,突出重点,安排韵律节奏。较大的凹凸变化给人强烈的起伏感,小的凹凸变化给人柔和的感觉。

虚实与凹凸的处理对建筑外观效果的影响极大。虚与实、凹与凸既是相互对立的,又是相辅相成的。虚实凹凸处理必然要涉及墙面、柱、阳台、凹廊、排檐、门廊等的组合问题。为此,必须巧妙地利用建筑的功能特点,把以上要素有机地组合在一起,展示建筑虚与实、凹与凸的对比与变化艺术。虚实与凹凸的处理常常给建筑带来活力,巧妙安排虚实对比和凹凸变化是创造建筑艺术形象的重要手法。

国内某些建筑利用框架结构的特点,采用了大面积的带形窗,或上下几层连通的玻璃窗,从而使虚实对比更加强烈。一些建筑师利用凹凸和虚实的对比与变化,赋予建筑活力。

(3)立面上的重点与细部处理。

突出建筑立面中的重点,既是建筑造型的设计手法,也是建筑使用功能的需要。突出建筑的重点,实质上是建筑构图中主从设计的一个方面。

但建筑立面设计中的主从关系还是有别于建筑体量上的主从关系的,后者一般从大的方面、从较远距离看建筑来考虑。而前者除了注重远距离看建筑的整体效果,还重视近距离看建筑的细节。立面的重点处理多重视对人的视线的引导,其处理效果一般是通过对比的手法取得的。例如住宅的立面设计,为了显示入口,常常在入口的上部做些花饰。有的则将楼梯间的窗子设计得特殊一些,有的则将入口部位设计得更突出,还可以在门上加雨罩、门斗或花格等。又如办公楼,通常主体简洁,常采用大门廊作重点处理,以突出主要入口,并增强办公楼的庄严气氛。

总之,在建筑立面设计中,利用阳台、凹廊、柱式、檐部、门斗、门廊、雨篷、台阶、踏步等,可产生对比强烈、光影辉映、明暗交错的效果。同时,窗户大小、形状、组织的变化也可增强立面的艺术感,更好地表现建筑风格。

2.4.3　影响建筑体型和立面设计的因素

影响建筑体型和立面设计的因素主要有以下几点。

(1)使用功能。

建筑是为了满足人们生产和生活需要而创造出的物质空间环境。根据使用功能的要求,结合物质技术、环境条件确定房间的形状、大小、高低,并进行房间的组合。而室内空间与外部体型又是互相制约、不可分割的两个方面。房屋外

部形象反映建筑内部空间的组合特点,美观性与功能要求紧密结合,这正是建筑艺术有别于其他艺术的特点之一。因此,各类建筑由于使用功能的千差万别,室内空间全然不同,在很大程度上必然导致不同的外部体型及立面特征。

(2)物质技术条件。

建筑不同于一般的艺术品,它必须运用大量的材料并通过一定的结构施工技术等手段才能建成。因此,建筑体型及立面设计必然在很大程度上受到物质技术条件的制约,并反映出结构、材料和施工的特点。

现代新结构、新材料、新技术的发展给建筑外形设计提供了更强的灵活性和多样性。各种空间结构的大量运用更加丰富了建筑的外观形象,使建筑造型千姿百态。

由于施工技术本身的局限性,各种不同的施工方法对建筑造型都具有一定的影响。如采用各种工业化施工方法的滑模建筑、升板建筑、盒子建筑等都具有各自不同的外形特征。

(3)城市规划及环境条件。

建筑本身就是构成城市空间和环境的重要因素,它不可避免地受到城市规划、基地环境的制约。另外,任何建筑都坐落在一定的基地环境之中,要处理得协调统一,与环境融为一体,就必须和环境保持密切的联系。所以建筑基地的地形、地质、气候、方位、朝向、形状、大小、道路、绿化以及原有建筑群的关系等,都对建筑外部形象有极大的影响。

(4)社会经济条件。

总体规划、建筑空间组合、材料选择、结构形式、施工组织及维修管理等都包含着经济因素。建筑外形的艺术美并不以投资的多少为决定因素。事实上,只要充分发挥建筑师的主观能动性,在一定的经济条件下巧妙地运用物质技术手段和构图法则,努力创新,完全可以设计出适用、安全、经济、美观的建筑。

2.5　高层民用建筑设计

2.5.1　高层民用建筑的分类

根据《建筑设计防火规范(2018 年版)》(GB 50016—2014),高层民用建筑根据其建筑高度、使用功能和楼层的建筑面积可分为一类和二类。高层民用建筑的分类见表 2.1。

续表

表 2.1　高层民用建筑的分类

名称	高层民用建筑	
	一类	二类
住宅建筑	建筑高度大于 54 m 的住宅建筑(包括设置商业服务网点的住宅建筑)	建筑高度大于 27 m,但不大于 54 m 的住宅建筑(包括设置商业服务网点的住宅建筑)
公共建筑	1.建筑高度大于 50 m 的公共建筑; 2.建筑高度 24 m 以上部分任一楼层建筑面积大于 1000 m^2 的商店、展览、电信、邮政、财贸金融建筑和其他多种功能组合的建筑; 3.医疗建筑、重要公共建筑、独立建造的老年人照料设施; 4.省级及以上的广播电视和防灾指挥调度建筑、网局级和省级电力调度建筑; 5.藏书超过 100 万册的图书馆、书库	除一类高层公共建筑外的其他高层公共建筑

2.5.2　高层民用建筑的结构选型

高层民用建筑主要采用四大结构体系,分别是框架结构、框架-剪力墙结构、剪力墙结构和筒体结构。《高层建筑混凝土结构技术规程》(JGJ 3—2010)中对 A 级高度钢筋混凝土四大结构体系的最大适用高度详见表 2.2。

表 2.2　四大结构体系的最大适用高度(单位:m)

结构体系	非抗震设计	抗震设防烈度				
		6 度	7 度	8 度		9 度
				0.20 g	0.30 g	
框架	70	60	50	40	35	—
框架-剪力墙	150	130	120	100	80	50

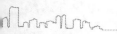

续表

结构体系		非抗震设计	抗震设防烈度				
			6度	7度	8度		9度
					0.20 g	0.30 g	
剪力墙	全部落地剪力墙	150	140	120	100	80	60
	部分框支剪力墙	130	120	100	80	50	不应采用
筒体	框架-核心筒	160	150	130	100	90	70
	筒中筒	200	180	150	120	100	80

注:(1)g 为重力加速度;(2)表中框架不含异形柱框架;(3)甲类建筑,6、7、8 度时宜按本地区抗震设防烈度提高一度后符合本表的要求,9 度时应专门研究。

2.5.3 高层民用建筑的主要构造

(1)楼板。

①压型钢板组合式楼板。该楼板也称为压型钢板混凝土组合楼板,利用凹凸相间的压型薄钢板做衬板,与现浇混凝土浇筑在一起支承在钢梁上,构成整体型楼板,主要由楼面层、组合板和钢梁三部分组成,适用于大空间建筑和高层民用建筑,在国际上已普遍采用。

②现浇钢筋混凝土楼板。该楼板指在现场依照设计位置,进行支模、绑扎钢筋、浇筑混凝土,经养护而制作的楼板,具有坚固、耐久、防火性能好、成本低的特点。

(2)墙体。

①填充墙,如加气混凝土砌块墙、焦渣砌块墙等。填充墙是指框架结构的墙体,起围护和分隔作用,重量由梁柱承担,填充墙不承重。

②幕墙,如玻璃幕墙等。幕墙不承重,像幕布一样挂上去,故又称为悬挂墙,是现代大型和高层民用建筑常用的带有装饰效果的轻质墙体。幕墙是由结构框架与镶嵌板材组成,不承担主体结构荷载的建筑围护结构。

(3)基础。

①板式基础。板式基础是指按板计算的柱下钢筋混凝土独立基础和墙下钢筋混凝土条形基础。

②箱形基础。箱形基础是指由底板、顶板、钢筋混凝土纵横隔墙构成的整体现浇钢筋混凝土结构。箱形基础具有较大的基础底面、较深的埋置深度和中空的结构形式,上部结构的部分荷载可用开挖卸去的土的重量补偿。与一般的实体基础比较,它能显著地提高地基的稳定性,降低基础沉降量。

③扩底墩基础。扩底墩基础是指钻孔墩基础井孔底部扩大而进一步形成的

深基础。扩底墩基础具有承载力高、技术可靠、施工快速、设备简单、现场文明、经济效益好等明显优点,尤其适用于高层民用建筑和大跨度柱网工程,是一种值得推广的基础形式。

2.6 建筑空间的组合与利用

建筑空间组合就是根据内部使用要求,结合环境等条件将各种不同形状、不同高度的空间组合起来,使之成为使用方便、结构合理、体型简洁的整体。空间组合包括水平方向及垂直方向的组合关系。前者除反映功能关系外,还反映出结构关系以及空间的艺术构思。而后者,即剖面的空间关系也在一定程度上反映出平面关系。因而将两方面结合起来就成为一个完整的空间概念。

2.6.1 建筑空间的组合

在进行建筑空间组合时,应根据使用性质和使用特点对各房间进行合理的垂直分区,做到分区明确、使用方便、流线清晰。同时应注意结构合理,设备管线集中。对于不同空间类型的建筑也应采取不同的组合方式。

(1)重复小空间的组合。

这类空间的特点是大小、高度相等或相近,在一幢建筑内房间的数量较多,功能要求各房间应相对独立。因此常采用走道式和单元式的组合方式,如住宅、医院、学校、办公楼等。组合中常将高度相同、使用性质相近的房间组合在同一层,以楼梯将各垂直排列的空间联系起来构成一个整体。由于空间的大小、高度相等,对于统一各层楼地面标高、简化结构是有利的。

有的建筑由于使用要求或房间大小不同,出现了高低差别。如学校中的教室和办公室,由于容纳人数不同,使用性质不同,教室相应比办公室高。为了节约空间、降低造价,可将它们分别集中布置,采取不同的层高,用楼梯或踏步来解决这两部分空间的联系问题。

(2)大小、高度相差悬殊的空间组合。

①以大空间为主体,穿插布置小空间。有的建筑如影剧院、体育馆等,虽然有多个空间,但其中某个空间为建筑主要功能空间,其面积和高度都比其他房间大得多。空间组合常以大空间(观众厅和比赛大厅)为中心,在其周围布置小空间,或将小空间布置在大厅看台下面,充分利用看台下的结构空间。这种组合方

式应处理好辅助空间的采光、通风以及运动员、工作人员的人流交通问题。

②以小空间为主,灵活布置大空间。某些类型的建筑,如教学楼、办公楼、旅馆、临街带商店的住宅等,虽然构成建筑的绝大部分房间为小空间,但为了满足功能要求还需布置少量大空间,如教学楼中的阶梯教室、办公楼中的大会议室、旅馆中的餐厅、临街住宅中的营业厅等。这类建筑在空间组合中常以小空间为主形成主体,将大空间布置于主体建筑旁,从而不受层高与结构的限制;或将大小空间上下叠合起来,分别将大空间布置在顶层或一、二层。

③综合性空间组合。为了满足多种功能的要求,常将若干大小、高度不同的空间组合起来形成多种空间的组合形式。如文化宫建筑中有空间较大的电影厅、餐厅、健身房等,又有阅览室、门厅、办公室等空间要求不同的房间。又如图书馆建筑中的阅览室、书库、办公等用房在空间要求上也不一致。阅览室要求较好的天然采光和自然通风,层高一般为 4~5 m,而书库是为了最大限度地保证藏书及取用方便,层高一般为 2.2~2.5 m。这一类复杂空间的组合不能仅局限于一种方式,必须根据使用要求,采用与之相适应的多种组合方式。

(3)错层式空间组合。

当建筑物内部出现高度差,或地形的变化使房屋几部分空间的楼地面出现高低错落现象时,可采用错层的处理方式使空间和谐统一。具体处理方式如下。

①以踏步或楼梯联系各层楼地面以解决错层高差问题。有的公共建筑,如教学楼、办公楼、旅馆等主要使用房间空间高度并不高,为了丰富门厅空间变化并得到合适的空间比例,常将门厅地面降低。这种高差不大的空间联系常借助于少量踏步来解决。

当组成建筑的两部分空间高差较大,或由于地形起伏变化,房屋几部分之间楼地面高低错落时,常利用楼梯间解决错层高差的问题。调整梯段踏步的数量,使楼梯平台与错层楼地面标高一致。这种方法能够较好地结合地形,灵活地解决纵横向的错层高差问题。

②以室外台阶解决错层高差问题。如按垂直等高线布置的住宅建筑,各单元垂直错落,错层高差为一层,均由室外台阶到达楼梯间。这种错层方式较自由,可以随地形变化灵活调整。

(4)台阶式空间组合。

台阶式空间组合的特点是建筑由下至上形成内收的剖面形式,从而为人们提供进行户外活动及绿化布置的露天平台。此种建筑形式如用于连排的总体布置中可以减少房屋间距,取得节约用地的效果。同时,台阶式建筑采用了竖向叠层、向上内收、垂直绿化等手法,从而丰富了建筑外观形象。

2.6.2　建筑空间的利用

建筑空间的利用涉及建筑的平面及剖面设计。充分利用室内空间不仅可以增加使用面积、节约投资,还可以起到改善室内空间比例、丰富室内空间艺术效果的作用。因此,合理地、最大限度地利用空间以扩大使用面积,是空间组合的重要问题。

(1)夹层空间的利用。

公共建筑中的营业厅、体育馆、影剧院、候机厅等,由于功能要求其主体空间与辅助空间在面积和层高上常常不一致,因此常采取在大空间周围布置夹层的方式,从而达到利用空间及丰富室内空间的效果。

在设计夹层的时候,特别在多层公共大厅中(如营业厅)应特别注意楼梯的布置和处理,应充分利用楼梯平台的高差来适应不同层高的需要,以不另设楼梯为好。

(2)房间上部空间的利用。

房间上部空间主要是指除了人们日常活动和家具布置的空间,如住宅中常利用房间上部空间设置搁板、吊柜以供储藏。

(3)结构空间的利用。

在建筑中,随着墙体厚度的增加,所占用的室内空间也相应增加。因此充分利用墙体空间可以起到节约空间的作用。通常多利用墙体空间设置壁龛、窗台柜,利用角柱布置书架及工作台。

除此之外,设计中还应将结构空间与使用功能要求的空间在大小、形状、高度上尽量统一,以最大限度地利用空间。

(4)楼梯间及走道空间的利用。

一般民用建筑楼梯间底层休息平台下至少有半层高。为了充分利用这部分空间,可采取降低平台下地面标高的措施,或增加第一梯段高度以增加平台下的净空高度,以供布置储藏室及辅助用房和出入口。同时,楼梯间顶层有一层半空间高度,可以利用部分空间布置一个小储藏间。

民用建筑走道主要用于人流通行,其面积和宽度都较小,因此高度也相应要求低。但从简化结构考虑,走道和其他房间往往层高相同。为充分利用走道上部多余的空间,常利用走道上空布置设备管道及照明线路。居住建筑中常利用走道上空布置储藏空间。这样处理不但充分利用了空间,也使走道的空间比例尺度更加协调。

第 3 章　建筑的组成要素设计

如果把建筑当作人类庇护场所,与外部环境相对隔绝的房屋内部至少需要创造内部环境所必需的一些东西,如屋顶、墙体、地面等。当然外部环境对人类来说是不可缺少的,必须设置门窗等与外部环境相联系。

3.1　屋　顶　设　计

屋顶是建筑内部空间的一部分,其作用是使内部的上部空间与外部空间分离。屋顶是决定建筑设计的重要因素,其形式可以是平的、坡的、曲的,后文主要介绍平屋顶和坡屋顶。屋顶形式对街区和城市景观的作用非常大。

屋顶位于建筑的最顶部,主要有三个作用:①承重作用,承受作用于屋顶上的风、雨、雪、检修、设备荷载和屋顶的自重等;②围护作用,防御自然界的风、雨、雪、太阳辐射热和冬季低温等的影响;③装饰建筑立面的作用,屋顶的形式对建筑立面和整体造型有很大的影响。

3.1.1　屋顶的类型及其设计要求

1. 屋顶的类型

屋顶的类型与建筑的屋面材料、屋顶结构类型以及建筑造型要求等因素有关。按照屋顶的排水坡度和构造形式,屋顶可分为平屋顶、坡屋顶和曲面屋顶三种类型。平屋顶是指屋面排水坡度小于或等于 10% 的屋顶;坡屋顶是指屋面排水坡度在 10% 以上的屋顶;曲面屋顶是指将各种薄壳结构、悬索结构和网架结构等作为屋顶承重结构的屋顶。屋顶按照功能可划分为保温屋顶、隔热屋顶、采光屋顶、蓄水屋顶、种植屋顶等。屋顶按照结构类型划分,常见的有平面结构和空间结构。其中平面结构包括梁板结构、屋架结构;空间结构包括折板、壳体、网架、悬索、薄膜等结构。

随着科学技术的发展,屋顶出现了许多新兴的结构形式,如拱结构、薄壳结构、悬索结构、网架结构等。这类屋顶多用于较大跨度的公共建筑。此外还有单坡顶等形式,屋顶类型如图 3.1 所示。

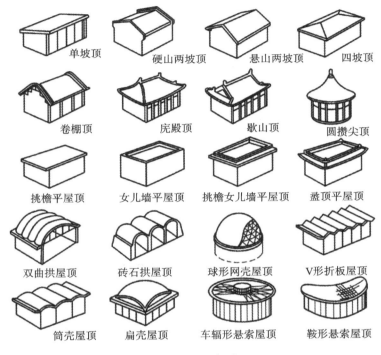

单坡顶　硬山两坡顶　悬山两坡顶　四坡顶

卷棚顶　庑殿顶　歇山顶　圆攒尖顶

挑檐平屋顶　女儿墙平屋顶　挑檐女儿墙平屋顶　盝顶平屋顶

双曲拱屋顶　砖石拱屋顶　球形网壳屋顶　V形折板屋顶

筒壳屋顶　扁壳屋顶　车辐形悬索屋顶　鞍形悬索屋顶

图 3.1　屋顶类型

2. 屋顶的设计要求

屋顶是建筑围护结构的一部分,是建筑立面的重要组成部分,除应满足自重轻、构造简单、施工方便等要求外,还必须具备坚固耐久、防水排水、保温隔热、抵御侵蚀等功能。

屋顶的设计要求如下。

(1)要求屋顶起良好的围护作用,具有防水、保温和隔热性能。其中防止雨水渗漏是屋顶的基本功能要求,也是屋顶设计的核心。

(2)要求屋顶具有足够的强度、刚度和稳定性。屋顶应能承受风、雨、雪、施工、上人等荷载,地震区还应考虑地震荷载的影响,满足抗震的要求,并力求做到自重轻、构造层次简单。此外,还宜就地取材、施工方便、造价经济、便于维修。

(3)要求屋顶满足人们对建筑艺术即美观方面的需求。屋顶是建筑造型的

重要组成部分,中国古建筑的重要特征之一就是有变化多样的屋顶外形和装修精美的屋顶细部,现代建筑也应注重屋顶形式及其细部设计。

3.1.2　屋顶排水工程

屋顶排水设计的内容包括:选择排水坡度;确定排水方式;进行屋顶排水组织设计。排水坡度和排水方式设计合理,能迅速将雨水排出,从而减轻雨水对屋顶的压力,保证房屋的使用功能。

1.选择排水坡度

(1)排水坡度的表示方法。

常用的排水坡度表示方法有角度法、斜率法和百分比法。坡屋顶多采用斜率法,平屋顶多采用百分比法,角度法较少应用。

(2)影响排水坡度的因素。

排水坡度是为排水而设计的,恰当的排水坡度既能满足排水要求,又可做到经济节约。要使排水坡度恰当,必须考虑以下几个因素。

①屋面防水材料与排水坡度的关系。

如果防水材料尺寸较小,接缝必然较多,容易产生缝隙渗漏,因而屋面应有较大的排水坡度,以便将屋面积水迅速排除。如果屋面的防水材料覆盖面积大,接缝少而严密,排水坡度就可以小一些。

②降水量与排水坡度的关系。

降水量大的地区,屋面渗漏的可能性较大,排水坡度应适当加大;反之,排水坡度则宜小一些。

③屋面排水路线的长短与排水坡度的关系。

屋面排水路线长,要求排水坡度大一些;反之,排水坡度则小一些。

④建筑造型与排水坡度的关系。

使用功能决定建筑的外形,结构形式的不同也体现在建筑的造型上,最终主要体现在建筑屋顶的形式上。当屋面有上人要求时,为了上人方便,排水坡度应当小一些,上人平屋面坡度一般为 $1\%\sim2\%$。结构选型不同,造型不同,如拱结构建筑常有较大的排水坡度。

(3)排水坡度的形成方法。

①材料找坡。

材料找坡也称作建筑找坡,指屋顶坡度由垫坡材料形成,一般用于坡向长度较小的屋面。为了减轻屋面荷载,应选用轻质材料找坡,如水泥炉渣、石灰炉渣、沥青珍珠岩砂浆等。找坡层的厚度最薄处不小于 20 mm。材料找坡的屋面板可以水平放置,天棚面平整,但材料找坡增加屋面荷载,材料消耗较多,人工成本高。平屋顶材料找坡的坡度宜为 2%～3%,如图 3.2(a)所示。

②结构找坡。

结构找坡也称作搁置找坡,屋顶结构自身带有排水坡度时,可将屋面板放置在有一定斜度的屋架或者屋面梁上,平屋顶结构找坡的坡度宜为 3%。结构找坡无须在屋面上另加找坡材料,构造简单,不增加荷载,但天棚顶倾斜,室内空间不够规整,故常用于室内设有吊顶或对室内美观性要求不高的建筑工程,如图 3.2(b)所示。

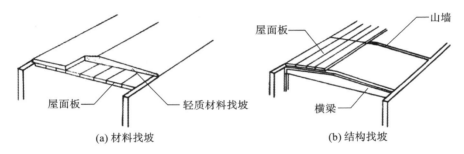

(a) 材料找坡　　　　　　　　　　　(b) 结构找坡

图 3.2　屋顶找坡

2. 确定排水方式

(1)无组织排水。

无组织排水是指屋面雨水直接从檐口滴落至地面的一种排水方式,因为不用天沟、雨水管等导流雨水,故又称自由落水。其主要适用于少雨地区或一般低层建筑,相邻屋面高差小于 4 m;不宜用于临街建筑和较高的建筑。

(2)有组织排水。

有组织排水是指雨水经由天沟、雨水管等排水装置被引导至地面或地下管沟的一种排水方式,这种排水方式具有不溅湿墙面、不妨碍行人交通等优点,在建筑工程中应用较广。较高、年降水量较大或较为重要的建筑,应采用有组织排水方式。

在工程实践中,由于具体条件千变万化,可能出现各式各样的有组织排水方式。屋顶排水方式的确定应根据气候条件及建筑的高度、质量等级、使用性质、屋顶面积大小等因素加以综合考虑。

下面主要介绍外排水和内排水。

①外排水。外排水是指雨水管装设在室外的一种排水方式,其优点是雨水管不妨碍室内空间的使用和美观,构造简单,因而被广泛采用。外排水方式可归纳成挑檐沟外排水、女儿墙外排水、女儿墙挑檐沟外排水、长天沟外排水、暗管外排水几种。

明装的雨水管有损建筑立面,故在一些重要的公共建筑中,常采取暗装雨水管的方式,把雨水管隐藏在假柱或空心墙中。假柱可以处理成建筑立面上的竖线条。

②内排水。内排水是屋顶雨水由设在室内的雨水管排到地下排水系统的排水方式。这种排水方式一般适用于大跨度建筑、高层建筑及对建筑立面有特殊要求的建筑。

a. 中间天沟内排水。当房屋宽度较大时,可在房屋中间设一纵向天沟形成内排水。这种方式特别适用于内廊式多层或高层建筑,雨水管可布置在走廊内,不影响走廊两旁的房间。

b. 高低跨内排水。高低跨双坡屋顶在两跨交界处也常常需要设置内天沟来汇集低跨屋面的雨水,高低跨可共用一根雨水管。

3. 进行屋顶排水组织设计

(1)屋顶排水组织设计。

屋顶排水组织设计的主要任务是将屋面划分成若干排水区,分别将雨水引向雨水管,做到排水线路便捷,雨水口负荷均匀,排水顺畅,避免屋顶积水而引起渗漏。一般按下列步骤进行。

①确定排水坡面的数目(分坡)。排水区域划分主要根据屋顶的平面形状确定,尽量使每个排水区域坡长一致,这样可以使找坡层厚度一致,坡度一致,坡面连接顺滑。一般情况下,临街建筑平屋顶屋面宽度小于 12 m 时,可采用单坡排水;其宽度大于 12 m 时,宜采用双坡排水。坡屋顶应结合建筑造型要求选择单坡、双坡或四坡排水。

②划分排水区。划分排水区的主要目的在于合理地布置雨水管。排水区的面积是指屋面水平投影的面积,每一根雨水管的屋面最大汇水面积不宜大于 200 m²。雨水口的间距为 18~24 m。

③确定天沟所用材料、断面形式及尺寸。天沟即屋面上的排水沟,位于檐口部位时又称檐沟。设置天沟的目的是汇集屋面雨水,并将屋面雨水有组织地迅

速排除。天沟根据屋顶类型的不同有多种做法,如坡屋顶中可用钢筋混凝土、镀锌铁皮、石棉水泥等材料做成槽形或三角形天沟。平屋顶的天沟一般用钢筋混凝土制作,当采用女儿墙外排水方案时,可利用倾斜的屋面与垂直的墙面构成三角形天沟;当采用檐沟外排水方案时,通常用专用的槽形板做成矩形天沟。

(2)确定雨水管规格及间距。

雨水管按材料的不同可分为铸铁管、镀锌铁皮管、塑料管、石棉水泥管和陶土管等,目前多采用铸铁管和塑料管,其直径有 50 mm、75 mm、100 m、125 mm、150 mm、200 mm 几种规格,一般民用建筑最常用的雨水管直径为 100 mm,面积较小的露台或阳台可采用 50 mm 或 75 mm 的雨水管。雨水管的位置应在实墙面处,其间距一般在 18 m 以内,最大间距不宜超过 24 m,因为间距过大,沟底纵坡面越长,会使沟内的垫坡材料增厚,减少了天沟的容水量,造成雨水溢向屋面引起渗漏或从檐沟外侧涌出。

3.1.3 平屋顶

平屋顶是我国一般建筑工程中较常见的屋顶形式,具有构造简单、节约材料、造价低廉、预制装配化程度高、施工方便、屋面便于利用的优点,同时也存在着造型单一的缺陷。目前,平屋顶仍是我国一般建筑工程中较常见的屋顶形式。

1. 平屋顶的构造做法

依据屋面防水层的不同,平屋顶有柔性防水、刚性防水、涂膜防水等多种构造做法。

1)柔性防水屋面

柔性防水屋面是指将防水卷材用胶黏剂分层粘贴在屋面上形成一个大面积的封闭防水覆盖层。这种防水层有一定的延伸性,由于适应直接暴露在大气层的屋面和结构的温度变形,故又称为柔性防水屋面。柔性防水屋面所用卷材分为石油沥青油毡、焦油沥青油毡、高聚物改性沥青防水卷材、SBS 改性沥青防水卷材、APP 改性沥青防水卷材、合成高分子防水卷材、三元乙丙丁基橡胶防水卷材、三元乙丙橡胶防水卷材、氯磺化聚乙烯防水卷材、再生胶防水卷材、氯丁橡胶防水卷材等。聚氯乙烯防水卷材适用于防水等级为 Ⅰ~Ⅴ 级的屋面防水。

(1)柔性防水屋面构造层次和做法。

柔性防水屋面由多层材料叠合而成,其基本构造层次按构造要求由结构层、找坡层、找平层、结合层、防水层和保护层组成。

①结构层。结构层通常为预制或现浇钢筋混凝土屋面板，要求具有足够的强度和刚度。

②找坡层（材料找坡和结构找坡）。材料找坡应选用轻质材料，形成所需要的排水坡度，通常是在结构层上铺 1∶8～1∶6 的水泥焦渣或水泥膨胀石等。

③找平层。柔性防水层要求铺贴在坚固而平整的基层上，以防止卷材凹陷和断裂，因此必须在结构层或找坡层上设置找平层。找平层一般用 20～30 mm 厚 1∶3～1∶2.5 水泥砂浆。

值得注意的是，用来找坡和找平的轻混凝土和水泥砂浆都是刚性材料，在变形应力的作用下，如果不经处理，都不可避免地会出现裂缝，尤其是在变形的敏感部位。这样容易造成粘贴在上面的防水卷材破裂。所以应当在变形敏感的部位，预先人为分割用刚性材料所做的构造层次，即预留分仓缝，缝宽应当为 20 mm 并嵌填密封材料。

④结合层。结合层的作用是使卷材防水层与基层黏结牢固。结合层所用材料应根据卷材防水层材料来选择，如油毡卷材、聚氯乙烯卷材等，用冷底子油在水泥砂浆找平层上喷涂 1 或 2 道；三元乙丙橡胶卷材则采用聚氨酯底胶；氯化聚乙烯橡胶卷材需用氯丁胶乳等。冷底子油用沥青加入汽油或煤油等溶剂稀释而成，喷涂时不用加热，在常温下进行，故称冷底子油。

⑤防水层。防水层由胶结材料与卷材黏合而成，卷材连续搭接，形成屋面防水的主要部分。当屋面坡度较小时，卷材一般平行于屋脊铺设，从檐口到屋脊层层向上粘贴，上下搭接不小于 70 mm，左右搭接不小于 100 mm。

⑥保护层。

a.不上人屋面保护层的做法。当采用油毡防水层时，保护层用粒径 3～6 mm 的小石子，称为绿豆砂保护层。绿豆砂要求耐风化、颗粒均匀、色浅。三元乙丙橡胶卷材采用银色着色剂，直接涂刷在防水层上表面。彩色三元乙丙复合卷材防水层直接用 CX-404 胶黏结，无须另加保护层。

b.上人屋面保护层的做法。通常可采用水泥砂浆或沥青砂浆铺贴缸砖、大阶砖、混凝土板等，也可采用现浇 40 mm 厚 C20 细石混凝土。

柔性防水屋面的构造层次和做法如图 3.3 所示。

（2）柔性防水屋面细部构造。

屋面细部是指屋面上的泛水、天沟、檐口、雨水口、变形缝、女儿墙等部位。

①泛水。泛水指屋面与垂直墙面相交处的防水处理结构，凸出于屋面的女

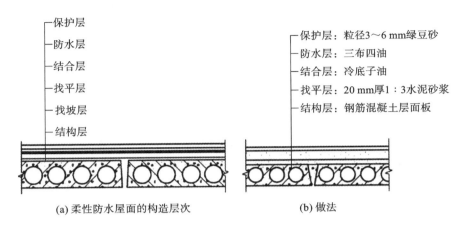

图 3.3　柔性防水屋面的构造层次和做法

儿墙、烟囱、楼梯间、变形缝、检修孔立管等的壁面与屋顶的交接处是最容易漏水的地方,必须将屋面防水层延伸到这些垂直面上,形成立铺的防水层,即泛水。

②天沟。天沟是建筑两跨间屋檐边的集水沟,沿沟长单边收集雨水且使雨水溢流到室外。天沟分为内天沟和外天沟:内天沟是指在外墙以内的天沟,一般有女儿墙;外天沟是指挑出外墙的天沟,一般没有女儿墙。天沟材质主要有彩铝合金、不锈钢、白铁皮和石棉水泥等。

③檐口。柔性防水屋面的檐口构造有无组织排水挑檐和有组织排水挑檐沟及女儿墙檐口等。挑檐和挑檐沟构造都应注意处理好卷材的收头固定、檐口饰面并做好滴水。女儿墙檐口构造的关键是泛水的构造处理,其顶部通常做钢筋混凝土压顶,并设有坡度。

④雨水口。雨水口的类型有用于檐沟排水的直管式雨水口和女儿墙外排水的弯管式雨水口两种。雨水口在构造上要求排水通畅,防止渗漏水堵塞。为防止直管式雨水口周边漏水,应加铺一层卷材并贴入连接管内 100 mm,雨水口上用定型铸铁罩或铅丝球盖住,用油膏嵌缝。弯管式雨水口穿过女儿墙预留孔洞,屋面防水层应铺入雨水口内壁不小于 100 mm,并安装铸铁篦子以防杂物流入造成堵塞。

⑤变形缝。屋面变形缝的构造处理原则是:既不能影响屋面的变形,又要防止雨水从变形缝渗入室内。屋面变形缝可设于同层等高的屋面上,也可设在高低屋面的交接处。

⑥女儿墙。女儿墙是外墙在屋顶以上的延续,也称压檐墙。女儿墙对建筑立面起装饰作用,对不上人屋面可固定油毡,对上人屋面可保护人员安全。女儿

墙一般厚 240 mm,也可与上下部墙身同厚,高度不宜超过 500 mm。如屋顶上人或造型上要求女儿墙较高,需要加构造柱与下部圈梁或柱相连,地震区域应当设置锚固筋。女儿墙上部构造称为压顶,用钢筋混凝土沿着墙长交圈设置压顶板,可用 C20 细石混凝土预制板,每块长 74 mm。地震区域采取整体现浇压顶。

2)刚性防水屋面

刚性防水屋面是指以刚性材料为防水层的屋面,如防水砂浆、细石混凝土、配筋细石混凝土防水屋面等。这种屋面具有构造简单、施工方便、造价低廉的优点,但对温度变化和结构变形较敏感,容易产生裂缝而渗水,故多用于我国南方地区的建筑。

(1)刚性防水屋面构造及做法。

刚性防水屋面一般由结构层、找平层、隔离层和防水层组成。

①结构层。刚性防水屋面的结构层要求具有足够的强度和刚度,一般应采用现浇或预制装配的钢筋混凝土屋面板,并在结构层现浇或铺板时形成屋面的排水坡度。

②找平层。为保证防水层厚薄均匀,通常应在结构层上用 20 mm 厚 1∶3 水泥砂浆找平。若采用现浇钢筋混凝土屋面板或设有纸筋灰等材料,也可不设找平层。

③隔离层。为减少结构层变形及温度变化对防水层的不利影响,宜在防水层下设置隔离层。隔离层可采用纸筋灰、低强度等级的砂浆或在薄砂层上干铺一层油毡等。

④防水层。常用配筋细石混凝土防水屋面的混凝土强度等级应不低于 C20,其厚度宜不小于 40 mm,双向配置直径为 4～6.5 mm 的钢筋,并配置间距为 100～200 mm 的双向钢筋网片。为提高防水层的抗渗性能,可在细石混凝土内掺入适量外加剂(如膨胀剂、减水剂、防水剂等)以提高其密实性能。

当防水层中加有膨胀剂类材料时,其抗裂性有所改善,也可不设隔离层。

(2)刚性防水屋面细部构造。

刚性防水屋面的细部构造包括屋面防水层的分格缝、泛水、檐口、雨水口等部位的构造处理。

①分格缝构造。屋面分格缝实质上是在屋面防水层上设置的变形缝。其目的有二:防止温度变形引起防水层开裂;防止结构变形将防水层拉坏。因此屋面分格缝应设置在温度变形允许的范围内和结构变形敏感的部位。一般情况下分格缝间距不宜大于 6 m。结构变形敏感的部位主要是指装配式屋面板的支承

端、屋面转折处、现浇屋面板与预制屋面板的交接处、泛水与立墙交接处等部位。
分格缝位置如图 3.4 所示。

图 3.4　分格缝位置

分格缝的构造要点如下：

a.防水层内的钢筋在分格缝处应断开；

b.屋面板缝用浸过沥青的木板等密封材料嵌填,缝口用油膏等嵌填；

c.缝口表面用防水卷材铺贴盖缝,卷材的宽度为 200～300 mm。

分格缝构造如图 3.5 所示。

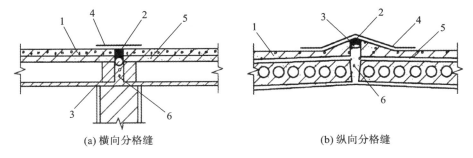

(a) 横向分格缝　　　　　　　　　　(b) 纵向分格缝

图 3.5　分格缝构造

1—刚性面层；2—油膏嵌缝；3—油毡卷；4—油毡防水层；5—钢筋混凝土板；6—C20 细石混凝土填缝。

②泛水构造。刚性防水屋面的泛水构造要点与卷材屋面基本相同,即泛水
高度不小于 250 mm；屋面与立墙交接处应做成弧形；泛水上端应有挡雨措施,以
防渗漏。不同的地方是：刚性防水层与屋面凸出物（女儿墙等）间须留分格缝,另
铺贴附加卷材盖缝形成泛水。

③檐口构造。刚性防水屋面檐口的形式一般有自由落水挑檐口、挑檐沟外

排水檐口和坡檐口等。

a. 自由落水挑檐口：根据挑檐挑出的长度，有直接利用混凝土防水层悬挑和在增设的现浇或预制钢筋混凝土挑檐板上做防水层等做法。无论采用哪种做法，都应注意做好滴水。

b. 挑檐沟外排水檐口：一般采用现浇或预制的钢筋混凝土槽形天沟板，在沟底用低强度等级的混凝土或水泥炉渣等材料垫置成纵向排水坡度，铺好隔离层后再浇筑防水层，防水层应挑出屋面并做好滴水。

c. 坡檐口：建筑设计中出于造型方面的考虑，常采用一种平顶坡檐即"平改坡"的处理形式，使较为呆板的平顶建筑具有某种传统的韵味，以丰富城市景观。

④雨水口构造。刚性防水屋面的雨水口有直管式和弯管式两种做法，直管式一般用于挑檐沟外排水的雨水口，弯管式用于女儿墙外排水的雨水口。

a. 直管式雨水口：直管式雨水口为防止雨水从雨水口套管与沟底接缝处渗漏，应在雨水口周边加铺柔性防水层并铺至套管内壁，檐口处浇筑的混凝土防水层应覆盖于附加的柔性防水层之上，并于防水层与雨水口之间用油膏嵌实。

b. 弯管式雨水口：弯管式雨水口一般用铸铁做成弯头。安装雨水口时，在雨水口处的屋面应加铺附加卷材与弯头搭接，其搭接长度不小于 100 mm，然后浇筑混凝土防水层，防水层与弯头交接处需用油膏嵌缝。

（3）刚性防水屋面存在的问题。

混凝土中有多余的水，混凝土在硬化过程中其内部会形成毛细通道，必然使混凝土收水干缩时表面开裂而失去防水作用，因此普通混凝土是不能作为刚性屋面防水层的。解决办法如下。

①添加防水剂，利用生成的不溶性物质堵塞毛细孔道，提高密实度。

②采用微膨胀水泥，如加入适量矾土水泥等，利用凝结硬化时产生微膨胀效应的原理，提高抗裂性。

③提高自身密实度。控制水灰比，改善骨料级配，加强浇筑时的振捣和养护，以提高密实性，避免表面龟裂。

刚性防水屋面除了自身原因，还受到外力作用影响。气温变化使其热胀冷缩，屋面板受力后产生翘曲变形，地基不均匀沉陷，屋面板徐变，材料收缩等均直接对刚性防水层产生较大的影响，其中常见的是温差所造成的影响。

3)涂膜防水屋面

涂膜防水屋面又称涂料防水屋面，是指用可塑性和黏结力较强的高分子防水涂料直接涂刷在屋面基层上形成一层不透水的薄膜层，以达到防水目的的一种屋面做法。防水涂料有塑料、橡胶和改性沥青三大类,常用的有塑料油膏、氯丁橡胶乳沥青涂料和焦油聚氨酯防水涂膜等。这些材料多数具有防水性好、黏结力强、延伸性强、耐腐蚀、不易老化、施工方便、容易维修等优点,近年来应用较为广泛。涂膜防水屋面通常适用于不设保温层的预制屋面板结构,如单层工业厂房的屋面,寒冷地区不宜采用。

(1)涂膜防水屋面构造和做法。

涂膜防水屋面的构造与柔性防水屋面相同,由结构层、找坡层、找平层、结合层、防水层和保护层组成。

涂膜防水屋面的结构层和找坡层材料做法与柔性防水屋面相同。找平层通常为 25 mm 厚 1∶2.5 水泥砂浆。为保证防水层与基层黏结牢固,结合层应选用与防水涂料相同的材料,将其稀释后满刷在找平层上。当屋面为不上人屋面时,保护层根据防水层材料的不同,可用蛭石、细砂撒面或银粉涂料涂刷等做法;当屋面为上人屋面时,保护层做法与柔性防水上人屋面的做法相同。

(2)涂膜防水屋面细部构造。

①分格缝构造。涂膜防水只能提高表面的防水能力,由于温度变形和结构变形会导致基层开裂而使屋面渗漏,因此对屋面面积较大和结构变形敏感的部位,需设置分格缝。

②泛水构造。涂膜防水屋面泛水构造要点与柔性防水屋面基本相同,即泛水高度不小于 250 mm;屋面与立墙交接处应做成弧形;泛水上端应有挡雨措施,以防渗漏。

2. 平屋顶的保温与隔热降温

屋顶作为建筑的外围护结构,设计时应该根据当地气候条件和使用的要求,妥善解决建筑的保温和隔热问题。

1)平屋顶的保温

我国北方地区室内必须采暖。为了使室内热量不至于散失太快,保证房屋的正常使用并且尽量减少能源消耗,屋顶应当满足基本的保温要求,在构造处理时通常在屋顶增设保温层。

(1)保温材料的类型。

平屋顶的保温材料多为轻质多孔材料,一般可分为以下三种类型。

①散料类。常用炉渣、矿渣、膨胀石、膨胀珍珠岩等。

②整体类。整体类是指以散料为骨料,掺入一定量的胶结材料,现场浇筑而成的材料,如水泥炉渣、水泥膨胀石、水泥膨胀珍珠岩、沥青膨胀蛭石和沥青膨胀

珍珠岩等。

③板块类。板块类是指利用骨料和胶结材料由工厂制作而成的板块状材料,如膨胀石、膨胀珍珠岩、泡沫塑料等块材或板材。

保温材料的选择应根据建筑的使用性质、构造方案、材料来源、经济指标等因素综合考虑确定。

(2)保温层的设置。

平屋顶因屋面坡度平缓,适合将保温层放在屋面结构层上(刚性防水屋面不适宜设保温层)。

保温层通常设在结构层之上、防水层之下。保温卷材防水屋面与非保温卷材防水屋面的区别是增设了保温层,按构造需要相应增加了找平层、结合层和隔汽层。设置隔汽层的目的是防止室内水蒸气渗入保温层,使保温层受潮而影响保温效果。隔汽层的一般做法是在水泥砂浆找平层上做卷材或高分子涂膜隔汽层。图 3.6 为平屋顶保温层病害示意。

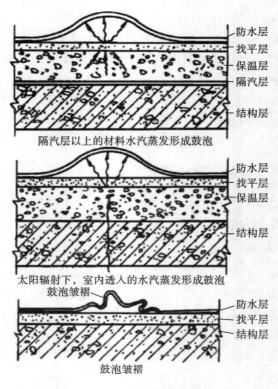

图 3.6　平屋顶保温层病害示意

（3）保温层的保护。

为了防止室内水蒸气渗入保温层以及施工过程中保温层和找平层中残留的水影响保温效果，可设置排气道和排气孔。排气道内用大粒径炉渣或者粗制纤维填塞。找平层在相应位置应留排气道，并在整个屋面纵横贯通。

2）平屋顶的隔热降温

在气候炎热地区，夏季强烈的太阳辐射会使屋顶的温度上升，为了减少进入室内的热量并降低室内的温度，屋顶应当采取隔热降温措施。

平屋顶隔热降温的构造做法主要有通风隔热、蓄水隔热、种植隔热、反射降温等。

（1）通风隔热屋面。

通风隔热屋面是指在屋顶中设置通风间层，使上层表面起遮挡阳光的作用，利用风压和热压作用不断排出间层中的热空气，以减少进入室内的热量，从而达到隔热降温的目的。通风隔热屋面一般有架空通风隔热屋面和顶棚通风隔热屋面两种做法。

①架空通风隔热屋面。通风层设在防水层之上，其做法很多，图 3.7 为架空通风隔热屋面的构造，其中以架空预制板或大阶砖最为常见。在农村还可以利用吊顶的顶棚与屋面间的空间做通风隔热层，也可以起到同等的隔热通风效果。

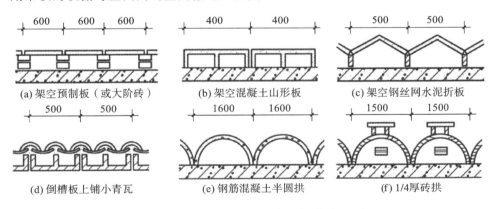

图 3.7　架空通风隔热屋面的构造（单位：mm）

②顶棚通风隔热屋面。这种屋面的做法是将顶棚与屋顶之间的空间作为隔热层，顶棚通风隔热层设计应满足以下要求：应有足够的净空高度，一般为 500 mm 左右；需设置一定数量的通风孔，以利于空气对流；通风孔应考虑防飘雨措施。

（2）蓄水隔热屋面。

蓄水隔热屋面是指在屋顶蓄积一层水,利用水蒸发时需要大量的汽化热,大量消耗屋面的太阳辐射热,以减少屋顶吸收的热能,从而达到降温隔热的目的。蓄水隔热屋面构造与刚性防水屋面基本相同,主要区别是增加了一壁三孔,即蓄水分仓壁、溢水孔、泄水孔和过水孔。蓄水隔热屋面构造应当注意下面几点:设置合适的蓄水深度,一般为 150～200 mm;根据屋面面积划分成若干蓄水区,每区的边长一般不大于 10 m;设置足够的泛水高度,至少高出水面 100 mm;合理设置溢水孔和泄水孔,并应与排水檐沟或水落管连通,以保证多雨季节不超过蓄水深度,确保检修屋面时能将蓄水排除;注意做好管道的防水处理。

（3）种植隔热屋面。

种植隔热屋面是在屋顶上种植植物,利用植被的蒸腾作用和光合作用,吸收太阳辐射热从而达到降温隔热的目的。

（4）反射降温屋面。

在屋顶用浅颜色的砂石、混凝土做面层,或者在屋面粉刷白色涂料等,可反射大部分太阳辐射热,达到降低屋顶温度的目的。

3.1.4 坡屋顶

1. 坡屋顶的形式

坡屋顶是排水坡度较大的屋顶,由各类屋面防水材料覆盖。根据坡面组织的不同,主要有双坡顶、四坡顶。

（1）双坡顶。

双坡顶根据檐口和山墙处理的不同可分为硬山屋顶、悬山屋顶、出山屋顶。

（2）四坡顶。

四坡顶亦称四落水屋顶,古代宫殿庙宇中的四坡顶称为庑殿顶,四坡顶两面形成的两个小山尖的屋顶称为歇山顶。

2. 坡屋顶的组成

坡屋顶是由承重结构、屋面等部分组成的。由一个倾斜面或几个倾斜面相互交接形成的屋顶,又称斜屋顶。坡屋顶根据斜面数量可分为单坡屋顶、双坡屋顶、四坡屋顶及其他形式,一般屋面坡度大于 10%。必要时,坡屋顶还需增设保温层或隔热层等。

①结构层:承受屋顶荷载并将荷载传递给墙或柱。

②屋面层:直接承受风雨、冰冻和太阳辐射等大自然气候的作用。

③顶棚层:屋顶下面的遮盖部分,使室内上部平整,有一定光线反射,起保温隔热和装饰作用。

④附加层:根据不同情况而设置的保温层、隔热层、隔汽层、找平层、结合层等。

下面仅对坡屋顶的承重结构、平瓦屋面及坡屋顶的保温与隔热做重点介绍。

1)坡屋顶的承重结构

坡屋顶中常用的承重结构有横墙承重、屋架承重和梁架承重,如图 3.8 所示。

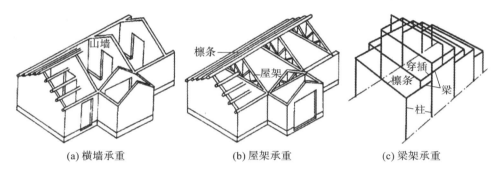

(a)横墙承重　　　　　(b)屋架承重　　　　　(c)梁架承重

图 3.8　坡屋顶的承重结构类型

(1)承重结构构件。

①屋架。屋架形式常为三角形,由上弦、下弦及腹杆组成,所用材料有木材、钢材及钢筋混凝土等。木屋架一般用于跨度不超过 12 m 的建筑。将木屋架中受拉力的下弦及直腹杆件用钢筋或型钢代替的屋架称为钢木组合屋架。钢木组合屋架一般用于跨度不超过 18 m 的建筑。当跨度更大时需采用预应力钢筋混凝土屋架或钢屋架。

②檩条。檩条所用材料可为木材、钢材及钢筋混凝土,檩条选用的材料一般与屋架所用材料相同,使两者的耐久性接近。

(2)承重结构布置。

坡屋顶承重结构布置主要是指屋架和檩条的布置,其布置方式视屋顶形式而定,常见形式如图 3.9 所示。

2)平瓦屋面

坡屋顶屋面一般将各种瓦材(如平瓦、波形瓦、小青瓦等)作为屋面防水材

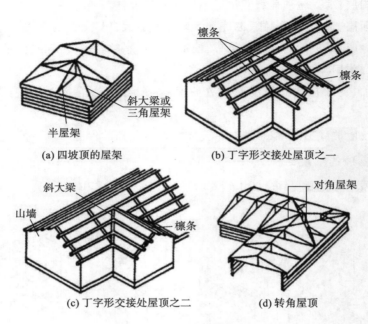

图 3.9 常见形式

料。近年来还采用金属瓦屋面、彩色压型钢板屋面等。下面仅对平瓦屋面做简要介绍。

（1）平瓦屋面类型。

根据基层的不同，平瓦屋面有冷摊瓦屋面、木望板瓦屋面和钢筋混凝土板瓦屋面三种。

①冷摊瓦屋面。冷摊瓦屋面的做法是在檩条上钉固椽条，然后在椽条上钉挂瓦条并直接挂瓦，如图 3.10(a)所示。这种做法构造简单，但雨雪易从瓦缝中飘入室内，通常用于南方地区质量要求不高的建筑。

②木望板瓦屋面。木望板瓦屋面是在木檩条上铺钉 15～20 mm 厚的木望板（亦称屋面板），木望板可采取密铺法（不留缝或稀铺法）。留 20 mm 左右宽的缝，在木望板上平行于屋脊方向干铺一层油毡，在油毡上顺着屋面水流方向钉 10 mm×30 mm、中距 500 mm 的顺水条，然后在顺水条上面平行于屋脊方向钉挂瓦条并挂瓦，挂瓦条的断面和间距与冷摊瓦屋面相同。这种做法比冷摊瓦屋面的防水、保温隔热效果好，但耗用木材多、造价高，多用于质量要求较高的建筑中。木望板瓦屋面如图 3.10(b)所示。

③钢筋混凝土板瓦屋面。瓦屋面由于保温、防火或造型等的需要，可将钢筋混凝土板作为瓦屋面的基层盖瓦。盖瓦的方式有两种：一种是在找平层上铺一

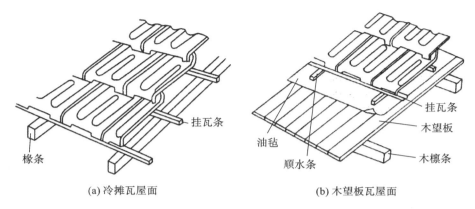

(a) 冷摊瓦屋面 　　　　　　　　　　(b) 木望板瓦屋面

图 3.10　平瓦屋面

层油毡,用压毡条钉嵌在板缝内的木楔上,再钉挂瓦条挂瓦;另一种是在屋面板上直接粉刷防水水泥砂浆并贴平瓦或陶瓷面砖。在仿古建筑中也常常采用钢筋混凝土板瓦屋面。钢筋混凝土板瓦屋面构造如图 3.11 所示。

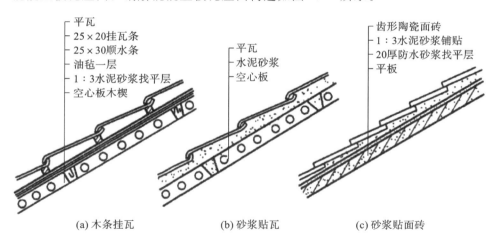

(a) 木条挂瓦 　　　　(b) 砂浆贴瓦 　　　　(c) 砂浆贴面砖

图 3.11　钢筋混凝土板瓦屋面构造(单位:mm)

(2)平瓦屋面细部构造。

平瓦屋面应做好檐口、天沟等部位的细部处理。

①檐口构造。檐口分为纵墙檐口和山墙檐口。

a.纵墙檐口。纵墙檐口根据造型要求做成挑檐或封檐。

b.山墙檐口。山墙檐口按屋顶形式可分为硬山与悬山两种。硬山檐口构造是将山墙升起包住檐口,女儿墙与屋面交接处应进行泛水处理。女儿墙顶应设

置压顶板,以保护泛水。

②天沟、斜沟构造。等高跨或高低跨相交处常常出现天沟,而两个相互垂直的屋面相交处则形成斜沟。沟应有足够的断面积,上口宽度不宜小于 300 mm,一般用镀锌铁皮铺于木基层上,镀锌铁皮伸入瓦片下面至少 150 mm。高低跨和包檐天沟若采用镀锌铁皮防水层,应从天沟内延伸至立墙(女儿墙)上形成泛水。

3)坡屋顶的保温与隔热

(1)坡屋顶保温构造。

坡屋顶的保温层一般布置在瓦材与檩条之间或吊顶棚上面。保温材料可根据工程具体要求选用松散材料、块体材料或板状材料。

(2)坡屋顶隔热构造。

在炎热地区,坡屋顶中设进气口和排气口,利用屋顶内外的热压差和迎风面的压力差,组织空气对流,形成屋顶内的自然通风,以减少由屋顶传入室内的辐射热,从而达到隔热降温的目的。进气口一般设在檐墙上、屋檐部位或室内顶棚上;出气口最好设在屋脊处,以增大高差,有利于加速空气流通。

3.2　墙　体　设　计

3.2.1　墙体的类型及设计要求

1.墙体的类型

(1)按构成墙体的材料和制品分类。按构成墙体的材料和制品分类,较常见的墙体有砖墙、石墙、砌块墙、板材墙、混凝土墙、玻璃幕墙等。

(2)按墙体位置及布置的方向分类。按墙体在平面上所处位置分类,墙体可分为内墙和外墙。内墙是位于建筑内部的墙,主要起到分隔内部空间的作用。外墙是位于建筑四周的墙,又称为外围护墙。墙体按照布置的方向可分为纵墙和横墙。沿建筑长轴方向布置的墙体称为纵墙,否则称为横墙。窗间墙为窗与窗之间和窗与门之间的墙,窗下墙为窗台下面的墙。墙体各部分名称如图 3.12 所示。

(3)按墙体构造和施工方法分类。墙体按构造方式分为实体墙、空体墙和组合墙三种。实体墙由单一材料组成,如砖墙、砌块墙等。空体墙也由单一材料组

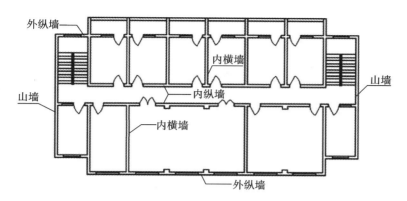

图 3.12　墙体各部分名称

成,可由单一材料砌成内部空腔,也可用具有孔洞的建材建造,如空斗墙、空心砌块墙等。组合墙由两种及两种以上材料组合而成,例如混凝土、加气混凝土复合板材墙。其中混凝土起承重作用,加气混凝土起保温隔热作用。墙体按施工方法分为块材墙、板筑墙及板材墙三种。块材墙是用砂浆等胶结材料将砖石块材等组砌而成的,例如砖墙、石墙及各种砌块墙等。板筑墙就是在现场立模板,现浇而成的墙体,例如钢筋混凝土墙等。板材墙是预先制成墙板,然后在施工时安装而成的墙,如预制混凝土大板墙、各种轻质条板内隔墙等。

(4)按墙体受力状况分类。在混合结构建筑中,墙体按受力方式分为两种:承重墙和非承重墙。凡直接承受上部屋顶、楼板等所传来上部荷载的墙称承重墙,否则为非承重墙。非承重墙包括填充墙、隔墙和幕墙。填充墙是框架结构中填充在柱子之间的墙;隔墙起分隔房间的作用,不承受外来荷载,并把自身质量传给梁或楼板;幕墙是悬挂于外部骨架或楼板间的轻质外墙。

2. 墙体的设计要求

根据墙体所处位置和功能的不同,设计时应满足以下要求。

(1)结构及抗震要求。结构及抗震方面要求墙体具有足够的强度和稳定性。墙体的强度与所用材料和墙体厚度有关。同时墙体的稳定性与墙的长度、高度、厚度以及纵、横向墙体间的距离有关。当墙身高度、长度确定后,通常可通过增加墙体厚度,增设墙垛、壁柱、圈梁等办法来提高墙体的稳定性。

(2)功能方面的要求。

①保温。对有保温要求的墙体,必须提高其构件的热阻,通常采取以下措施。

a.增加墙体的厚度。墙体的热阻与其厚度成正比,为提高墙体的热阻,可增

加其厚度。

b. 选择导热系数小的墙体材料。

c. 采取隔蒸汽措施。

②隔热。隔热措施包括以下方面。

a. 外墙采用浅色而平滑的外饰面,如白色外墙涂料、玻璃马赛克、浅色墙地砖、金属外墙板等,以反射太阳光,减少墙体对太阳辐射的吸收。

b. 在外墙内部设通风间层,利用空气的流动带走热量,降低外墙内表面温度。

c. 在窗口外侧设置遮阳设施,以遮挡太阳光。

d. 在外墙外表面种植攀缘植物,使之遮盖整个外墙,吸收太阳辐射热,从而起到隔热作用。

③隔声。墙体主要隔离由空气直接传播的噪声,一般采取以下措施。

a. 加强墙体缝隙的填密处理。

b. 增加墙厚和墙体的密实性。

c. 采用有空气间层式多孔性材料的夹层墙。

d. 尽量利用垂直绿化降低噪声。

3.2.2 结构布置方式与墙体承重方案

多层民用建筑可采用多层砌体结构类型,即由墙体承受屋顶和楼板的荷载,并连同自重一起将垂直荷载传至基础。墙体是多层砌体结构房屋的围护构件,也是主要承重结构。墙体布置必须同时考虑建筑和结构两方面的要求,既满足建筑设计的要求,又应该合理地选择墙体承重结构布置方式,使房屋满足安全性、适用性、耐久性和经济合理性要求。

1. 横墙承重

凡以横墙承重的称横墙承重方案或横向结构系统。由于横墙数量多、间距密,通过纵墙的连接,建筑的整体性好,刚度大,有利于抵抗风力、地震力,调整地基不均匀沉降。不过横墙承重方案的开间尺寸不够灵活,而在纵墙中开设门窗洞口不受限制,设置灵活。

2. 纵墙承重

凡以纵墙承重的称为纵墙承重方案或纵向结构系统。纵墙承重可使房间开间的划分灵活,多适用于需要较大房间的办公楼、商店、教学楼等公共建筑。

3. 纵横墙承重

凡由纵向墙和横向墙共同承受楼板、屋顶荷载的结构布置称纵横墙(混合)承重方案。该方案可根据需要布置,房屋中一部分用横墙承重,另一部分用纵墙承重,形成纵横墙混合承重方案。此方案建筑组合灵活,空间刚度较好,墙体材料用量较多,适用于开间、进深尺寸较大且房间类型较多的建筑和平面结构复杂的建筑,如教学楼、医院、托幼建筑等。

4. 部分框架承重

部分框架承重指房间面积大、外墙加内柱组合成半框架承重墙或底层为框架承重、上层为承重墙承重、用梁和柱代替部分承重墙的结构形式。该承重方案抗震性能差,较少使用。

3.2.3　砖墙的构造

我国采用砖墙已有 2000 多年历史,主要因为砖墙自身有很多优点,能满足各种功能的要求(如保温、隔热、隔声、防火、防冻等),具有一定的承载力,并且取材容易,生产制造及施工操作简单,不需要大型设备。当然,砖墙也存在缺点,如施工进度慢,劳动强度大,自重大,占用面积大,且取土制砖破坏耕地。

砖墙是由砖和砂浆砌合而成的。

1. 砖

标准砖的规格为 53 mm×115 mm×240 mm。在加入灰缝尺寸后,砖的长、宽、厚之比为 4:2:1,即一个砖长等于两个砖宽加灰缝(240 mm=2×115 mm+10 mm)或约等于四个砖厚加三个灰缝(240 mm≈4×53 mm+3×9.3 mm)。

在工程实际应用中,砌体的组合模数为一个砖宽加一个灰缝,即 115 mm+10 mm=125 mm。

所以,实心砖墙的尺寸应为砖宽加灰缝(115 mm+10 mm=125 mm)的倍数。砖墙的厚度尺寸见表 3.1。

表 3.1　砖墙的厚度尺寸(单位:mm)

墙厚名称	1/4 砖	1/2 砖	3/4 砖	1 砖	1.5 砖	2 砖	2.5 砖
标志尺寸	60	120	180	240	370	490	620
构造尺寸	53	115	178	240	365	490	615
习惯称呼	—	12 墙	18 墙	24 墙	37 墙	49 墙	62 墙

砖按组成材料,可分为烧结普通砖、灰砂砖、页岩砖、水泥砖、煤矸石砖、粉煤灰砖、炉渣砖等;按生产形状,可分为实心砖、空心砖、多孔砖。多孔烧结普通砖和实心烧结普通砖统称为烧结普通砖,其强度等级根据它的抗压强度和抗折强度确定,共分为 MU10、MU15、MU20、MU25、MU30 五个等级,多孔烧结普通砖尺寸与实心烧结普通砖相同。

2. 砂浆

砂浆可以将砌体内的砖块连接成整体。砌墙用砂浆统称为砌筑砂浆,主要有水泥砂浆、混合砂浆和石灰砂浆三种。砂浆的作用有:将砌体内的砖块连接成整体;抹平砖与砖之间的相对面,使内力在传递的过程中分布均匀;填满砌体缝隙,提高砌体的保温、隔热和抗冻能力。表面墙体一般采用混合砂浆砌筑,水泥砂浆主要用于砌筑地下部分的墙体和基础,石灰砂浆的防水性能差、强度低,一般用于砌筑非承重墙或荷载较小的墙体。

砂浆的强度等级根据其抗压强度确定,共分为 M2.5、M5、M7.5、M10 和 M15 五个等级。

3. 砖墙组砌方式

砖墙的组砌方式是指砖在墙体中的排列方式。组砌的关键是错缝搭接,使上下皮砖的垂直缝交错,保证砖墙的整体性。如果墙体表面或内部的垂直缝处于一条线上,便会形成通缝,在荷载作用下,使墙体的强度和稳定性显著降低。当墙面不抹灰作清水时,组砌还应考虑墙面图案美观。

在砖墙的组砌中,把砖长方向垂直于墙面砌筑的砖叫丁砖,把砖长方向平行于墙面砌筑的砖叫顺砖。上下皮之间的水平灰缝称横缝,左右两块砖之间的垂直缝称竖缝。

砖墙组砌方式有全顺式、一顺一丁式、多顺一丁式、两平一侧式、每皮丁顺相间式等。在砌筑砖墙时,应遵循"内外搭接、上下错缝"的组砌原则,砖在砌体中相互咬合,使砌体不出现连续的垂直通缝,以增加砌体的整体性,确保砌体的强度。要求横平竖直、灰缝饱满、上下错缝、内外搭接,上下错缝长度不小于60 mm。

3.2.4 砌块墙的构造

1. 砌块的规格

砌块按单块质量和规格可分为小型砌块、中型砌块和大型砌块,规格各异。目前,采用中、小型砌块的居多,常见的规格有 180 mm×845 mm×630 mm、180 mm×845 mm×1280 mm、240 mm×380 mm×280 mm、240 mm×380 mm×580 mm、240 mm×380 mm×880 mm 等。小型砌块的质量一般不超过 20 kg,主块尺寸为 190 mm×190 mm×390 mm,辅块尺寸为 90 mm×190 mm×190 mm 和 190 mm×190 mm×190 mm,适合人工搬运和砌筑。中型砌块的质量一般为 20~350 kg。

2. 砌块的排列和搭接

①按建筑的平面尺寸、层高对墙体进行分块和搭接,应选择合适的砌块规格和尺寸,设计时要考虑错缝,内、外墙应交接、咬砌,还要注意排列有序。

②砌块常见的排列方式大都依起重能力而定。小型砌块、中型砌块起重能力在 0.5 t 以下的,可采用多皮划分;起重能力为 1.5 t 左右的,多采用四皮划分。

③小型砌块的拼接要求是对孔错缝,搭缝长度不得小于 90 mm;中型砌块的拼接要求是错缝搭接,搭缝长度不得小于 150 mm。当搭缝长度不足时,应在水平缝内增设直径为 4 mm 的钢筋网片。一般砌块采用 M5 级砂浆砌筑,灰缝厚一般为 15~20 mm,当垂直缝大于 30 mm 时,用 C20 细石混凝土灌注。若在砌筑过程中出现局部不对齐,常以烧结普通砖填嵌。

3.2.5 墙体细部构造

1. 墙脚构造

底层室内地面以下、基础以上的这段墙体称为墙脚。内、外墙都有墙脚。墙脚包括防潮层、勒脚、散水和明沟等。

（1）防潮层。在墙中设置防潮层的目的是防止土壤中的水分和潮气沿基础墙上升和勒脚部位的地面水影响墙身，从而提高建筑的坚固性和耐久性，并保持室内干燥卫生。通常在室内地坪附近设置连续的水平防潮层，称为墙身水平防潮层。防潮层的位置应在室内地面与室外地面之间，在地面垫层中部最为理想。防潮层的做法有防水砂浆防潮层、卷材防潮层、混凝土防潮层。

（2）勒脚。外墙墙身下部靠近室外地面的部分为勒脚。勒脚具有保护外墙脚，防止机械碰伤，防止雨水侵蚀而造成墙体风化，增加美观性的作用。勒脚的高度不应低于 500 mm，可根据立面的需要增加勒脚的高度尺寸。勒脚的做法有抹灰、局部墙体加厚、贴面和天然石材砌筑等。勒脚构造如图 3.13 所示。

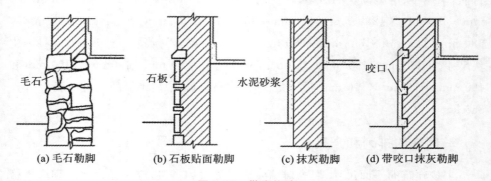

图 3.13　勒脚构造

（3）散水和明沟。室外地面靠近勒脚下部所做的排水坡称为散水，其作用是迅速排除从屋檐滴下的雨水，防止积水渗入地基造成建筑下沉。散水的材料通常使用水泥砂浆、混凝土等，厚度为 60～70 mm，也可用石材。散水应设不小于 3% 的排水坡。散水宽度一般为 600～1000 mm。散水与外墙交接处应设分格缝，分格缝用弹性材料嵌缝，防止外墙下沉时将散水拉裂。散水整体面层纵向每隔 6～12 m 做一道伸缩缝。散水可用混凝土现浇或用砖石等材料铺砌。明沟位于建筑外墙四周，其作用在于将通过雨水管流下的屋面水有组织地导向集水井并流入地下水道。

2. 门窗洞口构造

（1）窗台。窗台是窗洞下部的排水构造，设于室外的称为外窗台，设于室内的称为内窗台。外窗台的作用是排除窗外侧的雨水，防止流入室内。内窗台的作用则是排除窗上的凝结水，保护室内的墙面及存放东西、摆花盆等。窗台高度根据室内使用功能确定，一般高度为民用建筑 900 mm，工业厂房 1000 mm。外窗台底面外缘处应做滴水,即做成锐角或半圆凹槽,以免排水时沿底面流至墙身。

(2)门窗过梁。为承受门窗洞口上部墙体的重力和楼盖传来的荷载,在门窗洞口上沿设置的梁称为过梁。过梁主要有以下几种类型。

①钢筋混凝土过梁。钢筋混凝土过梁分为现浇和预制两种。梁宽一般同墙厚,梁两端支承在墙上的长度不少于 240 mm,以保证足够的承压面积。

②钢筋砖过梁。钢筋砖过梁用砖不低于 MU7.5,砌筑砂浆不低于 M2.5。洞口上部先支模,抹 30 mm 厚水泥砂浆保护层,布置直径不小于 5 mm 的钢筋,间距小于或等于 120 mm,伸入两边墙内应不小于 240 mm。梁高砌 5～7 皮砖或不小于 $L/4$(L 为过梁的总长度),钢筋砖过梁净跨宜为 1.5～2 m。

③砖拱过梁。砖拱过梁分为平拱和弧拱。由竖砌的砖作拱圈,一般将砂浆灰缝做成上宽下窄,上宽不大于 20 mm,下宽不小于 5 mm。砖不低于 MU7.5,砂浆不能低于 M2.5,砖砌平拱过梁净跨宜小于 1.2 m,不应超过 1.8 m,中部起拱高约为 $L/50$。

④圈梁兼过梁。若标高统一,则圈梁可兼作过梁。

3. 墙身加固措施

(1)壁柱和门垛。壁柱和门垛构造如图 3.14 所示。

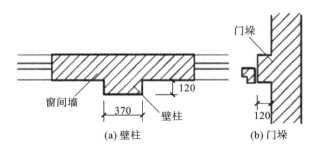

图 3.14　壁柱和门垛构造(单位:mm)

①当墙体的窗间墙上出现集中荷载,而墙厚又不足以承担其荷载,或当墙体的长度和高度超过一定限度并影响到墙体稳定性时,常在墙身局部适当位置增设凸出墙面的壁柱以提高墙体刚度。

②当在较薄的墙体上开设门洞时,为便于门框的安置和保证墙体的稳定,须在门靠墙转角处或丁字接头墙体的一边设置门垛,门垛凸出墙面不少于 120 mm,宽度同墙厚。

(2)圈梁。圈梁是沿外墙四周及部分内墙设置在楼板处的连续闭合的梁,一般置于与楼板、屋面板同一标高处。圈梁的作用是增加墙体的稳定性,加强房屋的空间刚度及整体性,防止基础的不均匀沉降、震动荷载等引起墙体开裂,提高房屋的抗震性能。

①圈梁的构造。圈梁有钢筋砖圈梁和钢筋混凝土圈梁两种。通常采用现浇钢筋混凝土圈梁。钢筋砖圈梁就是将前述的钢筋砖过梁沿外墙和部分内墙一周连通砌筑而成。钢筋混凝土圈梁的截面形状一般为矩形,高度不小于 120 mm,宽度与墙厚相同。

②圈梁的做法。圈梁多采用钢筋混凝土材料,钢筋砖圈梁已很少采用。钢筋混凝土圈梁的宽度宜与墙厚相同,当墙厚大于 240 mm 时,允许其宽度减小,但不宜小于墙厚的 2/3;圈梁高度应大于 120 mm,并在其中设置纵筋和箍筋,如为 8 度抗震设防,纵筋不少于 4 根、直径不小于 10 mm,箍筋为 Φ6@200。钢筋砖圈梁应采用不低于 M5 的砂浆砌筑,高度为 4～6 皮砖(一般 1 皮砖的厚度在 60 mm 左右)。纵筋不宜少于 6 根、直径不小于 6 mm,水平间距不宜大于 120 mm,分上下两层设在圈梁顶部和底部的灰缝内。在非地震区,圈梁内纵筋不少于 4 根,直径为 8 mm,箍筋间距不大于 300 mm。

(3)构造柱。构造柱是设在墙体内的钢筋混凝土现浇柱,主要作用是与圈梁共同形成空间骨架,以增加房屋的整体刚度,提高抗震能力。

构造柱的截面不宜小于 240 mm×180 mm,常用尺寸为 240 mm×240 mm。纵筋不少于 4 根、直径不小于 12 mm,箍筋不少于 Φ6@250,并在柱的上下端适当加密。构造柱应先砌墙后浇筑,墙与柱的连接处宜留出五进五出的马牙槎,进出 60 mm,并沿墙高每隔 500 mm 设 2 根直径为 6 mm 的拉结钢筋,每边伸入墙内不宜少于 1000 mm,施工时应当先砌墙体,并留出马牙槎。随着墙体的上升,逐段现浇钢筋混凝土构造柱。钢筋混凝土构造柱不单设基础,但应伸入室外地面下 500 mm 或锚入浅于 500 mm 的地圈梁内。

3.2.6　隔墙的构造

隔墙是分隔建筑内部空间的非承重构件。在现代建筑中,为了提高平面布局的灵活性,大量采用隔墙以适应建筑功能的变化。由于隔墙不承受任何外来荷载,且本身的重力还要由楼板或小梁来承受,因此要满足以下要求,即自重轻,厚度薄,便于拆卸,有一定的隔声功能等。

隔墙的类型很多,按其构造方式分为块材隔墙、轻骨架隔墙、板材隔墙三大类。

(1)块材隔墙。

块材隔墙用烧结普通砖、空心砖、加气混凝土砌块等块材砌筑而成,常采用普通砖隔墙和砌块隔墙两种方式。

①普通砖隔墙。普通砖隔墙有 1/2 砖(120 mm)和 1/4 砖(60 mm)两种。半砖隔墙用普通砖顺砌,砌筑砂浆强度宜大于 M2.5。砌筑较大面积的墙体时,长度超过 6 m 应设砖壁柱,高度超过 5 m 时应在门过梁处设通长钢筋混凝土带。顶部与楼板相接处用立砖斜砌,填塞墙与楼板间的缝隙。

②砌块隔墙。为减少隔墙的质量,采用轻质大块的各种砌块,目前最常用的是加气混凝土砌块、粉煤灰硅酸盐砌块、水泥炉渣空心砖等砌筑的隔墙。隔墙厚度由砌块尺寸而定,一般为 90~120 mm。因砌块孔隙率大、吸水量大,故在砌筑时,先在墙下部实砌 3~5 皮实心烧结普通砖再砌砌块。

(2)轻骨架隔墙。

轻骨架隔墙由骨架和饰面层两部分组成,骨架有木骨架和金属骨架之分,近年来出现了很多采用工业废料和地方材料及轻金属制成的骨架,如石棉水泥骨架、浇筑石膏骨架、水泥刨花骨架、轻钢和铝合金骨架等。面板有板条抹灰、钢丝网板条抹灰、胶合板、纤维板、石膏板等。轻骨架隔墙由于先立墙筋(骨架)再做面层,故又称为立筋式隔墙。

①骨架。墙筋间距视面板规格而定。金属骨架一般采用薄型钢板、铝合金薄板或拉眼钢板网加工而成,并保证板与板的接缝在墙筋和横档上。

②饰面层。常用饰面层的类型有胶合板、硬质纤维板、石膏板等。采用金属骨架时,可先钻孔,用螺栓固定,或采用膨胀铆钉将板材固定在墙筋上。

(3)板材隔墙。

板材隔墙是指各种轻质板材的高度相当于房间净高,不依赖骨架,可直接装配而成,目前多采用条板,如碳化石灰板、加气混凝土条板、多孔石膏条板、纸蜂窝板、水泥刨花板、复合板、安全玻璃等。

3.3　地面设计

地面包括楼地面与底层地面两大部分。地面属于建筑装修的一部分,各类建筑对地面的要求不尽相同。

3.3.1 对地面的要求

(1)坚固耐久。

地面直接与人接触,家具、设备也大多都摆放在地面上,因而地面必须耐磨,行走时不起尘土、不起砂,并有足够的强度。

(2)减少吸热。

由于人们直接与地面接触,地面则直接吸走人体的热量,为此应选用吸热系数小的材料做地面面层,或在地面上铺设辅助材料,以减少地面的吸热。采用木材或其他有机材料(塑料地板等)做地面面层比一般水泥地面的效果要好得多。

(3)满足隔声要求。

楼层上下的噪声一般通过空气传播或固体传播,隔绝固体噪声的方法取决于楼地面垫层材料的厚度与材料的类型。北京地区大多采用1∶6水泥焦渣垫层,厚度为50~90 mm。

(4)防水要求。

用水较多的厕所、盥洗室、浴室、实验室等房间,应满足防水要求。一般应选用现浇钢筋混凝土楼板和密实不透水的面层材料,并适当做排水坡度。在楼地面的垫层上部有时还应做防水层。

(5)经济要求。

地面在满足使用要求的前提下,应选择经济的构造方案,尽量就地取材,以降低整个房屋的造价。

3.3.2 楼地面的种类

楼地面一般由面层、填充层和结构层组成。结构层是指楼板,填充层为中间层,面层做法很多。

面层根据材料的不同,分为整体地面(如水泥砂浆地面、水磨石地面、细石混凝土地面、菱苦土地面等)、块状材料地面(如陶瓷锦砖地面、预制水磨石地面、铺地砖地面等)、木地板及卷材类地面等。

水泥砂浆地面的面层常用1∶2.5的水泥砂浆。如果水泥用量太多,则干缩大;如果水泥用量过少,则强度低,容易起砂。

水磨石地面是用水泥与中等硬度的石屑(大理石、白云石)按1∶2.5~1∶1.5的比例配合而成的,抹在垫层上并在结硬以后用人工或机械磨光,表面打蜡。

细石混凝土地面是用颗粒较小的石子,按水泥∶砂∶小石子＝1∶2∶4的配合比拌和、浇筑、抹平、压实而成的。

　　菱苦土地面是由菱苦土、氯化镁溶液、木屑、滑石粉及矿物颜料等配制而成的,为增加面层的弹性,菱苦土和木屑之比可用1∶2,其下层则可用1∶4。

　　陶瓷锦砖地面铺贴小块的陶瓷锦砖,俗称马赛克。一般均把这种小瓷砖预先贴在生皮纸上,施工时在刚性填充层上做找平层,用水泥砂浆或特制胶(如903胶)等粘贴。这种地面质地坚实、光滑、平整、不透水、耐腐蚀,一般在厕所、浴室应用较多。

　　预制水磨石地面采用400 mm×400 mm×25 mm的水磨石预制板,用1∶3水泥砂浆铺贴在地面填充层上。

　　铺地砖地面用一种较大块的釉面砖(又称通体砖)铺设。这种砖强度高、平整、耐磨、耐水、耐腐蚀,常用水泥砂浆把它铺贴在地面的找平层上,亦可采用特制胶粘贴。

　　木地板是由木板铺钉或黏合而成的地面。

　　卷材类地面由成卷的铺材铺贴而成。

3.3.3　楼地面的构造要点

　　由于地面构造与施工工艺密切相关,这里只谈一谈构造要点及应注意的问题,具体构造做法可查阅各地的工程做法手册。

　　(1)整体楼地面。

　　整体楼地面包括水泥砂浆、水磨石、细石混凝土、菱苦土等做法。整体楼地面的填充层大多采用50～90 mm厚的1∶6水泥焦渣。这样做的好处是可以减轻传给楼板的荷载,而且隔声效果较好。

　　整体楼地面的面层一般应注意分格(分仓),其尺寸为500～1000 mm不等。水泥砂浆面层可直接分格,水磨石面层可采用玻璃条、铜条、铝条进行分格,菱苦土面层可采用木条分格。面层分格的好处是保证均匀开裂。

　　水泥砂浆地面有双层和单层构造之分。双层在构造上常以15～20 mm厚1∶3水泥砂浆打底、找平,再铺以5～10 mm厚1∶2或1∶1.5水泥砂浆抹面(见图3.15)。分层构造虽然增加了施工程序,却容易保证质量,减少表面干缩时产生裂纹的可能。单层构造的做法是先在结构层上抹水泥砂浆结合层一道,再抹15～20 mm厚1∶2.5的水泥砂浆一道。

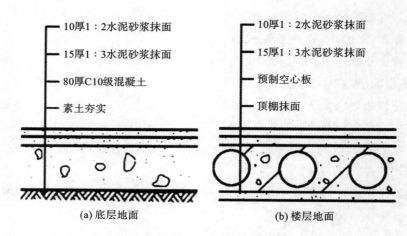

图 3.15　水泥砂浆地面(单位:mm)

（2）块料楼地面。

块料楼地面包括铺地砖、马赛克等做法。块料楼地面的填充层也多采用 1∶6 水泥焦渣制作。

块料楼地面的面层若为大块（如预制水磨石板、铺地砖等）可直接采用不小于 20 mm 厚的 1∶4 硬性水泥砂浆黏接；若为小块（如马赛克等）应先将面层材料拼接并粘贴于牛皮纸上，施工时将贴有小块面砖的牛皮纸的背面黏于水泥砂浆结合层上，然后揭去牛皮纸，形成面层。

（3）木楼面。

木楼面包括条木地板、拼花地板等做法。木楼面的构造做法分为单层长条硬木楼地面和双层硬木楼地面两种，均属于实铺式。

下面以双层硬木楼地面做法为例，介绍其构造做法。

在钢筋混凝土楼板中伸出直径为 6 mm 的钢筋，绑扎 Ω 形直径为 6 mm 的铁鼻子，400 mm 中距，将 70 mm×50 mm 的木龙骨用两根 10 号铅丝绑于 Ω 形铁件上。在垂直于木龙骨的方向上钉放 50 mm×50 mm 的支撑。中距 800 mm，其间填 40 mm 厚的干焦渣隔声层。上铺 22 mm 厚的松木毛地板，铺设方向为 45°，上铺油毡纸一层，表面铺 50 mm×20 mm 硬木企口长条或席纹、人字纹拼花地板，并烫硬蜡。

（4）卷材类楼地面。

卷材类楼地面包括塑料地毯、橡胶地毯以及其他各式地毯等做法。铺贴楼地面的面层材料多为有机材料。

铺贴楼地面的填充层多为混凝土面,经刮腻子找平后才可铺贴。铺贴楼地面的用胶多为各类合成树脂胶,如 XY-401 胶等。

3.3.4　底层地面构造要点

底层地面由面层、垫层(垫层材料及最小厚度以表 3.2 为准)和基层三部分组成。当面层为块状材料时,还需另设结合层。

表 3.2　底层地面垫层的最小厚度

垫层材料	最小厚度/mm
砂、炉渣	60
碎石、卵石、矿渣	80
灰土、碎砖三合土,夯实黏土	100
混凝土	50

底层地面除满足楼地面的几项要求外,应特别注意防潮问题。

底层地面亦分为整体面层、块料面层、底层木地面和卷材类面层等几种做法。

底层地面的基层一般均为素土夯实及 3∶7 灰土(南方地区可采用由石灰、黏土和细砂组成的三合土),厚度为 100 mm。底层地面的垫层多采用 C15 混凝土,厚度为 50 mm。底层地面的面层做法,除底层木地面外,均同楼地面的做法。

底层木地面分为空铺与实铺两类做法。

(1)空铺木地面。

在素土夯实的地面上打 150 mm 厚的 3∶7 灰(上皮标高不低于室外地坪),用 M5 的砂浆砌筑 120 mm 或 240 mm 厚的地垄墙,中距 4 m。地垄墙顶部用 20 mm 厚的 1∶3 水泥砂浆找平层,并设 100 mm×50 mm 厚的压沿木(用 8 号铅丝绑扎)。压沿木上钉 50 mm×70 mm 的木龙骨,中距 400 mm,在垂直于龙骨的方向钉 50 mm×50 mm 的横撑,中距 800 mm。其上钉 50 mm×20 mm 的硬木企口长条地板或席纹、人字纹拼花地板,表面烫硬蜡。

空铺木地面应注意通风、防鼠等构造措施。

(2)实铺木地面。

实铺木地面指的是没有地垄墙的做法,其构造要点是在素土夯实的地面上打 100 mm 厚的 3∶7 灰(上皮标高与管沟盖板一致),在灰上打 40 mm 厚的豆石混凝土找平层,上刷冷底子油一道,随后铺一毡二油。在一毡二油上打 60 mm

厚的 C15 混凝土基层,并安装直径为 6 mm 的 Ω 形铁鼻子,中距 400 mm,在木龙骨间加 50 mm×70 mm 的木龙骨,拴于 Ω 形铁件上(架空 20 mm,用木垫块垫起),中距 400 mm,在木龙骨间加 50 mm×50 mm 的横撑,中距 800 mm。上钉 22 mm 厚的松木毛地板 45°斜铺,上铺油毡纸一层。毛地板上钉接 50 mm×20 mm 的硬木长条或席纹人字纹拼花地板,表面烫硬蜡。

3.4　门窗的设计

门窗是房屋的重要组成部分。门的主要功能是交通联系,兼采光和通风;窗主要供采光和通风用。同时两者在不同情况下又具有分隔、隔声、保温、防火、防水等围护功能,还具有重要的建筑造型和装饰作用。

3.4.1　门的构造

1.门的分类、组成、尺度

1)门的分类

(1)按门在建筑中所处的位置分类。按门在建筑中所处的位置不同,门有内门和外门之分。内门位于内墙上,应满足分隔要求,如隔声、隔视线等;外门位于外墙上,应满足围护要求,如保温、隔热、防风沙、耐腐蚀等。

(2)按门所用材料分类。按门所用材料的不同,门可分为木门、钢门、铝合金门、塑料门及全玻璃门等。木门制作加工方便、价格低廉、应用广泛,但防火能力较差。钢门强度高、防火性能好、透光率高,在建筑上应用很广,但钢门保温性能较差、易锈蚀。铝合金门美观,有良好的装饰性和密闭性,但成本高、保温性能差。塑料门同时具有木材的保温性和铝材的装饰性,是近年来发展起来的新品种,但其刚度和耐久性还有待进一步提高。另外,还有一种全玻璃门,主要用于标准较高的公共建筑的出入口,具有简洁、美观、视线无阻挡及构造简单等特点。

(3)按门的使用功能分类。按门的使用功能不同,门可分为一般门和特殊门两种。特殊门具有特殊的功能,构造复杂,如保温门、防盗门、防火门、防射线门等。

(4)按门的开启方式分类。按门的开启方式不同,门可分为平开门、弹簧门、推拉门、折叠门、旋转门及卷帘门等类型,如图 3.16 所示。

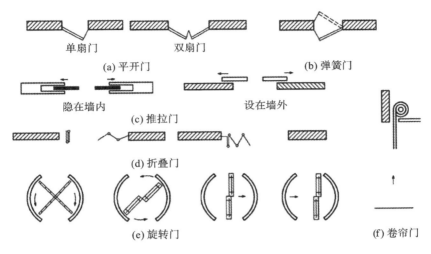

图 3.16　门的开启方式

①平开门。门扇与门框用铰链连接,门扇水平开启,有单扇、双扇,向内开、向外开之分。平开门构造简单,开启灵活,安装和维修方便,是建筑中使用最广泛的门。

②弹簧门。门扇与门框用弹簧铰链连接,门扇水平开启,可单向或内外弹动且开启后可自动关闭。弹簧门适用于人流较多或有自动关闭要求的建筑,如商店、医院、会议厅等。

③推拉门。有单扇和双扇之分,有普通推拉门,也有电动及感应推拉门等。推拉门开启时不占空间,受力合理,不易变形。分隔室内空间的轻便门和公共建筑的外门多用推拉门。

④折叠门。简单的折叠门可以只在侧边安装铰链,复杂的还要在门的上边或下边安装导轨及转动五金件。折叠门开启时占空间少,但构造复杂,适用于宽度较大的门。

⑤旋转门。旋转门由固定弧形门套和垂直旋转的门扇构成,其特点是保温、隔声效果好。但它构造复杂、造价高,不适用于人流较大的公共建筑,适用于宾馆、饭店。

⑥卷帘门。门扇由金属叶片相互连接而成,在门洞上部设置卷轴,利用门帘上卷或放下来开关门洞口。其特点是开启时不占使用空间,但加工制作复杂,造价较高,适用于不经常启闭的商场、车库等建筑的大门。

2)门的组成

门由门框、门扇、亮子、玻璃及五金件等部分组成,如图 3.17 所示。亮子又称腰头窗(简称腰头、腰窗);门框又叫门樘子,由边框、上框、中横框和中竖框等组成;门扇由上冒头、中冒头、下冒头、门梃、门芯板等组成;五金件包括铰链、插销、门锁、风钩、拉手等。

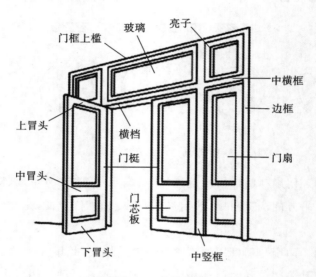

图 3.17   门的组成

3)门的尺度

门的尺度指门洞的高宽尺寸,应满足人流疏散,搬运家具、设备的要求,并应符合《建筑模数协调标准》(GB/T 50002—2013)的规定。一般情况下,门保证通行的高度不小于 2100 mm。如果门设有亮子,亮子高度一般为 300～600 mm,则门洞高度为 2400～3000 mm。公共建筑的大门高度可按需要适当提高。门的宽度应满足一个人通行,并考虑必要的空隙,一般为 700～1000 mm,通常设置为单扇门。双扇门的宽度一般为 1200～1800 mm。门的宽度在 2100 mm 以上时,则做成三扇门、四扇门或者双扇带固定扇的门。对于人流量较大的公共建筑的门,其宽度应满足疏散要求,也可设置两扇以上的门。

2. 木门的构造与安装

1)门框

门框一般由两根边梃和上槛组成。门框的断面形状基本上与窗框相同,只

74

是门的负载较窗大,必要时尺寸可适当加大。门框与墙的结合位置一般在开门方向的一边,与抹灰面齐平,这样门开启的角度较大。

(1)门框断面。门框的断面形式与门的类型、层数有关,同时应当利于门的安装,并应具有一定的密闭性。

(2)门框安装。门框的安装根据施工方式的不同分为后塞口和先立口两种。工厂化生产的成品门,其安装多采用后塞口施工。

(3)门框在墙中的位置,可在墙的中间或与墙的一边平齐。一般多与开启方向一侧平齐,尽可能使门扇开启时贴近墙面。对于尺寸较大的门,为了能牢固安装,多居中设置。

2)门扇

根据门扇的不同构造形式,民用建筑中常见的门有镶板门、拼板门、夹板门等。

(1)镶板门门扇。镶板门门扇是广泛使用的门扇,由骨架和门芯板组成。骨架一般由上冒头、下冒头及边梃组成,有时中间还有中冒头或竖向中梃。门芯板可采用木板、胶合板、硬质纤维板及塑料板,有时也可部分或全部采用玻璃,称为半玻璃(镶板)门或全玻璃(镶板)门。

木制门芯板一般用 10~15 mm 厚的木板拼装成整块,镶入边梃和冒头,板缝应结合紧密。实际工程中常用的接缝形式为高低缝和企口缝。门芯板在边梃和冒头中的镶嵌方式有暗槽、单面槽及双边压条三种,工程中用得较多的是暗槽,其他两种方法多用于玻璃、纱门及百叶门。

镶板门门扇骨架的厚度一般为 40~45 mm。上冒头、中冒头和边梃的宽度一般为 75~120 mm,下冒头的宽度习惯上同踢脚高度,一般为 200 mm。中冒头为了便于开槽装锁,其宽度可适当增加,以弥补开槽对中冒头材料的削弱。

(2)拼板门门扇。拼板门门扇的构造与镶板门相同,只是拼板门由 35~45 mm 厚的木板拼接而成,因而自重较大,但坚固耐久,多用于库房、车间的外门。

(3)夹板门门扇。夹板门门扇是用断面较小的方木做成骨架、两面粘贴面板而成的。骨架通常采用(32~35)mm×(34~36)mm 的木料制作,内部用小木料做成格形纵横肋条,肋距一般为 300 mm。在骨架的两面可铺钉胶合板、硬质纤维板或塑料板等,门的四周可用 15~20 mm 厚的木条镶边,以取得整齐美观的效果。

3)门的五金件

门的五金件主要有铰链、门锁、插销、拉手、停门器等。在选型时,需特别注意铰链强度,以防止变形,影响门的使用;拉手需结合建筑装修进行选型。

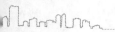

3.4.2　窗的构造

1. 窗的分类、组成及尺度

1) 窗的分类

（1）按窗的开启方式分类。按窗的开启方式，窗可分为固定窗、平开窗、推拉窗、悬窗和百叶窗等，如图 3.18 所示。

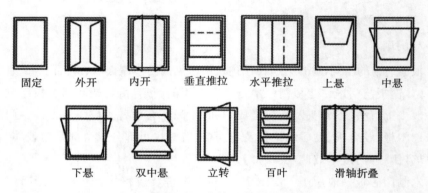

固定　　外开　　内开　　垂直推拉　水平推拉　上悬　　中悬

下悬　　双中悬　　立转　　百叶　　滑轴折叠

图 3.18　窗的开启方式

①固定窗。固定窗无开启窗扇。它只可供采光和眺望，不能通风，构造简单，密封性能好，多与开启窗配合使用。

②平开窗。平开窗是指窗扇沿水平方向开启的窗。平开窗分外开窗和内开窗两种。外开窗在开启时不占室内使用空间，且排水问题容易解决，但易损坏。内开窗开启时占用室内空间，但不易损坏。平开窗构造简单，开启灵活，维修方便，被广泛应用于民用建筑。

③推拉窗。推拉窗是指窗扇沿导轨或滑槽滑动的窗。它可分为垂直推拉与水平推拉两种形式。推拉窗开启时不占室内空间，外形美观，采光面积大，防水、隔声及气密性能好，广泛用于住宅、办公、医疗等建筑。

④悬窗。悬窗分为上悬、中悬、下悬三种。上悬窗铰链安装在窗扇上部，一般向外开，具有良好的防雨性能，通风效果较差，多用作门和窗上的亮子。中悬窗在窗扇中部装水平转轴，开启时窗扇上部向内、下部向外，有利于挡雨、通风，常用于高侧窗。下悬窗铰链安装在窗扇下部，一般向内开，通风性能好，但占用室内空间，不防雨。

⑤百叶窗。百叶窗利用百叶片遮挡阳光和视线,并保持自然通风,多用于卫生间等。

(2)按窗的框料材质分类。按窗的框料材质,窗分为铝合金窗、塑钢窗、钢窗和木窗。

①铝合金窗。铝合金窗采用铝镁硅系列合金钢材制成,是目前应用较多的窗型之一,其断面为空腹薄壁组合断面。铝合金窗外观精美、质量轻、密闭性能好,能消除碱对门、窗框的腐蚀,但其强度低,易变形。

②塑钢窗。塑钢窗采用硬质塑料制成窗框和窗扇,其优点是密封和热工性能好、耐腐蚀,目前使用较广泛。

③钢窗。钢窗由特殊断面的型钢制成,有实腹和空腹两类。钢窗强度高、断面小、坚固耐久,但易生锈,较少采用。

④木窗。其优点是适合手工制作、构造简单,缺点是不耐久、容易变形、防火性能差。

(3)按窗的层数分类。按窗的层数,窗分为单层窗、双层窗及双层中空玻璃窗等形式。

①单层窗。单层窗构造简单,造价低,多用于一般建筑。

②双层窗。双层窗保温、隔声、防尘效果好,用于对窗有较高功能要求的建筑中,有单框双窗扇和双框双窗扇两种形式。

③双层中空玻璃窗。双层中空玻璃窗由双层玻璃中空 4～12 mm 装在一个窗扇上制成,具有保温、隔声、节能的特点。

2)窗的组成

窗一般由窗框、窗扇、五金件和其他附件组成,如图 3.19 所示。窗框又称窗樘,是窗与墙体的连接部分,由上框、下框、边框、中横框和中竖框组成。窗扇是窗的主体部分,分为活动扇和固定扇两种,一般由上冒头、下冒头、边梃和窗芯(又叫窗棂)组成骨架,中间固定玻璃、窗纱或百叶。窗扇与窗框多用五金件相连接,常用的五金件包括铰链、插销、风钩及拉手等。窗框与墙连接处,为了满足不同的要求,窗洞口周围可增设贴脸、筒子板、压条、窗台板及窗帘盒等附件。

3)窗的尺度

窗的尺度由建筑采光、通风与日照要求来确定,同时兼顾建筑造型并应符合《建筑模数协调标准》(GB/T 50002—2013)规定。窗洞口的宽度和高度规定为3M 模数,居住建筑可用1M 模数。一般平开木窗的窗扇高度为800～1200 mm,宽度不大于 500 mm;上下悬窗的窗扇高度为 300～600 mm;中悬窗的窗扇高度

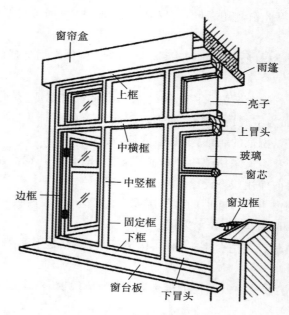

图 3.19　窗的组成

不大于 1200 mm,宽度不大于 1000 mm;推拉窗的高和宽均不宜大于 1500 mm。目前,各地均有窗的通用设计图集,可根据具体情况直接选用。若窗洞口高度超过 1500 mm,窗上部设亮子。

2. 窗的安装

窗框的安装分为立口和塞口两种。立口是将窗框立在相应位置,找正后继续砌墙,能使窗框与墙体连接紧密,但对施工进度影响大,易造成窗框成品的损失。塞口是指砌墙时将窗洞口预留出来,预留的洞口一般有比窗框外包尺寸大 30~40 mm 的空隙,在整幢建筑的墙体砌筑完工后,再将窗框塞入洞口固定。这种安装方法不会影响施工进度,但窗框与墙体之间的缝隙较大,应加强固定时的牢固性和对缝隙的密闭处理。目前,铝合金窗、塑钢窗等多采用塞口法进行安装,安装前用塑料保护膜包裹窗框,以防损害产品。

安装木窗时立口法和塞口法都可使用,采用立口法安装时在门窗框上下槛各留出半砖长的端头,在边框外侧每 500~700 mm 高设置一块木楔,以伸入墙内;采用塞口法安装时,在门窗洞口两侧沿高每 500~700 mm 预埋防腐木砖,每侧不少于 2 块,将门窗框与木砖钉牢。金属门窗和塑钢门窗均采用塞口法安装。安装时有两种方式,即带副框方式和不带副框方式。

3.4.3　金属门窗的构造

1. 钢门窗

（1）钢门窗材料。

①实腹式。实腹式钢门窗料是最常用的一种，有各种断面形状和规格。一般门可选用 32 及 40 料，窗可选用 25 及 32 料（25、32、40 表示断面高为 25 mm、32 mm、40 mm）。

②空腹式。空腹式钢门窗料与实腹式钢门窗料相比，具有更大的刚度，外形美观，自重轻，可节约钢材 40% 左右。但由于壁薄、耐腐蚀性差，不宜用于湿度大、腐蚀性强的环境。

（2）钢门窗框的安装。

钢门窗框的安装常用塞框法。门窗框与洞口四周的连接方法主要有以下两种。

①在砖墙洞口两侧预留孔洞，将钢门窗的燕尾形铁脚埋入洞中，用砂浆筑牢。

②在钢筋混凝土过梁或混凝土墙体内先预埋铁件，将钢窗的 Z 形铁脚焊在预埋钢板上。钢门窗与墙的连接如图 3.20 所示。

（3）组合式钢门窗。

当钢门窗的高、宽超过基本钢门窗尺寸时，就要用拼料将门窗进行组合。拼料起横梁与立柱的作用，承受门窗的水平荷载。

2. 卷帘门

卷帘门主要由帘板、导轨及传动装置组成。工业建筑中的帘板常采用叶板式，叶板可用镀锌钢板或合金铝板轧制而成，叶板之间用铆钉连接。叶板的下部采用钢板和角钢，用以增强卷帘门的刚度，并便于安设门钮。叶板的上部与卷筒连接，开启时，叶板沿着门洞两侧的导轨上升，卷在卷筒上。门洞的上部安设传动装置，传动装置分手动和电动两种。

3. 彩板钢门窗

彩板钢门窗是以彩色镀锌钢板经机械加工而成的门窗。它具有自重轻、硬度高、采光面积大、防尘、隔声、保温密封性好、造型美观、色彩绚丽、耐腐蚀等特点。

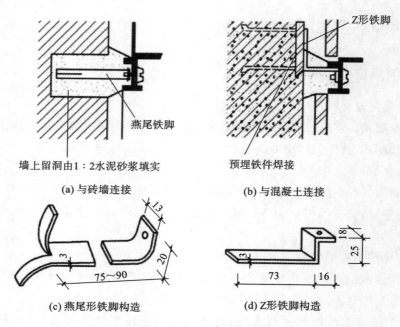

(a) 与砖墙连接　　　　　　　　　(b) 与混凝土连接

(c) 燕尾形铁脚构造　　　　　　　(d) Z形铁脚构造

图 3.20　钢门窗与墙的连接(单位:mm)

　　彩板平开窗目前有两种类型,即带副框的和不带副框的两种。当外墙面为花岗石、大理石等贴面材料时,常采用带副框的做法;当外墙装修为普通粉刷时,常用不带副框的做法。

4. 铝合金门窗

(1)铝合金门窗的特点。

①自重轻。铝合金门窗质量较轻,相同门窗用料一般较钢门窗轻 20% 左右,较木门窗轻。

②性能好。铝合金门窗密封性好,气密性、水密性、隔声性、隔热性都较钢、木门窗有显著的提高。

③耐腐蚀,坚固耐用。铝合金门窗不需要涂涂料,氧化层不褪色、不脱落,表面不需要维修。铝合金门窗强度高、刚性好、坚固耐用,开闭轻便灵活、无噪声,安装速度快。

④色泽美观。铝合金门窗框料型材表面经过氧化着色处理后,既可保持铝材的银白色,又可以制成各种柔和的颜色或带色的花纹,如古铜色、暗红色、黑色等。

⑤便于生产、安装。铝合金门窗框架均可在工厂进行大批量工业化生产,有利于实现门窗生产中的标准化和通用化。在实际施工中,铝合金安装的工作量较小,可提高施工效率。

(2)铝合金门窗的构造。

铝合金门窗是表面处理过的铝合金型材,经下料、打孔、攻丝等加工,制成门窗框料构件,然后与连接件、密封件、开闭五金件等组合装配成门窗。它一般不设窗芯及门的中冒头,而是直接镶玻璃,常用 5~6 mm 厚的净片玻璃,并用橡胶密封条嵌固在门窗的边梃上。

(3)铝合金门窗的设计要求。

①应当根据使用和安全要求,确定铝合金门窗的风压强度性能、雨水渗漏性能、空气渗透性能综合指标。

②组合门窗设计宜采用定型产品门窗作为组合单元。非定型产品的设计应当考虑洞口最大尺寸的选择和控制。

③外墙门窗的暗转高度应该有限制。

(4)铝合金门窗安装。铝合金门窗的加工过程是表面处理过的铝材经过下料、打孔、攻丝等加工,制作成门窗框料的构件,然后与连接件、密封件、开闭五金件一起组合装配成门窗。

门窗安装时,将门窗框在抹灰前立于门窗洞处,与墙内预埋件对正,然后用木楔将三边固定。经过检验确定门窗水平、垂直、无翘曲后,用连接件将铝合金门框固定在墙上,连接件固定可采用焊接、膨胀螺栓或射钉等。

门窗框与墙体等的连接固定点,每边不得少于两点,且间距不得大于 0.7 m,在基本风压大于等于 0.7 kPa 的地区,不得大于 0.5 m;边框端部的第一固定点距离端部的距离不得大于 0.2 m。

5. 塑钢门窗

塑钢门窗是以改性硬质聚氯乙烯(unplasticized polyvinyl chloride,UPVC)为主要原料,加上一定比例的稳定剂、着色剂、填充剂、紫外线吸收剂等辅助剂,经挤出机挤出成型为各种断面的中空异型材,经切割后,在其内腔衬以型钢加强筋,用热熔焊接机焊接成型为门窗框扇,装配橡胶密封条、压条、五金件等附件而制成的门窗。

(1)塑钢门窗的优点。塑钢门窗的优点主要有:强度高、耐冲击;保温隔热、节约能源;隔声性能好;气密性、水密性好;耐腐蚀性强;防火;耐老化、使用寿命

长;外观精美、清洗容易。

（2）塑钢门窗的连接。塑钢窗框与墙体的连接方式有连接件法、直接固定法、假框法。

6. 特殊门

（1）防火门。防火门用于加工易燃品的车间或仓库。根据建筑对防火门耐火等级的要求,门扇可以采用钢板、木板外贴石棉板再包以镀锌铁皮或木板外直接包镀锌铁皮等构造措施。考虑到木材受高温会炭化而放出大量气体,应在门扇上设泄气孔。防火门常采用自重下滑关闭门,原理是将门上导轨做成5 ％～8 ％的坡度,火灾发生时,易熔合金片熔断后,重锤落地,门扇依靠自重下滑关闭。当洞口尺寸较大时,可做成两个门扇相对下滑。

（2）保温门、隔声门。保温门要求门扇具有一定热阻值,并对门缝进行密闭处理,故常在门扇两层面板间填以轻质、疏松的材料（如玻璃棉、矿棉等）。隔声门的隔声效果与门扇的材料及门缝的密闭处理有关,常采用多层复合结构,即在两层面板之间填吸声材料,如玻璃棉、玻璃纤维板等。

一般保温门和隔声门的面板常采用整体板材（如五层胶合板、硬质木纤维板等）,不易发生变形。门缝密闭处理对门的隔声、保温以及防尘有很大影响,通常采用的措施是在门缝内粘贴填缝材料,如橡胶管、海绵橡胶条、泡沫塑料条等。此外还应注意裁口形式,斜面裁口比较容易关闭紧密,可避免门扇胀缩而引起的缝隙不密合。

7. 特殊窗

（1）固定式通风高侧窗。在我国南方地区,结合气候特点,多种形式的通风高侧窗被创造出来。它们的特点是:能采光,能防雨,能常年进行通风,无须设开关器,构造较简单,管理和维修方便,多用在工业建筑中。

（2）防火窗。防火窗必须采用钢窗或塑钢窗,以免镶嵌铅丝玻璃破裂后掉下,防止火焰窜入室内或窗外。

（3）保温窗、隔声窗。保温窗常采用双层窗及双层玻璃的单层窗两种。双层窗可内外开或内开、外开。双层玻璃单层窗又分为以下两种。

①双层中空玻璃窗。双层玻璃之间的距离为5～15 mm,窗扇的上下冒头应设透气孔。

②双层密闭玻璃窗。两层玻璃之间为封闭式空气间层,其厚度一般为

4～12 mm,充以干燥空气或惰性气体,玻璃四周密封。这样可增大热阻,减少空气渗透,避免空气间层内产生凝结水。

若采用双层窗隔声,应采用不同厚度的玻璃,以减少吻合效应的影响。厚玻璃应位于声源一侧,玻璃间的距离一般为 80～100 mm。

第4章 建筑的环境要素设计

4.1 光线与建筑设计

4.1.1 建筑的自然采光

1. 光气候与采光系数

在天然采光的房间里,室内的光线随着室外天气的变化而改变。因此,要设计好室内采光,必须了解当地的室外照度状况以及影响它变化的气象因素,以便在设计中采取相应措施,保证采光需要。光气候是由太阳直射光、天空漫射光和地面反射光形成的天然光平均状况。下面简要地介绍一些光气候知识。

(1)天然光的组成和影响因素。

由于地球与太阳相距很远,故可认为太阳光平行地射到地球上。太阳光穿过大气层时,一部分透过大气层射到地面,称为太阳直射光,它形成的照度大,并具有一定方向,在被照射物体背后出现明显的阴影;另一部分碰到大气层中的灰尘、水蒸气等微粒,产生多次反射,形成天空漫射光,使天空具有一定亮度,它在地面上形成的照度较小,没有一定方向,不能形成阴影;太阳直射光和天空漫射光射到地球表面上后产生反射光,并在地球表面与天空之间产生多次反射,使地球表面和天空的亮度有所增加。在进行采光计算时,除地球表面被白雪或白沙覆盖的情况外,可不考虑地面反射光影响。因此,全云天时只有天空漫射光;晴天时室外天然光由太阳直射光和天空漫射光两部分组成。这两部分光的比例随天空中的云量和太阳是否被遮住而变。太阳直射光在总照度中的比例在全云天时的 0 到无云天时的 90% 之间变化;天空漫射光在总照度中所占比例则在无云天的 10% 到全云天的 100% 之间变化。随着两种光线所占比例的改变,地面上阴影的明显程度也改变,总照度大小也不一样。现在分别根据不同天气分析室外光气候的变化情况。

（2）晴天。

晴天天空无云或很少云（云量为 0～3 级），天然光由太阳直射光和天空扩散光两部分组成，直射光占 90%，天空扩散光占 10%。天空最亮处在太阳附近，亮度最低值在与太阳成 90°角处。太阳亮度为 20×10^4 sb（1 sb $= 10^4$ cd/m²），无云蓝天亮度为 0.2～2.0 sb。

（3）全云天。

全云天是指天空全部为云所遮盖，看不见太阳，因此室外天然光全部为漫射光，物体后面没有阴影。这时地面照度取决于以下因素。

①太阳高度角。阴天中午的照度仍然比早晚的照度高。

②云状。不同的云组成成分不同，对光线的影响也不同。低云云层厚，位置靠近地面，主要由水蒸气组成，故遮挡和吸收大量光线，如下雨时的云，这时天空亮度降低，地面照度也很小。高云由冰晶组成，反光能力强，此时天空亮度达到最大，地面照度也高。

③地面反射能力。由于光在云层和地面间多次反射，天空亮度增加，地面上的漫射光照度也显著提高，特别是当地面积雪时，漫射光照度比无雪时可提高 8 倍以上。

④大气透明度。如工业区烟尘对大气产生污染，使大气杂质增加，大气透明度降低，于是室外照度大大降低。

以上四个因素都影响室外照度，而它们在一天中的变化必然也使室外照度随之变化，只是其幅度没有晴天那样剧烈。全云天的天空亮度相对稳定，不受太阳位置的影响，近似按式（4.1）变化：

$$L_\theta = \frac{1 + 2\sin\theta}{3} L_z \tag{4.1}$$

式中：L_z 为天顶亮度，天顶亮度接近地平线处天空亮度的 3 倍，cd/m²；L_θ 为与地面成 θ 角处的天空亮度，cd/m²。

这样的天空叫 CIE（国际照明委员会，法语为 commission internationale de l'Eclairage，采用法语简称为 CIE）全云天空。采光设计与采光计算时都假设天空为全云天空，计算起来比较简单。

在全云天空下，地平面的照度为：

$$L_{地} = \frac{7}{9}\pi L_z \tag{4.2}$$

式中：$L_{地}$ 为地面照度，lx；L_z 为天顶亮度，cd/m²。

（4）采光系数。

我国目前所用的采光设计依据是《建筑采光设计标准》（GB 50033—2013）。

室外照度是经常变化的，这必然使室内照度随之而变，不是固定值，因此我国和其他许多国家要求用相对值。这一相对值称为采光系数（C）。采光系数是在全阴天空漫射光照射下，室内某一点给定平面上的天然光照度（E_n）和同一时间、同一地点，在室外无遮挡水平面上的天空漫射光照度（E_w）的比值，即式（4.3）：

$$C = \frac{E_n}{E_w} \times 100\%$$ （4.3）

式中：C 为采光系数，%；E_n 为室内某一点的天然光照度，lx；E_w 为同一时间室外无云遮挡情况下的水平照度，lx。

利用采光系数这一概念，就可根据室内要求的照度换算出需要的室外照度，或由室外照度值求出当时的室内照度，而不受照度变化的影响，以适应天然光多变的特点。

2. 采光口

为了获得天然光，人们常在建筑的外围护结构（墙或屋顶）上开设各种洞口，装上各种透明材料（如玻璃等）做的窗扇，起采光、通风、保温、隔热、隔声、泄爆等作用，这样的洞口称为采光口，亦称窗口。依据窗口所处位置的不同，采光窗口可分为侧窗及天窗两大类。

（1）侧窗。

侧窗是在房间的一侧或两侧墙上开的采光口，是最常见的一种采光形式，一般放置在 0.9 m 左右高度。有时为了争取更多的可用墙面，或提高房间深处的照度，以及其他原因，将窗台提高到 2 m 以上，称为高侧窗。高侧窗常用于展览建筑，以争取更多的展出墙面；用于厂房以提高房间深处照度；用于仓库以增加储存空间。

侧窗构造简单，布置方便，造价低，光线的方向性好，有利于形成阴影，适于观看立体感强的物体，并可扩大视野，在大量的民用建筑和工业建筑中得到广泛的应用。侧窗的主要缺点是照度分布不均匀，近窗外照度高，照度沿房间进深方向下降很快。改进侧窗采光特性的措施有：使用扩散透光材料（乳白玻璃、玻璃砖）；使用折射玻璃；采用倾斜顶棚；调节布局，减轻挡光影响；与周围物体保持适当距离，防止遮挡等。

依据窗面的几何形状,侧窗又可分为方形窗(窗面呈正方形的窗)、竖长方形窗(窗面呈竖长方形的窗)、横长方形窗(窗面呈横长方形的窗)。在窗面积相等的情况下,方形窗采光量最大,竖长方形窗次之,横长方形窗最小。从照度的均匀性来讲,竖长方形窗在进深方向上均匀性较好,适用于窄而深的房间;横长方形窗在宽度方向上均匀性较好,适用于宽而浅的房间;方形窗的情况居中,适用于方形房间,在实际中,这样的房间较为少见。

侧窗位置的高低对房间纵向采光的均匀性有很大的影响。一般而言,低窗时,近窗处照度较高,远离窗则迅速下降,至对面内墙处照度最低。若窗户位置提高,则近窗处照度与低窗时相比会有所下降,但离窗口稍远一点的地方则照度大为提高,且均匀性亦较低窗时大大提高。

影响房间横向采光均匀性的主要因素是窗间墙,窗间墙越宽,横向均匀性越差,特别是靠近外墙区域。由于窗间墙的存在,靠墙地带照度很不均匀。如采用通长窗,靠墙区域的采光系数虽然不一定很高,但很均匀。因此沿墙边布置连续的工作台时,应尽可能将窗间墙缩小,以减小不均匀性,或将工作台离墙布置,避开不均匀区域。

高侧窗常用在美术展览馆中,以增加展出墙面。这时,内墙(常在墙面上布置展品)的墙面照度对展出的效果影响较大。随着内墙面与窗口距离的增加,内墙墙面的照度降低,照度分布也有改变。离窗口越远,照度越低,照度最高点也往下移,而且照度变化趋于平缓。可以通过调整窗洞高度使照度最高值处于画面中心。

窗高不变,改变窗的宽度使窗面积减小,如图 4.1 所示。这时的变化情况可以看出:随着窗宽的减小,墙角处的暗角面积增大。从窗中轴剖面来看,窗宽无限长和窗宽为窗高 4 倍时差别不大,特别是近窗处。但当窗宽小于 4 倍窗高时,照度变化加剧,特别是近窗处,拐点往外移。

以上是阴天时的情况,这时窗口朝向对室内采光状况无影响。但在晴天,窗洞尺度、位置对室内采光状况有影响,不同朝向的室内采光状况也不大相同。

由上述可知,侧窗的采光特点是照度沿房间进深下降很快,分布很不均匀,虽然可适当提高窗位置,但这种办法又受到层高的限制,故这种窗只能保证有限进深的采光要求,一般不超过窗高的 2 倍;更深的地方宜采用人工照明补充。

为了克服侧窗采光照度变化剧烈,在房间深处照度不足的缺点,除了提高窗位置,还可采用乳白玻璃、玻璃砖等扩散透光材料,或采用将光线折射至顶棚的折射玻璃。这些材料在一定程度上能提高房间深处的照度,有利于加大房屋进

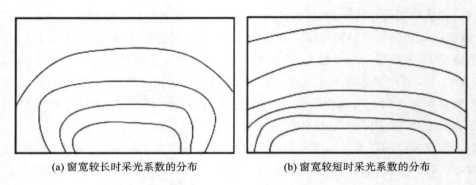

(a) 窗宽较长时采光系数的分布   (b) 窗宽较短时采光系数的分布

图 4.1　窗宽变化对室内采光的影响

深，降低造价。

（2）天窗。

随着建筑室内面积的增大，用单一的侧窗已不能满足生产需要，故在单层房屋中采取顶部采光形式，统称天窗。使用要求不同产生了各种不同的天窗形式，下面分别介绍它们的采光特性。

①矩形天窗。

采光口呈矩形的天窗称为矩形天窗，常由装在屋架上的天窗架和天窗架上的窗扇所组成，其窗扇一般可以开启，既起采光作用，又起通风作用。矩形天窗是一种常见的天窗形式。实质上，矩形天窗相当于提高位置（安装在屋顶上）的高侧窗，采光特性也与高侧窗相似。

矩形天窗有很多种，如纵向矩形天窗、梯形天窗、横向矩形天窗和井式天窗等。其中，纵向矩形天窗使用非常普遍，它是由装在屋架上的一列天窗架构成的，窗的方向垂直于屋架方向，故称为纵向矩形天窗，通常又简称为矩形天窗。如将矩形天窗的玻璃倾斜放置，则称为梯形天窗。另一种矩形天窗的做法是把屋面板隔跨分别架设在屋架上弦和下弦的位置，将上、下屋面板之间的空隙作为采光口，这种天窗称为横向矩形天窗，简称为横向天窗，又称为下沉式天窗。井式天窗与横向天窗的区别仅在于后者沿屋架全长形成巷道，而井式天窗为了通风需要，只在屋架的局部做成采光口，使井口较小，起抽风作用。

矩形天窗的突出特点是采光比侧窗均匀，即工作面照度比较均匀，天窗位置较高，不易形成眩光，在大量的工业建筑中（如需要通风的热加工车间和机加工车间）应用普遍。为了避免直射阳光射入室内，天窗的玻璃最好朝向南北，这样阳光射入的时间少，也易于遮挡。

影响矩形天窗照度分布的因素如下。

a.天窗宽度(两天窗间距)。一般而言,宽度越大,照度的均匀性就越好,但宽度过大会导致结构复杂,且会造成相邻两跨天窗相互遮挡。因此,天窗宽度一般取建筑跨度值的 50%。

b.天窗位置的高度(天窗下沿至工作面的高度)。一般而言,位置越高,照度的均匀性越好。但是,位置过高将会导致照度平均值下降,因此,天窗位置高度一般宜取建筑跨度值的 35%~70%。

c.天窗的窗地比(窗面积与室内面积的比值)。一般而言,比值越大,室内照度越高。但是,试验表明,当比值达到 35% 时,再增加窗面积,室内照度几乎无变化。因此其窗地比值常取 35%。

②锯齿形天窗。

锯齿形天窗将倾斜的顶棚作为反射面,增加了反射光,采光效率比矩形天窗高,窗口一般朝北,以防止直射阳光进入室内,但不影响室内温度和湿度的调节,光线均匀,方向性强。纺织厂大量使用这种天窗,轻工业厂房也常采用这种天窗。

锯齿形天窗与单侧高侧窗效果相似,其采光系数的平均值约为 7%,能满足精密工作的采光要求,常用于一些需要调节温度与湿度的车间,如纺织车间等。然而,无论是矩形天窗还是锯齿形天窗,均需使用天窗架,故构造复杂,造价高,且不能保证高采光系数。

③平天窗。

平天窗是在屋面直接开洞,铺上透光材料(如钢化玻璃、夹丝平板玻璃、玻璃钢、塑料等)形成的。由于不需特殊的天窗架,平天窗降低了建筑高度,简化结构,施工方便。据有关资料介绍,平天窗的造价仅为矩形天窗的 20%~30%。由于平天窗的玻璃面接近水平,故它在水平面的投影面积较同样面积的垂直窗的投影面积大。这种天窗的特点是采光效率高,从照度和亮度之间的关系[式(4.4)]看出,计算点处于相同位置的矩形天窗和平天窗,如果面积相等,平天窗对计算点形成的立体角大,所以其照度值高。根据立体角投影定律,如天空亮度相同,则平天窗在水平面形成的照度比矩形天窗大,采光效率比矩形天窗高 2~3 倍。

$$E = L_a \cdot \Omega\cos\theta \tag{4.4}$$

式中:E 为点光源在计算点上形成的照度,lx;L_a 为发光表面的亮度,cd/m²;Ω 为发光表面在与其平面法线成角方向上所张的立体角,°;θ 为光线在被照表面上的入射角,°。

平天窗采光均匀性好,布置灵活,不需要天窗架,能降低建筑高度,大面积车间和中庭常使用平天窗。设计时应注意采取防止污染、防直射阳光影响和防止结露的措施。

3. 采光设计

采光设计的目的是使室内获得良好的光环境,满足视觉工作的需要,有时还必须同时考虑通风、泄爆、经济等问题,为此必须根据用户的要求综合考虑,以提出最佳的设计方案(包括采光口的最佳形式、位置及尺寸等)。

采光设计通常可按如下方法及步骤来进行。

(1)收集资料。

为了做到有的放矢,心中有数,设计前进行资料搜集是非常必要的。

①了解房间的工作特点及精密度。同一个房间的工作不一定是完全一样的。我国对此已有明确规定,必须依照标准执行。

②了解工作区域和工作面位置。不同的工作区域往往对采光有不同的要求。因此,应考虑将对照度要求高的工作区域布置在窗口附近,要求不高的则应离窗口远一些。

工作面有垂直、水平或倾斜的,应考虑窗的形式和位置。例如侧窗在垂直工作面上形成的照度高,这时窗至工作面的距离对采光的影响较小,但正对光线的垂直面采光好,背面就差得多。对水平工作面而言,它与侧窗的距离对采光影响就很大,不如平天窗效果好。值得注意的是,我国采光设计标准推荐的采光计算方法仅适用于水平工作面。

③了解工作表面状况。工作表面是平面的还是立体的,是光滑的(镜面反射)还是粗糙的,对于确定窗的位置有一定意义。例如对平面对象(如书)而言,光的方向性关系不大;但对于立体零件而言,一定角度的光线能形成阴影,可加大亮度对比,提高视度。而光滑的零件表面存在镜面反射,若窗的位置安设不当,可能影响视度,需采取相应措施。

④了解工作中是否允许光线直接进入室内。光线直接射入室内,易产生眩光、过热,应通过窗口选型、选择朝向等措施加以避免。

⑤其他要求。除了光环境要求,很多房间还须同时考虑其他要求。

a. 供暖。窗的大小及朝向对热损失有很大的影响。在北方供暖地区,必须认真考虑这个要求,适当控制北向窗口的面积。

b. 通风。有的房间(车间)在生产中会产生大量的热量,必须随时排出,这时宜在热源附近就地设置通风孔洞。若同时有尘埃与热量,则应将排风孔与采光口分开,并留有适当距离,否则便可合二为一,综合考虑。

c.泄爆。有些房间(如粉尘很多的铝粉加工车间,储存有易燃、易爆物的仓库等)具有爆炸的危险,这时泄爆要求往往超过采光要求,应设大面积泄爆窗以解决减压问题,并适当注意解决眩光及过热的问题。

d.造型。窗户的形式与尺寸直接关系到建筑的立面造型。设计时既不能只考虑采光而忽视了建筑的立面形象,也不能过分强调立面格调而使采光不足,或采光过度造成刺眼的问题。

e.经济。窗户的形式与大小直接关系到建筑的造价。窗户过大可能导致造价增加。因此,从经济角度考虑,应适当限制窗户的面积(在保证采光要求的前提下)。

f.周围环境。房间周围建筑、构筑物、山丘、树木的高度以及它们与房间的距离等均会影响房间的采光,布置窗户及设计开启方式前必须先有所了解。

(2)选择采光口形式。

根据房间的朝向、尺度、生产状况、周围环境,结合上文介绍的各种采光口的采光特性来选择适合的采光口形式。采光口的形式主要有侧窗及天窗,宜根据客户要求、房间大小、朝向、周围环境及生产状况等条件综合而定。在一幢建筑内可能采取几种不同的采光口形式,以满足不同的要求。例如在进深大的车间,往往边跨用侧窗,中间几跨用天窗来解决采光不足的问题。又如车间长轴为南北向时,则宜采用横向天窗或锯齿形天窗,以避免阳光射入车间。

采光设计主要体现在采光口上,采光口对室内光环境的优劣起着决定性作用。采光口的确定主要包含如下内容:确定采光口的位置,侧窗常置于南北侧墙之上,具有建造简便、造价低廉、维护方便、经济实用等优点,宜尽量多布置;天窗常作为侧窗采光不足的补充,其位置与大致尺寸(宽度、面积、间距等)宜根据车间剖面形式、与相邻车间的关系来综合确定。

(3)估算采光口的面积(尺寸)。

采光口的面积(尺寸)主要根据房间的视觉工作分级,按照相应的窗地比来确定。若房(车)间既有侧窗,又有天窗,则宜先确定窗地比,根据实际来布置侧窗,不足之处再用天窗来补充。对于长度超过 20 m 的内走道,其两端均应布置采光口(窗地比不应小于 1/14);超过 40 m 的,则还应在中间加装采光口,或者采用人工照明来替代。

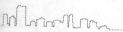

（4）布置采光口。

采光口的布置宜根据采光、通风、泄爆、日照、美观、维护方便等要求来综合考虑，先拟几种方案，比较、择优后付诸实施。

经过以上步骤，确定了采光口的形式、面积和位置，基本达到初步设计的要求。由于其面积是估算得出的，位置也不固定，故在进行技术设计之后，还应进行采光验算，确定其满足采光标准的各项要求。

4.1.2 建筑照明

人们对天然光的利用，受到时间和地点的限制。建筑夜间必须采用人工照明，在某些场合，白天也要用人工照明。建筑设计人员应掌握一定的照明知识，以便能在设计中考虑照明问题，并能进行简单的照明设计。在一些大型公共建筑或工业建筑设计中，建筑设计人员协助电气专业人员按总的设计示意图完成照明设计，使建筑功能得到充分利用，并使室内更美观。

1. 人工光源

随着生产的发展，人类从利用篝火照明，逐渐发展到使用油灯、蜡烛、煤气灯，直至现在使用电光源。电光源的发光条件不同，故其光电特性也各异。为了正确地选用电光源，必须对它们的光电特性、适用场合有所了解。建筑内常用光源的光电特性如下。

1）热辐射光源

任何物体的温度高于绝对零度，就向四周空间发射辐射能。当金属加热到1000 K 以上时，就发出可见光。温度越高，可见光在总辐射中所占比例越大。人们利用这一原理制造的照明光源称为热辐射光源。

（1）白炽灯。

白炽灯是利用电流通过细钨丝所产生的高温而发光的热辐射光源。由于钨是一种熔点很高的金属（熔点为 3410 ℃），故白炽灯灯丝可加热到 2300 K 以上。为了避免热量的散失，减少钨丝蒸发，将灯丝密封在一玻璃壳内；为了提高灯丝温度，使其发出更多的可见光，提高发光效率，一般将灯泡内抽成真空，或充以惰性气体，并将灯丝做成双螺旋形（大功率灯泡采用此法）。即使这样，白炽灯的发光效率仍然不高，仅为 12～18.6 lm/W。也就是说，只有 2%～3% 的电能转变为光，其余电能都以热辐射的形式损失掉了。

为了适应不同场合的需要,白炽灯有不同的品种和形状。

①反射型灯。这类灯泡的泡壳由反射和透光两部分组合而成,按其构造不同,又可分为以下几种。

a.投光灯泡。这种灯用硬料玻璃分别做成内表面镀铝的上半部和透明的下半部,然后将它们密封在一起,这样可使反光部分保持准确形状,并且可保证灯丝在反光镜中位置精确,从而形成一个光学系统,有效地控制光线。利用反光镜的不同形状就可获得不同的光线分布。

b.反光灯泡。它与投光灯泡的区别在于采用吹制泡壳,因而无法精确控制光束。

c.镀银碗形灯。这种灯在灯泡泡壳内表面下半部镀银或铝,使光通量向上半部反射并透出。这样不但使光线柔和,而且将高亮度的灯丝遮住,适用于台灯。

②异形装饰灯。将灯泡泡壳做成各种形状并使其具有乳白色或其他颜色。它们可单独使用,或组成各种艺术灯具,省去灯罩,美观大方。

白炽灯具有体积小,灯丝集中,易于控光,可适应的环境温度范围广,结构简单,使用方便,没有频闪现象等优点;但是也存在红光较多,灯丝亮度高(500 sb以上),散热量大,寿命短(1000 h),玻璃壳温度高(可达 121～250 ℃),受电压变化和机械振动影响大等缺点,特别是发光效率很低,浪费能源,故我国节电办公室已强调宾馆、饭店、商场、招待所、写字楼、工矿企业的车间、体育场馆、车站码头、广场和道路照明等公共场所尽量避免使用白炽灯照明。

(2)卤钨灯。

卤钨灯也是热辐射光源。它是一个直径约 12 mm 的石英玻璃管,管内充有卤族元素蒸气(如碘、溴),在管的中轴支悬一根钨丝。卤族元素的作用是在高温条件下,将钨丝蒸发出来的钨元素带回到钨丝附近的空间,甚至送返钨丝上(这种现象称为卤素循环)。这就减慢了钨丝在高温下的挥发速度,为提高灯丝温度创造了条件,而且减轻了钨蒸发的污染,提高了光的透过率,故其发光效率较白炽灯有所改善。卤钨灯的发光效率约 20 lm/W,寿命约 1500 h。

卤钨灯使用场合与白炽灯相同。为了保证卤素循环的正常进行,防止灯丝振断,使用过程中应注意保持灯管与水平面的倾角不大于 4°,并注意防振。

2)气体放电光源

气体放电光源是利用某些元素的原子被电子激发而产生光辐射的光源。

(1)荧光灯。

这是一种在发光原理和外形上都别于白炽灯的气体放电光源。它的内壁

涂有荧光物质,管内充有稀薄的氩气和少量的汞蒸气。灯管两端各有两个电极,通电后加热灯丝,达到一定温度就发射电子,电子在电场作用下逐渐达到高速,轰击汞原子,使其电离而产生紫外线。紫外线射到管壁上的荧光物质,激发出可见光。根据荧光物质的不同比例,发出的光谱成分也不同。

为了使光线集中往下投射,可采用反射型荧光灯,即在玻璃管内壁上半部先涂上一层反光层,然后再涂荧光物质。它本身就是一只射型灯具,光通量利用率高,灯管上部积尘对光通的影响小。

由于发光原理不同,荧光灯与白炽灯有很大区别,具有发光效率较高、发光表面亮度低、光色好且品种多、寿命较长、灯管表面温度低的特点。

荧光灯目前尚存在着初始投资高、对温湿度较敏感、尺寸较大、不利于对光的控制、有射频干扰和频闪现象等缺点,这些问题已随着生产的发展逐步得到解决。初始投资可从光效较高、寿命较长的受益中得到补偿。故荧光灯已在一些用灯时间长的单位中得到广泛运用。

(2)紧凑型荧光灯。

紧凑型荧光灯的发光原理与荧光灯相同,区别在于以三基色荧光粉代替普通荧光灯使用的卤磷化物荧光粉。紧凑型荧光灯的灯管直径小,如 H 型单端内启动荧光灯(YDN5-H～YDN11-H)的灯管直径为(12.5±0.5)mm,所以单位荧光粉层受到的紫外辐射强度大,若仍沿用卤磷化物荧光粉,则灯的光衰很大,寿命缩短;而三基色荧光粉能够抗高强度的紫外辐射,改善荧光灯的维持特性,使荧光灯紧凑化成为可能。

人眼的视觉理论研究表明,在三个特定的窄谱带(450 nm、540 nm、610 nm附近的窄谱带)内的色光组成的光源辐射也具有很高的显色性,所以用三基色荧光粉制造的紧凑型荧光灯不但显色指数较好(一般显色指数 Ra>80),而且发光效率较高,一般为 60 lm/W 左右,因此它是一种节能荧光灯。紧凑型荧光灯结构紧凑,灯管、镇流器、启辉器组成一体化,灯头也可以做成白炽灯那样,使用起来很方便。紧凑型荧光灯的单灯光通量可小于 200 lm,完全满足小空间照明对光通量大小(小于 200 lm)的要求。总之,紧凑型荧光灯可直接替代白炽灯。

紧凑型荧光灯的品种很多,如 H 型、2H 型、2D 型、U 型等。

(3)荧光高压汞灯。

荧光高压汞灯的发光原理与荧光灯相同,只是构造不同。因管内工作气压为 1～5 个大气压,比荧光灯高得多,故名荧光高压汞灯。内管为放电管,发出紫外线,激发涂在玻璃外壳内壁的荧光物质,使其发出可见光。荧光高压汞灯具有发光效率较高、寿命较长的优点。

荧光高压汞灯的最大缺点是光色差,主要发绿、蓝色光。在此灯光照射下,物件都增加了绿色、蓝色色调,使人们不能正确地分辨颜色,故通常用于街道、施工现场和不需要认真分辨颜色的大面积照明场所。

(4)金属卤化物灯。

金属卤化物灯是在荧光高压汞灯的基础上发展起来的一种高效光源,它的构造和发光原理均与荧光高压汞灯相似,但区别是在荧光高压汞灯灯泡内添加了某些金属卤化物,从而起到了提高光效、改善光色的作用。

金属卤化物灯一般按添加物质分类,可分为钠铊铟系列、钪钠系列、镝钬系列等。

(5)钠灯。

根据钠灯灯泡中钠蒸气放电时压力的高低,把钠灯分为高压钠灯和低压钠灯两类。

高压钠灯是利用在高压钠蒸气中放电时能辐射出可见光的特性制成的。辐射光的波长主要集中在人眼最灵敏的黄绿色光范围内。由于其具有光效高、寿命长、透雾能力强等特点,户外照明和道路照明均宜采用高压钠灯。

一般高压钠灯的显色指数 $Ra < 40$,显色性较差,但当钠蒸气压增加到一定值(约 63 kPa)时,Ra 可达 85。用这种方法制成中显色型和高显色型高压钠灯,这些灯的显色性比普通高压钠灯高,并可以用于一般性室内照明。

低压钠灯是利用在低压钠蒸气中放电时钠原子被激发而(主要)产生 589 nm 的黄色光的特性制成的。低压钠灯虽然透雾能力强,但显色性极差,在室内极少使用。

(6)氙灯。

氙灯是利用在氙气中高电压放电时发出强烈的连续光谱这一特性制成的。其光谱和太阳光极相似。由于功率大,光通量大,又放出紫外线,故安装高度不宜低于 20 m,常用在广场大面积照明场所(如长弧氙灯)。

(7)无电极荧光灯。

无电极荧光灯简称为无极灯,它是一种新颖的微波灯。无电极荧光灯的发光原理与上述人工光源的发光原理均不相同,其原理是高频发生器产生的高频电磁场能量,经过感应线圈耦合到灯泡内,使汞蒸气原子电离放电而产生紫外线,并射到管壁上的荧光物质,激发出可见光。因此,也有人将它称为感应荧光灯。

3）其他光源

（1）发光二极管。

发光二极管是一种半导体固体发光器件，利用固体半导体芯片作为发光材料，两端加上正向电压后，半导体中的少数截流子和多数截流子发生复合，放出过剩的能量而引起光子发射，直接发出红、橙、黄、绿、青、蓝、紫、白色的光。LED的特点如下。

①光效强。荧光灯为 50～120 lm/W，LED 为 50～200 lm/W，光谱窄，单色性好，高节能，直接驱动，超低功耗（单管为 0.03～0.06 W，电光功率转换接近 100%，同样照明效果比传统光源节能 80% 以上）。

②寿命长。单管寿命为 $1×10^5$ h，比传统光源寿命长 5 倍以上。

③光色好。直接发出有色光，色彩柔和丰富，内置微型处理芯片，可控制发光强弱，切换发光方式和顺序，实现多色变化。

④环保。眩光小，发热量极低，无辐射，不含汞元素，冷光源可以安全触摸。

随着该光源在技术上的发展，尤其是白光 LED，大有取代众多传统光源（白炽灯、荧光灯、氙灯、素灯等）之势，引领全球进入绿色照明新时代。

（2）霓虹灯和冷阴极灯。

霓虹灯和冷阴极灯在工作原理上与荧光灯有些相近，主要用在标志照明、建筑轮廓勾边等一些特殊形式的照明中。二者的寿命为 20000～40000 h，光效适中，可以调光，而且开启和关闭引起的频闪也不会影响其寿命。

霓虹灯和冷阴极灯均为管形灯，可以制成任何形状，产生任何颜色的光。霓虹灯和冷阴极灯在外观上比较相像，但霓虹灯直径较细，主要用在标志照明上，而冷阴极灯直径较粗，更多用于建筑照明中。另外，霓虹灯主要靠连接线来固定，而冷阴极灯有固定的灯头。

2. 灯具、开关和调光

灯具是光源、灯罩及其附件的总称。灯具可分为装饰灯具和功能灯具两大类。灯具的特性是由光的分布方式决定的。

1）灯具的光特性

任何光源或灯具一旦处于工作状态，就必然向周围空间投射光通量。我们把灯具各方向的发光强度在三维空间里用矢量表示出来，把矢量的终端连接起来，则构成一封闭的光强体。当光强体被通过 Z 轴的平面截断时，在平面上获得一封闭的交线。此交线以极坐标的形式绘制在平面图上,就是灯具的配光曲线。

配光曲线上的每一点,表示灯具在该方向上的发光强度。因此知道灯具对计算点的投光角 α,就可查到相应的发光强度 I,利用式(4.5)就可求出点光源在计算点上形成的照度。

$$E = I\cos\alpha/r^2 \qquad (4.5)$$

式中:E 为点光源在计算点上形成的照度,lx;r 为计算点至光源的距离,m。

为了使用方便,通常配光曲线均按光源发出的光通量为 1000 lm 来绘制。而实际光源发出的光通量不足 1000 lm,这就需要将查出的发光强度乘以一个修正系数,即实际光源发出的光通量与 1000 lm 之比。

对于非对称配光的灯具,则用一组曲线来表示不同剖面的配光情况。荧光灯灯具常用两根曲线分别给出平行于灯管(符号为"∥")和垂直于灯管(符号为"⊥")剖面的光强分布。

2)灯具的类型和选用

灯具在不同场合有不同的分类方法,国际照明委员会按光通量在上、下半球的分布将灯具划分为五类:直接型灯具、半直接型灯具、均匀扩散型灯具、半间接型灯具、间接型灯具。

(1)直接型灯具。

直接型灯具是指 90%～100% 的光通量向下半球照射的灯具。灯罩常用反光性能良好的不透光材料(如搪瓷、铝、镜面等)做成。按其光通量分配的宽窄,又可分为广阔、均匀、余弦和窄配光。

用镜面反射材料做成抛物线形的反射罩,能将光线集中在轴线附近的狭小立体角范围内,因而在轴线方向具有很高的发光强度。典型例子是工厂中常用的深罩型灯具,适用于层高较高的工业厂房中。用扩散反光材料或均匀扩散材料都可制成余弦配光的灯具。

广阔配光的直接型灯具,适用于广场和道路照明。公共建筑中常用的暗灯,也属于直接型灯具,这种灯具装置在顶棚内,使室内空间简洁。其配光特性受灯具开口尺寸、开口处附加的棱镜玻璃、磨砂玻璃等散光材料或格片尺寸的影响。

直接型灯具效率较高,但也存在以下两个主要缺点。

①由于灯具的上半部几乎没有光线,顶棚很暗,和明亮的灯具开口形成严重的对比眩光。

②光线方向性强,阴影浓重。当工作物受几个光源同时照射时,如处理不当

就会造成阴影重叠,影响视看效果。

(2)半直接型灯具。

为了改善室内的空间亮度分布,使部分光通量射向上半球,减小灯具与顶棚亮度间的强烈对比,常用半透明材料作灯罩或在不透明灯罩上部开透光缝,这就形成半直接型灯具。这一类灯具下面的开口能把较多的光线集中照射到工作面,具有直接型灯具的优点;又有部分光通量射向顶棚,使空间环境得到适当照明,改善了房间的亮度对比。

(3)均匀扩散型灯具。

最典型的扩散型灯具是乳白球形灯。此类灯具的灯罩多用扩散透光材料制成,上、下半球分配的光通量相差不大,因而室内得到优良的亮度分布。

直接-间接型灯具是直接型和间接型灯具的组合,在一个透光率很低或不透光的灯罩里,上、下各安装一个灯泡。上面的灯泡照亮顶棚,使室内获得一定的反射光。下面的灯泡则用来直接照明工作面,使之获得高的照度,既满足工作面上的高照度要求,又减小了房间内的亮度对比度,因而在轴线方向具有很高的发光强度。

(4)半间接型灯具。

这种灯具的上半部是透明的(或敞开的),下半部是扩散透光材料。上半部的光通量占总光通量的 60% 以上,由于增加了反射光的比例,房间的光线更均匀、柔和。在使用过程中,透明部分很容易积尘,使灯具的效率降低。另外下半部表面亮度也相当高。因此,在很多场合(教室、实验室)已逐渐用另一种“环形格片式”的灯代替。

(5)间接型灯具。

间接型灯具用不透光材料做成,几乎全部光线都射向上半球。由于光线经顶棚反射到工作面,因此扩散性很好,光线柔和而均匀,并且完全避免了灯具的眩光作用。但因有用的光线全部来自反射光,故利用率很低,在要求高照度时,使用这种灯具很不经济。故一般用于照度要求不高,希望全室均匀照明、光线柔和宜人的情况,如医院和一些公共建筑。

3)开关和调光

(1)控制原理。

①控制运行时间。为了便利和节能而需要控制灯光的开启时间。通过控制运行时间,不仅减少电能的消耗,也延长了光源的使用寿命。控制运行时间通常叫作开关控制。

②功率控制。大多数光源在功率变化时仍然能够工作。其结果是光源的亮度会低于正常情况,称之为调光。调光常用于餐厅或旅馆。另外,现在常用这种手段来节约能源。许多场所有足够的光线由窗户进入室内,人们可以调暗室内灯光;昼光与调暗的电器照明灯光共同作用,仍然可以提供足够的照度。

③预设调光。预设调光器组可以设定并记忆每一个调光器控制的照明水平。然后只需按一个键,调光器就会将光线调至预设水平,建立一个照明场景。预设调光系统用于控制住宅的大起居室、旅馆的舞厅和餐厅,这些地方在不同的情况下需要不同的灯光组合。每个场景都是预先设定并储存的;当按下正确的按钮时,就会调出相应场景设定,灯光会据此调整。

④时间控制。许多照明系统可根据时间进行自动控制。简单的时钟控制装置通过在设定的时间断开接触器来完成开关操作。人们常使用适合于住宅的时间控制开关来控制灯光,并将其作为一项安全措施。

在大型建筑中,计算机能源管理系统可以为不同的照明系统提供许多时间表。虽然这些系统操作较复杂,但便于集中管理。大多数建筑使用这样的控制方法,仅需一个工程师就能有效地管理设备。有些时间控制系统能根据季节变化来调整设定时间,以此来取代光电感应器。

⑤动作感应。动作传感器感知是否有人员在场,并做出反应,自动打开灯光。使用动感开关取代普通开关,照明控制无须手控,并确保人员离开后关闭灯光。安装在天花板上的动作传感器可以连接到继电器上,并且一个继电器可以连接数个传感器。这保证了在一个相对较大的空间(如食堂或体育馆)内任何动作都可以使整个空间的灯光常亮。

⑥昼光控制。昼光控制借助光电感应器,在昼光充足的情况下关灭或调暗灯光。光电开关的主要作用是在白天关闭停车场和街道灯光。在一部分室内空间里,平时实际需要的大部分照明光由侧窗或天窗提供,光电调光器可节约这部分空间的电灯能耗,在晚上或阴暗的天气时还能增加照度。

⑦适应性补偿。适应性补偿是和晚间较暗的光线有关的自然反应。特别是在杂货店等商业建筑中,晚间光线可以适当调暗,因为购物者的眼睛已经适应了暗的环境。适应性补偿可以通过一个光电感应器,或根据当地已知的日落和日出时间编制计算机程序来实现。

(2)控制设备。

①开关。开关可以开启和关闭灯光。大多数开关是杠杆类的机械装置,可以连接或切断灯具供电电路中的电气接触。

最常用的两种开关形式是拉线开关和按键开关。有些开关带有指示灯（在黑暗中亮显开关）或引导灯（灯光开启时亮显开关）。开关应设在门边，最好是门锁那一侧，安装在距地面 1 m 的位置。房间的所有入口都应当设置开关。需要在多个位置设开关的，叫作三联或四联开关，可以在任何开关位置开关灯光。

②调光器。调光器是改变光源功率和照明水平的控制设备。对白炽灯来说，调光器或调光开关经常设置在普通开关的位置，可能装在墙上，也可能和灯具结合。对荧光灯来说，必须采用调光型镇流器，并与兼容的调光开关连接。

调光器一般是将电子调光设备与开关结合在一起，所以实际上是调光开关。开关部分的工作方式和调光部分密切关联。在单功能调光器中，灯光必须在开关操作之前完成调光。对于可预设调光器，开关与调光器则需要分别操作。一般预设型要更好一些，因为它们与三联或四联开关适配，而且即使灯具没有打开，也可以设置需要的照明水平，然后存储起来。

在几种类型调光器中，最常见的是旋钮式调光器和滑杆式调光器。旋钮式调光器通常有一个亮度调节操纵盘。

滑杆式调光器中，预设型可能有一个杠杆式开关和一个亮度调节开关，或一个接触式开关和一个独立的调光滑杆。照明设计师除了考虑调光器形式上的不同，还应该根据它们的负荷能力即调光参数来进行选择。下面是一些常用的调光器。

a. 供白炽灯使用的标准调光器。其最小额定值为 600 W，最高可达 2000 W。

b. 供低功率白炽灯使用的调光器。这些调光器"调节"为灯具供电的变压器，可分为适用于磁变压器与适用于电子变压器的两种类型。它们也可用于常规白炽灯的调光以及常规白炽灯与低压白炽灯的混合调光，通常按伏安（VA）分类，这个参数大致等同于功率。电感类的调光器最小为 600 VA，电子类的最小为 325 VA。

c. 荧光灯用调光器。为了对荧光灯进行调光，光源必须配有调光镇流器。另外，调光器必须选用能与调光镇流器匹配工作的型号。

d. 霓虹灯和冷阴极管灯使用的调光器。

③动作传感器。动作传感器是一种当监测到动作时，能打开灯光，而且在最后一次监测到动作以后的一定时间内保持开启的自动开关。动作传感器能节约能源，方便使用。

最普通的动作传感器是墙面开关类型，用于取代普通的手动开关。动作传感器也有安装在天花板上、墙顶部、角落或工作隔间挡板上的类型。这类传感器通常操控安装于天花板上方的继电器。有一种型号可用于连接到一个特殊的插接口上,以控制作业照明和计算机终端、打印机等办公设备。

④计时时钟。计时时钟是一个机电计时器,可以在每天特定的时间开关电路。一些时钟备有电源,可在能量耗损期内维持时间计量;另一些时钟能够自动调整一年中日出日落的时间变化。现代的计时时钟用可编程的电子时钟取代了时间计量机械装置。

⑤时控开关。时控开关可以在一定时间以后自动关闭灯光。过去的时控装置使用发条机械装置,最常见的应用是关闭浴室取暖灯。现代时控开关使用按钮启动,延续时间可以设定。

⑥光控开光。要实现对从黄昏到黎明的基本照明控制,可以使用简单的光控开关,内部的光电池在环境光水平相当低的时候会发送开启信号。光控开关在路灯和停车场照明中应用最为普遍,也可以用于室内灯光的开关,特别是在商场和大厅等需要白天照明的地方。

⑦控制系统。在大型设施中,通常将照明控制设备相互连接,使其成为一个工作系统,使建筑管理者更好地控制照明。对于一些大型、复杂的设施而言(如大型运动场和舞台),照明控制至关重要。

⑧继电系统。低压控制系统可以通过继电设备进行照明远程控制。继电器根据从低压摇臂开关、计时时钟或计算机能量控制系统发送来的信号,通过机械开关控制照明的供电设备。继电系统通常用于大型商业和公共建筑(如高层办公楼、会议中心和机场)。在继电系统中,每一组同时开关的灯光必须连接到同一个继电器。诸多继电器通常汇集在电路断路器旁边的面板上。继电系统适用于房间大而无须调光的大型设施,如学校、实验楼、工厂和会议中心。

⑨能量管理系统。能量管理系统使用计算机控制多个继电电路板、机械电动机、节气闸等。继电系统与能量管理系统最本质的区别在于,后者不仅控制照明,还控制建筑能耗。

⑩预设调光系统。预设调光系统包含一定数量的调光器,通常做成柜式,用于协同工作,形成灯光场景。这些合成系统用于旅馆中的功能场所、机场、会议中心、娱乐场和其他拥有一定数量的房间或空间的建筑设施,由中心计算机的预设控制器来控制。这些系统功能强大,有下列特点。

a.调光器能设定每一个场景照明的每一个信道。

b.每一个房间都设有成组的独特照明场景。

c. 可以手动选择场景,而且能在很多情况下变换场景设置。

d. 分隔开关,根据可变分区的不同位置,保证照明控制系统与之协同运作。

e. 根据时间、季节、动作感应、昼光等达到可编程自动操作,或允许手动优先操作。

⑪昼光控制系统。昼光控制系统有光电传感器,当有足够的昼光通过窗户和天窗进入房间时,就会发出信号对室内照明进行调光。现代设计将传感器和荧光灯调光镇流器直接连接,保证在办公室、学校、保健机构等建筑中能够自动调光。

4.2　声音与建筑设计

声音是人类相互交流、获取信息的重要载体,它的本质是在弹性媒质中传播的机械波。建筑是人类最主要的活动场所,是我们生活、学习、工作和运动的人造空间,在这个空间中我们需要交流,需要获取信息。因此,建筑师们一直关心建筑对声音的处理、改造技术,以获得良好的音效。

4.2.1　建筑的吸声和隔声

1. 建筑吸声量

吸声系数反映了吸收声能占入射声能的百分比,可以用来比较在相同尺寸下不同材料和不同结构的吸声能力,却不能反映不同尺寸的材料和构件的实际吸声效果。用以表征某个具体吸声构件的实际吸声效果的量是吸声量,用 A 表示,单位是 m^2,和构件的尺寸大小有关。对于建筑空间的围蔽结构,吸声量计算见式(4.6):

$$A = \alpha S \tag{4.6}$$

式中:α 为建筑材料的吸声系数;S 为围蔽总表面积,m^2。

如果一个房间有 n 面墙(包括顶棚和地面),面积分别为 $S_1, S_2, \cdots, S_n$;吸声系数分别是 $\alpha_1, \alpha_2, \cdots, \alpha_n$,则房间的总吸声量计算见式(4.7):

$$A = \alpha_1 S_1 + \alpha_2 S_2 + \cdots + \alpha_n S_n \tag{4.7}$$

在声场中的人(如观众)、物(如座椅)的面积很难确定,表征此时的吸声特性,有时不用吸声系数,而直接用单个人或物的吸声量。当房间中有若干人或物时,他们的吸声量是数量乘个体吸声量。然后,再把所得结果纳入房间总吸声量。用房间总吸声量 A 除以房间界面总面积 S,得到平均吸声系数 $\bar{\alpha}$ 公式(4.8):

$$\bar{\alpha} = \frac{A}{S} \tag{4.8}$$

2. 多孔吸声材料及吸声原理

多孔吸声材料包括各种纤维材料:玻璃棉、超细玻璃棉、岩棉、矿棉等无机纤维;棉、毛、麻、棕丝、草质或木质纤维等有机纤维。实际工程中很少直接使用松散状纤维材料,通常用黏着剂将其制成毡片或板材,如玻璃棉毡(板)、岩棉板、矿棉板、草纸板、木丝板、软质纤维板等。微孔吸声砖也属于多孔吸声材料。如果泡沫塑料中的孔隙相互连通并通向外表,泡沫塑料可作为多孔吸声材料。

多孔吸声材料具有大量内外连通的微小间隙和连续气泡,因而具有较好的透气性。当声波入射到材料表面时,很快顺着微孔进入材料内部,引起材料空隙中的空气振动。摩擦、空气黏滞阻力和传热作用等使相当一部分声能转化为热能而被吸收。多孔材料作为吸声材料的前提是声波能够很容易进入材料的微孔,因此不仅要求材料的内部多孔,而且要求材料的表面也应当多孔。如果多孔材料的微孔被灰尘或者其他物体封闭,会对材料的吸声性能产生不利的影响。值得注意的是,多孔材料不同于表面粗糙的材料,表面粗糙的材料内部空隙不一定是连通的,而多孔材料的材料空隙要保证较好的连通性,同时空隙深入材料内部,才能具有较好的吸声特性。

图 4.2 是多孔材料的空隙连通性示意。情况 A、情况 C 的材料中虽然有大量的空隙,但是空隙之间缺乏较好的连通,而情况 B 和情况 D 两种则是较为理想的空隙连通,能够保证材料具有较好的吸声特性。吸声材料对空隙的要求与隔热保温材料对空隙的要求不同,如聚苯、部分聚氯乙烯泡沫塑料以及加气混凝土等材料内部有大量气孔,但大部分气孔单个闭合,互不连通,可以作为隔热保温材料,吸声效果却不好。

3. 吸声结构

(1)空腔共振吸声结构。

空腔共振吸声结构又称亥姆霍兹共振器,是一个由刚性外壁包裹而成的封闭空腔,腔内表面坚硬,并通过一定深度的小孔和声场空间连通。其典型的应

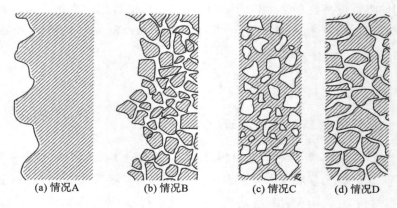

(a) 情况A　　　　(b) 情况B　　　　(c) 情况C　　　(d) 情况D

图 4.2　多孔材料的空隙连通性示意

用为穿孔板结构,如图 4.3 所示。图 4.4 为空腔共振吸声结构类比系统。图4.4
(a)为空腔共振吸声结构示意。当孔深 t 和孔径 d 比声波波长小得多时,孔颈中
的空气柱的弹性变形很小,可以将其看成质量块来处理。封闭空腔 V 的体积比
孔颈大得多,起空气弹簧的作用,整个系统类似图 4.4(b)所示的弹簧振子。其
吸声机理是:一个特定的共振器,当它的空腔体积、孔径、孔深一定时,这个构造
体具有自振频率,即共振频率。当声波进入孔颈时,孔颈的摩擦阻尼使声波衰
减。当声波由孔颈进入空腔时,入射声波的频率如果和共振器的自振频率接近,
则共振器孔颈内的空气柱产生强烈的振动,在振动过程中,声能克服摩擦阻力而
被消耗,从而达到减弱声能的吸声效果。

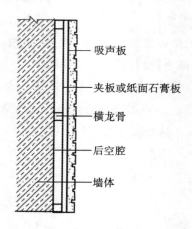

吸声板

夹板或纸面石膏板

横龙骨

后空腔

墙体

图 4.3　穿孔板结构

空腔共振吸声结构的共振频率 f_0 计算公式如式(4.9)所示:

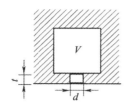

(a) 空腔共振吸声结构示意

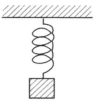

(b) 机械类比系统示意

图 4.4 空腔共振吸声结构类比系统

$$f_0 = \frac{c}{2\pi}\sqrt{\frac{S}{V(t+\delta)}} \tag{4.9}$$

式中：f_0 为空腔共振吸声结构的共振频率，Hz；c 为声速，常温取 34000 cm/s；S 为孔颈口截面积，cm²；V 为空腔容积，cm³；t 为孔深，cm；δ 为开口末端修正量，cm，对于直径为 d 的圆孔，$\delta = 0.8d$。

空腔共振吸声结构在共振频率附近吸声系数较大，而共振频率以外的频段，吸声系数下降很快。吸收频带窄，共振频率较低，是这种吸声结构的特点。在某些噪声环境中，噪声频谱在低频有十分明显的峰值时，可采用空腔共振吸声结构，使其共振频率和噪声峰值频率相同，在此频率吸收噪声。空腔共振吸声结构可用石膏浇筑，也可采用专门制作的带孔颈的空心砖或空心砌块。采用不同的砌块或一种砌块采用不同砌筑方式，可组合成多种共振器，达到较宽频带的吸收。

（2）薄膜、薄板吸声结构。

皮革、人造革、塑料薄膜等材料具有不透气、柔软、受张拉时有弹性等特性。这些薄膜材料可与其背后封闭的空气层形成共振系统，称为薄膜吸声结构。把胶合板、硬质纤维板、石膏板、石棉水泥板、金属板等板材周边固定在框架上，连同板后的封闭空气层也构成振动系统，称为薄板吸声结构。

当声波入射到薄膜或薄板上时，如果入射声波的频率和吸声结构的共振频率相近，吸声结构就产生共振，声能转化为机械振动，最后转化为热能，从而减弱声能。薄膜和薄板吸声结构的共振频率 f_0 计算公式如式（4.10）所示：

$$f_0 = \frac{600}{\sqrt{M_0 h}} \tag{4.10}$$

式中：M_0 为膜（板）的密度，kg/m²；h 为空气层厚度，cm。

式（4.10）在考虑空气层中填充多孔吸声材料，并且入射声波波长远远大于空气层厚度时成立。在工程实践中，空气层厚度一般设计得较小，多采

用5～20 cm。

　　薄膜吸声结构的共振频率通常为 200～1000 Hz,最大吸声系数为 0.3～0.4,一般作为中频范围的吸声材料。当薄膜作为多孔材料的面层时,结构的吸声特性取决于膜和多孔材料的种类以及安装方法。一般来说,在整个频率范围内,薄膜作为多孔材料的面层时的吸声系数相比没有多孔材料只用薄膜时普遍提高。

　　建筑中薄板吸声结构共振频率为 80～300 Hz,其吸声系数为 0.2～0.5。在同一材料中,板材越厚,共振频率越低;空气层越厚,共振频率越低。因而薄板吸声结构可以作为低频吸声结构。如果在板内侧填充多孔材料或涂刷阻尼材料,可增加板振动的阻尼损耗,提高吸声效果。大面积的抹灰吊顶天花、架空木地板、玻璃窗、薄金属板灯罩等也相当于薄板共振吸声结构,对低频有较好的吸收。

4. 建筑隔声量

　　建筑空间的围护结构受到外部声场的作用或直接受到物体撞击而发生振动,就会向建筑空间辐射声能。传进来的声能总小于外部的声能或撞击的能量,所以说围护结构隔绝了一部分作用于它的声能,称为隔声。围护结构隔绝的若是外部空间声场的声能,称为空气声隔绝;若使撞击的能量辐射到建筑空间中声能有所减少,称为固体声或撞击声隔绝。隔声和隔振的概念不同,前者是到达接收者的空气声,后者是接收者感受到的固体振动。但采取隔振措施,减少振动或撞击对围护结构(如楼板)的冲击,可以降低撞击声。

　　(1)单层匀质墙体的隔声量。

　　当声波在空气中传播到建筑围护结构时,一部分声能被反射,一部分声能透过围护结构传入室内。根据能量守恒定律,透射系数 τ 的计算公式(4.11)为:

$$\tau = \frac{E_\tau}{E_0} \qquad (4.11)$$

式中:τ 为透射系数;E_0 为总入射声能;E_τ 为透过声能。

　　透射系数 τ 是个小于 1 的数。对于一般建筑中常用的门、窗或者隔墙,τ 值数量级为 10^{-5}～10^{-1}。τ 值越小,表明透过墙体的声能越少,墙体隔声性能就越好;反之,则隔声性能越差。由于 τ 值很小,使用不便,在工程上常用隔声量 R(单位为 dB)来表示对空气声的隔绝能力,它与透射系数 τ 的关系如式(4.12)所示:

$$R = 10\lg \frac{1}{\tau} \qquad (4.12)$$

例如透过某墙的声能为入射声能的 1/1000000，则代入式（4.12）得式（4.13）：

$$R = 10 \lg \frac{1}{1000000} = 10 \lg \frac{1}{10^{-6}} = 60 \qquad (4.13)$$

上述计算说明，隔声量为 60 dB 的墙体，只允许入射声能的 1/1000000 透过。从能量衰减角度来看，这是相当大的衰减，即使隔声量仅为 30 dB 的墙体，也只允许入射声能的 1/1000 透过。

（2）组合墙体的综合隔声量。

单个隔声构件的隔声原理、计算方法以及构造方案已在前面讲过。但当一个隔声构件包含门或墙等，形成组合墙体或构件时，其隔声量则应按照综合隔声量计算。

设一个组合隔声构件由几个分构件组成，各个分构件自身的隔声量为 R_i，面积是 S_i，则组合构件的综合隔声量 R 的计算公式如式（4.14）所示：

$$R = 10 \lg \frac{1}{\bar{\tau}} = 10 \lg \frac{\sum S_i}{\sum S_i \tau_i} = 10 \lg \frac{\sum S_i}{\sum S_i \times 10^{-\frac{R_i}{10}}} \qquad (4.14)$$

式中：$\bar{\tau}$ 为平均透射系数；τ_i 为第 i 个分构件的透射系数；$S_i \tau_i$ 为第 i 个分构件的透射量。

一堵隔声量为 50 dB 的墙，若上面开了一个面积为墙面积 1/100 的洞，则墙的综合隔声量降低到仅仅 20 dB；开一个 1/1000 的洞，综合隔声量为 30 dB。因此，隔声设计中，防止隔声构件上的孔洞和缝隙透声是十分重要的。

4.2.2　各类厅堂的声环境设计

1. 音乐厅的声环境设计

（1）音乐厅的体型设计。

当拟建的音乐厅规模确定后，建筑师首先遇到的问题是如何选择厅堂的体型（平面、剖面），使其既能满足声环境需要，又能适应现代音乐厅的规模、视线、舒适性和安全性等的要求。传统的或者欧洲的矩形鞋盒式音乐厅常被著名而古老的音乐厅采用。建筑声学的先驱 Sabine 协助设计被高度评价的波士顿交响乐大厅的时候，他的设计也是基于已有的鞋盒式音乐厅完成的。

鞋盒式音乐厅在声学上的特殊优势在于声反射的方向。每个听众都能接收

到占主导地位的早期侧向反射声,而不是来自头顶的反射声,声音在墙与顶棚的交界处、侧墙和楼座底层被反射。通过双耳听闻,比较侧向信号到达的时间、响度和音调,让每个到达的声音"单元"为听众提供方向;多方向声音使听众产生一种三维空间感。这种声音感觉理论与音乐厅的关系直到 20 世纪 60 年代末才被发现,对于音乐厅的声学设计具有极大的意义。

鞋盒式音乐厅在音质上的另一个优势在于它们比典型的 20 世纪音乐厅规模小。在小型音乐厅内声音的作用很强,短程的声反射加强了直达声。又由于人体具有较强的吸声能力,在大型音乐厅中,声能被吸收而使强度减弱。

古老的鞋盒式音乐厅又窄又小,显然不能适应现代大型、舒适性音乐厅的要求。简单地按古老音乐厅的比例增大现代音乐厅尺寸,实现鞋盒式音乐厅的演奏效果是不可能的。扇形平面虽然能够压缩大容量音乐厅后排至演奏台的距离,但随着两侧墙的展开,侧墙将不再能够向听众席的中部提供早期反射声。

在大容量的现代音乐厅中,为加强大厅中部的早期侧向反射声,可采用倒扇形的平面形式和追加设置侧向反射板的方式。例如,在不等边三角形或椭圆状平面的一端配置演奏台,实际上构成倒扇形平面。

为了使观众能够靠近舞台,广角扇形平面式大厅被进一步扩展为接近圆形的大厅,而舞台几乎位于中心。这种类型最初的重要代表是柏林爱乐音乐厅,在大厅的两侧悬吊了大片反射板来加强侧向发射,同时在大厅中使用面板阵列做成不规则的墙壁和顶棚表面,加强了声能的分配。研究表明,这种四周围坐式的梯田式大厅可能并不是基础设计的最佳选择,除非使用复杂的电声系统来补偿大厅的自然音效。观众席的主要部分、面对交响乐团的部分能得到好的声效,而要使得在乐团后面的大片区域也获得同样的音效的确很难。这种梯田式大厅中两侧的声效是很吸引观众的。

(2)音乐厅的混响时间设计。

音乐厅的混响时间与音乐的类别具有密切的关系。原则上交响乐音乐厅要求混响时间较长,室内音乐厅、合唱厅次之,重奏厅和独奏厅较短。

交响乐音乐厅的混响时长较为合适,一些世界著名音乐厅的混响时间为 1.7~2.0 s。但是音乐厅的混响时间也不能过长,如超过 2.2 s,旋律将丧失清晰度,混合了不协和的和弦,造成响度过大。为了使不同音乐在同一音乐厅都能呈现最佳演奏效果,就需要设置可调混响时间的结构。混响时间的调节幅度应为 1.5~2.1 s。因此,音乐厅可采用可调混响、可变容积的结构。

对于室内音乐厅、合唱厅、重奏厅和独奏厅,除了考虑音乐的丰满度,还必须兼顾弦乐、唱词的清晰度，以及和弦的细腻变化和技巧。因此，混响时间不宜太长，通常控制在 1.5～2.1 s 时可以获得满意的效果。

供管风琴演奏的音乐厅，其最佳混响时间为 4.0～5.0 s，因此大型交响乐音乐厅内管风琴演奏常常不能达到最佳效果。日本大阪艺术大学音乐系建造了一个专供管风琴演奏的大厅，混响时间为 4.4 s，深受欧美演奏家的赏识，每年都有一批音乐家到该校演奏和创作。

音乐厅内混响时间主要依靠听众吸收控制，很少采用吸声材料。只有在大容积的交响乐音乐厅内，为防止低频 250 Hz 以下的混响时间过长，要设置共振吸声结构。如柏林爱乐音乐厅、英国皇家节日音乐厅和丹麦哥本哈根广播电台音乐厅等均采用了共振吸声器。

为了减少厅内空间不满场和满场时混响时间的差异，较有效的措施是设置木板椅，仅在坐垫和靠背上配置相当于听众吸声量的材料。这样无论座椅有无人坐，听众席的吸声量都较接近。

（3）音乐厅的噪声控制。

音乐厅的噪声控制包括围护结构和空调系统的消声、减震两方面。音乐厅允许噪声标准比较高，单值为 A 声级 25 dB，噪声评价曲线为 PNC-20。为达到这一标准，必须对音乐厅的围护结构做隔声处理，特别注意对空调系统的消声处理。

音乐厅围护结构的隔声量要根据户外（即用地）噪声的状况和厅内允许噪声标准确定。原则上音乐厅的墙体应为钢筋混凝土或者砖砌体等重质结构，必要时可设置双层墙体，中间留有空气层，以提高其对空气声的隔声量。要使音乐厅的屋顶具有与墙体同样的空气声隔声量通常很困难。对此，一般采用双层结构，即一层为承重结构，另一层为吊顶板或夹层。这样做还可以有效地提高屋顶撞击隔声。这主要是针对大雨时，雨点冲击造成室内噪声高于标准要求的情况。这一点在厅堂设计中通常容易被忽视，希望引起建筑师的重视。

演奏厅的门也是隔声的重要方面。需要设置消声通道或者带有"声锁"的双层隔声门。开向演奏厅的声控、光控玻璃窗应是可开启的双层玻璃窗，防止工作人员活动的噪声进入厅堂。

空调系统的消声包括减少风机沿管道传至大厅内的噪声和防止气流噪声干扰两方面：前者需经消声设计，在通道内配置消声器；后者应按噪声评价曲线的要求限制主风道、支风道和出风口的气流速度。当空调机房与厅堂毗邻或者距离较近时，所有的空调、制冷设备必须做隔振处理，防止设备振动沿建筑结构传递而引起辐射噪声。

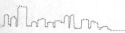

2. 多功能剧场的声环境设计

剧场按照用途可分为专业剧场和多功能剧场。专业剧场只将一种特定剧目的演出作为设计目标,如话剧院、歌剧院和地方戏剧院;多功能剧场则以一种剧目的演出为主要设计目标,兼顾其他剧目的演出。为了充分发挥剧场的使用效率,无论是在国外还是国内,多功能剧场都是剧场建筑的发展方向。

(1)多功能剧场观众厅的体型设计。

①以自然声演出为主的剧场。

剧场观众厅体型设计特别重要,其平、剖面形式应有利于声扩散;台口附近的反射面应保证池座的前座、中座有足够的早期反射声,提高后座的声强;尽可能缩短大厅最后一排听众与演员的距离,提高地面起坡高度,防止听众对直达声的吸收;大厅内的各个细部设计均应防止不利声反射可能引起的声学缺陷等。

通常,多功能剧场要使各种剧目都能处于最佳声学状况是较为困难的,音质效果通常不如专业剧场。即使采用可调结构来改变容积、声反射板和混响时间,也难达到专业剧场的音质。因而在体型设计方面对其的要求不能过于苛刻,但要综合考虑各种剧目演出对空间的要求,适应多功能演出的需要。

②以电声演出为主的剧场。

当厅堂采用电声并以语言清晰度为主要使用要求时,如会议、报告、法庭审判、电影等空间的设计对体型的要求不高,建筑师可以根据其他功能和艺术上的要求选择适合的体型,在此过程中需要注意以下几点。

a.以电声演出为主的剧场要求混响时间较短,混响频率接近平直,可以提高传声增益,保证厅堂内任何位置有足够的响度。

b.当选用的平、剖面形式容易产生声聚焦、回声和颤动回声等音质缺陷时,应在引起这些不利声反射的部位设置声扩散结构或强吸声结构。

c.在可能的条件下压缩有效容积,降低控制混响所需的投资。

d.选用优质的扩声系统,确定扬声器组的配装方式,进行要求混响时间较长的剧目演出时,可用人工混响进行补救。

(2)多功能剧场观众厅的混响时间设计。

多功能剧场观众厅的最佳混响时间的确定通常有三种方法:①取音乐丰满度、语言清晰度的两个最佳值进行折中,兼顾音乐的丰满度和语言的清晰度,这种选择实际上不是混响时间的最优值;②以某种功能的演出为主进行最佳混响时间的选择;③理想情况是在观众厅内建立可调混响、可变容积的结构,根据剧目的需要进行调节。

多功能剧场的表演内容非常广泛,从声学角度划分,可分为以音乐为主和以语言为主两类。多功能剧场观众厅最佳混响时间的选择,要遵循以下规则。

①以音乐类(歌剧、音乐剧)演出为主的多功能剧场,应保持较长的混响时间,并使低频混响有较大的提升(相对于中频混响)。对此,观众厅内一般不做专门的吸声结构,即使如此,通常也不易达到期望的混响时间。原因是听众和座椅本身的声吸收量已经相当大,不再需要吸声材料(结构)。

②以语言清晰为主的多功能剧场,如以会议、电影为主的厅堂,在经济条件允许的情况下,尽可能采用较短的混响时间,使低频保持平直特性或取最低的提升值,这样可确保语言清晰,还原真实感。

③以地方戏为主的多功能剧场,混响时间可取介于音乐和语言之间的折中值。因为地方戏既有音乐,又有对白和唱词,过长的混响时间会影响戏剧的语言清晰度,过短的混响时间会影响伴奏和演唱的丰满度。

(3)多功能剧场观众厅可变声学条件的设计。

根据主要用途确定混响时间,对多数对音质要求不太高而功能较多的观众厅来讲是可取的,比较经济且容易实施,但会使得厅堂的使用受到较大的限制。例如一个以音乐演奏为主的多功能厅堂,混响时间定为 1.5 s,对音乐是适用的;对歌剧、歌舞剧和时装表演等类型的演出也是适用的;而对话剧、会议和电影来讲,就显得混响时间过长,会影响语音的清晰度和电影真实感。

此外,观众厅的音质不仅与混响时间有关,还与厅堂的规模和演出方式有关,音乐、歌剧、歌舞剧、自然声演出的允许规模很大;而话剧和地方戏很难在超过 1200 座的厅堂内实施自然声演出。

因此,近年来,国内外越来越多的多功能剧场在扩展功能的同时,采用可调混响和容积以及多种辅助设施来改变厅堂内的音质。多功能剧场观众厅可变声学条件的内容、方式和技术手段很多,可归纳为以下三类。

①调节混响时间。在厅堂内设置可变吸声结构,调节厅内混响时间,变动方式有人工、机械和自控三种。

②改变容积,压缩容量。用活动隔断、升降吊顶、可调帘幕等方式达到隔离空间、压缩容量的目的。

③调节反射面倾角。通过调节反射面的倾角改变反射声投射的方向;改变声环境设计条件,使多功能厅堂的音质尽可能接近最佳状态。

111

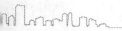

4.2.3　噪声控制技术

噪声污染是一种物理性的污染,它的特点是局部性和无后遗症。噪声在环境中只是造成空气物理性质的暂时变化,噪声声源的输出停止以后,污染立即消失,不留下任何残余物质。噪声的防治主要包括声源输出的控制、传声途径中的控制以及接收点的控制。如条件允许,在声源处降低噪声是最根本的措施。例如,打桩机在施工时严重影响附近住户,若将打桩机由气锤式改为水压式,就可以彻底解决噪声干扰的问题。又如,降低汽车发出的噪声比对沿街建筑进行隔声处理更为简易。此外,在工厂中,优化有噪声的工艺,如以压延代替锻造,以焊接代替铆接等,都是从声源处降低噪声的积极措施。

1.声源输出的控制方法

声源输出的控制方法通常有两种:①改进结构,提高部件的加工质量与精度以及装配的质量,采用合理的操作方法等,降低声源的噪声发射功率;②利用声的吸收、反射、干涉等特性,采取吸声、隔声、减振等技术措施,以及安装消声器等,控制声源的噪声辐射。

采用不同噪声控制方法,可以得到不同的降噪效果。如将机械传动部分的普通齿轮改为有弹性轴套的齿轮,可降低噪声 15～20 dB;把铆接改为焊接、把锻打改为摩擦压力加工等,一般可降低噪声 30～40 dB;采用吸声处理可降低噪声 6～10 dB;采用隔声罩可降低噪声 15～30 dB;采用消声器可降低噪声 5～40 dB。对几种常见的噪声源采取控制措施后,声源控制噪声效果见表 4.1。

表 4.1　声源控制噪声效果

声源	控制措施	降噪效果/dB
敲击、撞击	安装弹性垫等	10～20
机械振动部件动态不平衡	进行平衡调整	10～20
整机振动	安装隔振机座(采用弹性耦合)	10～25
机械部件振动	使用阻尼材料	3～10
机壳振动	包裹、安装隔声罩	3～30
管道振动	包裹、使用阻尼材料	3～20
电机	安装隔声罩	10～20
烧嘴	安装消声器	10～30
进气、排气	安装消声器	10～30
炉膛、风道共振	安装隔板	10～30

续表

声源	控制措施	降噪效果/dB
摩擦	用润滑剂、提高光洁度、采用弹性耦合	5～10
齿轮啮合	安装隔声罩	10～20

2. 传声途径中的控制

(1)声传播时的能量是随着距离的增加而衰减的,因此使噪声源远离安静的地方,可以达到一定的降噪效果。

(2)声的辐射一般有指向性,与声源距离相等而方向不同的地方接收到的声音强度也就不同。低频的噪声指向性很差,指向性随着频率的升高而增强。因此,控制噪声的传播方向(包括改变声源的发射方向)是降低高频噪声的有效措施。

(3)在城市建设中,采用合理的城市防噪规划。

(4)应用吸声材料和吸声结构吸收消耗传播中的声能。

(5)对固体振动产生的噪声采取隔振措施,以减弱噪声的传播。

(6)建立隔声屏障,利用天然屏障(土坡、山丘或建筑)以及其他隔声材料和隔声结构来阻挡噪声的传播。

3. 接收点的控制

为了防止噪声对人的危害,可采取以下防护措施。

(1)戴护耳器,如耳塞、耳罩、防噪头盔等。

(2)减少在噪声中暴露的时间。

(3)根据听力检测结果,适当地调整在噪声环境中工作的人员数量。人的听觉灵敏度是有差别的,可以每年或几年进行一次听力检测,将听力显著降低的人员调离噪声环境。

噪声控制措施是根据费用、噪声允许标准、劳动生产效率等有关因素进行综合分析而确定的。在一个车间里,如噪声源是一台或少数几台机器,而车间内工人较多,一般可采用隔声罩。如车间工人少,则经济有效的办法是采用护耳器。车间里噪声声源多而分散,并且工人也多的情况下,则采取吸声降噪措施;如工人不多,则可使用护耳器或设置供工人操作或值班的隔声间。

4. 噪声控制的工作步骤

根据工程实际情况,一般应按以下步骤确定控制噪声的方案。

（1）调查噪声现状,确定噪声声级。需使用有关的声学测量仪器,对设计工程中的噪声源进行噪声测定,并了解噪声产生的原因以及其周围环境的情况。

（2）确定噪声允许标准。参考有关噪声允许标准,根据使用要求与噪声现状,确定可能达到的标准与各个频带所需降低的声压级。

（3）选择控制措施。根据噪声现状与噪声允许标准的要求,同时考虑方案的合理性与经济性,通过必要的设计与计算(有时尚需进行实验)确定控制方案。需要调查的实际情况包括总图布置情况、平面布置情况、构件隔声情况、吸声降噪情况与消声器布置情况等。噪声控制设计的具体工作流程如图4.5所示。

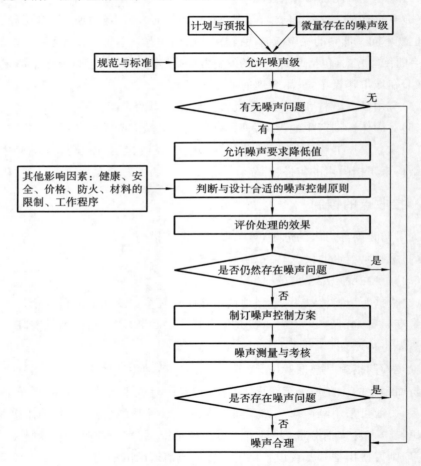

图 4.5　噪声控制设计的具体工作流程

4.3 空气与建筑设计

对台风、大气污染的处理措施,以及对引起装修综合征、缺氧症的各种有害因素的处理措施,是环境规划的重要课题。下面以环境设计中占据重要位置的"风"为主题,对空气与建筑设计展开叙述。

4.3.1 自然通风

长久以来,自然通风作为一项传统的建筑防热技术,在世界各地的传统民居中,得到了广泛的应用。在湿热地区,人们看到的传统民居往往有这样的特征:有宽大的窗户;采用轻便的墙体;采用深远的挑檐;采用顶棚并设置通风口;建筑往往架空,以避开地面的潮气和热气,采集更多的凉风——这种形象的背后,隐藏着劳动人民利用自然通风技术的朴素观念。自然通风是一种具有很大潜力的通风方式,是人类长期赖以调节室内环境的原始手段。

空调的发明,使人们可以主动地控制居住环境,不再像以往一样被动地适应自然;空调的大量使用,使人们渐渐淡化了对自然通风技术的应用。在空调得以普及的今天,迫于节约能源、保持良好的室内空气品质的双重压力,全球的科学家不得不重新审视自然通风这一传统技术。在这样的背景下,将自然通风这种传统建筑生态技术重新引入现代建筑,有着更为重要的意义。

1.自然通风的机理

通常意义上的自然通风指的是通过有目的的开口,产生空气流动。这种空气流动直接受建筑外表面的压力分布和不同开口特点的影响。压力分布是动力,而各开口的特点则决定了流动阻力。就自然通风而言,建筑内空气运动的主要原因有:风压及室内外空气密度差和高度差所引起的热压。这两种因素可以单独起作用,也可以共同起作用。

(1)风压作用下的自然通风。

风的形成来自大气中的压力差。如果风在通道上遇到了障碍物,如树和建筑,就会产生能量的转换,动压力转变为静压力,于是迎风面上产生正压(风速动压力的 50%~80%),而背风面上产生负压(风速动压力的 30%~40%)。经过建筑而出现的压力差促使空气从迎风面的窗缝和其他空隙流入室内,而室内空气则从背风面孔口排出,形成全面换气的风压自然通风。某一建筑周围风压与该建筑的几何形状、建筑相对于风向的方位、风速和建筑周围的自然地形有关(见图 4.6)。

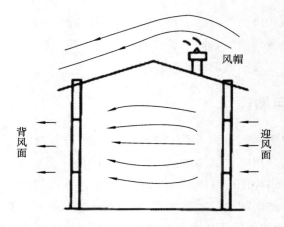

风帽

背风面

迎风面

图 4.6　风压作用下的自然通风

(2)热压作用下的自然通风。

热压是室内外空气的温度差和高度差引起的,这就是所谓的"烟囱效应"。由于温度差的存在,室内外产生密度差,沿着建筑墙面的垂直方向出现压力梯度。如果室内温度高于室外温度,建筑的上部将会有较高的压力,而下部存在较低的压力。当这些位置存在孔口时,空气通过较低的开口进入,从上部流出。如果室内温度低于室外温度,气流方向相反。热压的大小取决于两个开口处的高度差和室内外的空气密度差。而在实际中,建筑师们多采用烟囱、通风塔、天井中庭等形式,为自然通风提供有利的条件,使建筑具有良好的通风效果(见图 4.7)。

(3)风压和热压共同作用下的自然通风。

在实际建筑中,自然通风是风压和热压共同作用的结果,只是各自的作用有强有弱。由于风压受到天气、室外风向、建筑形状、周围环境等因素的影响,风压和热压共同作用时并不是简单的线性叠加。因此,建筑师要充分考虑各种因素,使风压和热压的作用相互补充,实现建筑的有效自然通风(见图 4.8)。

(4)管道式自然通风。

图 4.9 为 4 层民用建筑的管道式自然通风系统示意。各层的室内排风口位于天花板下,排风管直接连到顶层阁楼的水平总管上,然后经顶端安有风帽(最好为避风风帽)的竖直管排至室外。各房间外墙上一般设有室外进风口,不由走廊进风。此系统的特点是各层管道互不相通,可避免交叉污染。

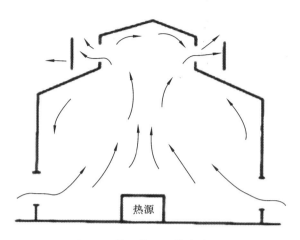

图 4.7　热压作用下的自然通风

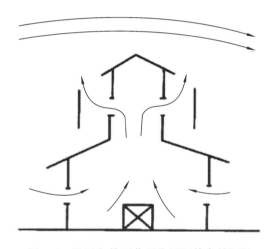

图 4.8　风压和热压共同作用下的自然通风

2. 采用自然通风的经济效益和环境效益

自然通风是当今较为普遍的一项改变建筑热环境、节约空调能耗的技术,其根本目的是取代(或部分取代)空调制冷系统。这一取代过程意义如下。

(1)实现有效被动式制冷,当室外空气温湿度较低时自然通风可以在不消耗不可再生能源的情况下降低室内温度,带走潮湿气体,即使建筑需要消耗能源进行降温、降湿处理,也可以利用自然通风输送处理后的新风,而省去风机能耗,且无噪声。这有利于降低能耗、减少污染,符合可持续发展的理念。

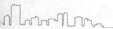
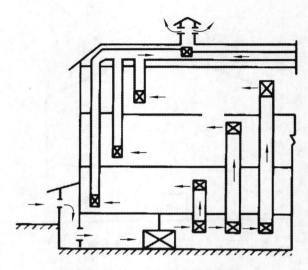

图 4.9　4 层民用建筑的管道式自然通风系统示意

（2）可以提供新鲜的自然空气,有利于人的生理和心理健康。室内空气质量较差在很大程度上是由于缺少充足的新风。空调所形成的环境易引发各种"空调病"。而自然通风可以排出室内污浊的空气,同时有利于满足人和大自然交往的心理需求。

3. 建筑设计中自然通风的实现

传统建筑对自然通风的应用值得现代建筑借鉴。在现代建筑设计中积极考虑自然通风,并注意与地域建筑的有效结合,对于节约能源具有现实意义。

（1）建筑群的布局设计与单体建筑体型设计。

建筑群的布局对自然通风的影响很大。考虑单体建筑得热与防止建筑受到太阳过度辐射的同时,应该尽量使建筑的法线与夏季主导风向一致;然而对于建筑群而言,若风沿着法线吹向建筑,会在背风面形成很大的旋涡区,对后排建筑的通风不利。在建筑设计中要综合考虑这两方面的利弊,根据风向投射角（风向与房屋外墙面法线的夹角）对室内风速的影响来决定合理的建筑间距。在单体建筑设计中还应该结合总体情况对建筑的体型（包括高度、进深、面宽乃至形状等）进行一定的控制。

（2）围护结构开口的设计。

围护结构开口的设计包括对开口的尺寸、窗户的形式和开启方式、窗墙面积比等的合理设计,直接影响着建筑内部的空气流动及通风效果。根据测定,当开口宽度为开间宽度的 1/3～2/3,开口大小为地板总面积的 15％～25％时,通风效果最佳。开口的相对位置对气流路线起着决定作用。进风口与出风口宜相对错开布置,这样可以使气流在室内改变方向,室内气流更均匀,通风效果更好。

(3)注重"穿堂风"的组织。

"穿堂风"是指风从建筑迎风面的进风口吹入室内,穿过房间,从背风面的出风口流出,自然通风效果好。进风口和出风口之间的风压差越大,房屋内部空气流动阻力越小,通风越流畅。房屋在通风方向的进深不能太大,否则就会通风不畅。

(4)竖井空间的设计。

在建筑设计中,竖井空间主要包括以下两种。

①纯开放空间。目前,大量的建筑设计中有中庭,一个原因是建筑平面过大,建筑师利用中庭满足采光要求,另外一个原因是可利用建筑中庭内的热压形成自然通风。由诺曼·福斯特主持设计的法兰克福商业银行就是一个利用中庭进行自然通风的成功案例。在这一案例中,建筑师利用计算机进行风洞模拟和试验,对 60 层高建筑的中庭空间的通风状况进行分析研究。为了避免中庭内部出现过大的紊流,建筑师将每 12 层作为一个独立的单元,利用热压实现自然通风,取得良好的效果。

②"烟囱"空间。又叫风塔,由垂直竖井和风斗组成,在房间的排风口末端安装空气加热器以对从风塔顶部进入的空气产生抽吸作用。该系统类似于风管供风系统。在通风不畅的地区,可以利用高出屋面的风斗,把上部的气流引入建筑内部,来加速建筑内部的空气流通。风斗的开口应该朝向主导风向。在主导风向不固定的地区,则可以设计多个朝向的风斗,或者设计可以随风向转动的风斗。例如英国贝丁顿零能耗发展项目设计了可以随风向转动的风斗,配合其他措施,利用自然风压实现了建筑内部的通风。

(5)屋顶的设计。

通风隔热屋面通常有以下两种做法:①在结构层上部设置架空隔热层,这种做法把通风层设置在屋面结构层上,利用中间的空气间层带走热量,达到屋面降温的目的,另外架空板还保护了屋面防水层;②利用坡屋顶自身结构,在结构层中间设置通风隔热层,也可得到较好的隔热效果。

(6)太阳能的设计。

太阳能强化自然通风的原理是将太阳能这一可持续能源转化为动力进行通风。太阳能强化自然通风的建筑结构主要有:屋面太阳能烟囱、特朗伯墙(又叫

集热墙）和太阳能空气集热器。以上三种结构可以单独设置强化通风,但是,为了在夏季达到更好的冷却效果,通常将这些做法与其他建筑结构组合成一个有组织的自然通风系统。

4. 自然通风的特点

自然通风不需要额外的动力资源,成本低廉,运行简单,因而得到广泛应用。实际上到目前为止我国大多数的农村住宅、城市住宅及工业厂房等依然采用这种通风方式。但自然通风也存在以下缺点。

（1）驱动力的不稳定性。

自然通风的驱动力来源于热压和风压作用。很明显,当室内外温度差减小时,自然通风量将减少。因此在夏季或过渡季节经常会出现自然通风量不足的情况。另外,由于风速和风向也随时间和季节变化,受周围地形地貌及周边建筑分布的影响,自然通风不易控制且不稳定,很难保证稳定的通风量。在要求通风量维持稳定的场合,这种通风方式就不适合了。增加通风口的面积可以在一定程度上解决通风量不足的问题,但通风量过大可能又会受到室外噪声等的不利影响。

（2）提供的静压偏小。

与机械式通风相比,无论是室内外温度差还是风压作用,自然通风所提供的静压在一般情况下都不大。因此,为保证必要的通风量,就需要尽量减少系统的全压损失,比如说通过降低风速来减少动压,但这样又会增加过流面积。为获得相同的通风量,自然通风的风道一般要比机械式通风的风道所占空间大,不适用于空间使用受限制的建筑。总之,自然通风对通风通路有更严格的要求,更适合于气流阻力较小的狭小建筑。

另外,由于自然通风提供的静压小,在通风口处对室外空气进行处理就需要慎重。像过滤器的安装、预热送风、热回收装置的设置等措施的采用会受到很大限制。

4.3.2　机械通风

机械通风可分为以下五种形式。

1. 机械送风自然排风系统

机械送风自然排风系统利用设置在外围护结构上的风机直接向室内送风,

造成室内正压,使室内空气通过缝隙或围护结构的其他开口排出。当室外空气品质较差时,空气需要经过过滤处理,采用这种系统比较有利。建筑增压能阻止污染空气的进入。因此该系统主要应用于不允许污染物进入的房间或建筑。该系统不适用于住宅,因为水蒸气向墙体方向渗透,易造成结露,对墙体产生不利影响。另外,由于空气从各种开口自然排出,所以不易采取热回收等节能措施。

2. 机械排风自然送风系统

机械排风自然送风系统与机械送风自然排风系统相反,这种系统是将风机设置在外围护结构,将室内空气排至室外,导致室内负压,从而吸引室外空气通过缝隙或围护结构的其他开口等以渗透的形式进入室内。这种系统直接将室内产生的污染物排至室外,适用于污染比较严重的房间或建筑,如住宅的厕所、厨房部分以及传染病室、工业污染车间等。机械排风自然送风系统还可与热泵系统联用,回收排出气体的热量,用于居民热水系统或集中供热系统。这种方式在机械通风的应用中最为常见,但也要注意进风口的布置,应用于寒冷地区时要考虑自然进风可能造成的影响。

3. 机械送排风系统

机械送排风系统是唯一能保证将室外空气从确定的开口以确定的通风量送入室内,并将室内空气以确定的通风量排出的系统。该系统同时使用送风风机和排风风机,室内可能是正压也可能是负压。另外,系统还可以增设过滤装置、预热装置、热回收设备及其他空气净化装置。这种平衡系统能很好地控制送排风,在气密性很好但缺乏通风口的房间以及需要大规模通风的建筑中能够起到很好的效果。但与其他系统相比,该系统需要的设备最多,要占用的空间也最大,风机噪声问题也不容忽视。另外,在冬季气候恶劣的国家,系统通常和预热及热回收设备联合使用。

4. 混合通风系统

混合通风(hybrid ventilation)并非传统意义上的通风,而是一种新的节能型通风模式,通过自然通风和机械通风的相互转换或同时使用这两种通风模式来实现。它充分利用自然气候因素如太阳、风、土壤、室外空气、植被、水蒸气等为室内创造舒适的环境,同时达到改善室内空气品质和节能的目的。混合通风系统与传统通风系统主要的不同点在于:混合通风系统是能够根据室外气候变

化自动转换其运行模式以满足热舒适要求及达到节能目的的智能系统。

（1）混合通风基本原理。

混合通风基本原理可分为以下三类。

①自然通风模式和机械通风模式交替运行。其特点为：室外条件允许自然通风的情况下，机械通风系统关闭；当室外环境温度升高或降低至某一限度时，自然通风系统关闭而机械通风系统开启。自然通风对机械通风基本上无干扰。这种通风模式适用于一年四季气候变化较明显的地区，在过渡季节进行自然通风，炎热的夏季和寒冷的冬季进行机械通风。设计该种通风系统时，如何选择合适的控制参数实现自然通风模式与机械通风模式之间的转换是设计的关键问题。

②风机辅助式自然通风。其特点为：在所有气候条件下都以自然通风为主，但当自然驱动力不足时，可开风机维持气流，保证气流流速。它主要适用于四季气候温和的地区。如何设计自控系统以根据自然驱动力的强弱来控制风机是该系统设计的关键问题。

③热压和风压辅助式机械通风。其特点为：在所有气候条件下都以机械通风为主，以热压和风压等自然驱动力为辅。它适用于四季气候或冷或热的地区。如何根据风压和热压的大小变化来控制机械通风系统是设计的关键问题。

（2）混合通风的优点。

由混合通风的通风原理易知，混合通风具有以下优点。

①节能。调查表明，混合通风系统比传统通风系统节能 25%～50%。

②缓解全球的污染问题。节省通风能耗，从而减少污染物的排放及制冷剂的使用，缓解温室效应及臭氧层破坏问题。

③改善室内空气品质和热舒适条件，使居住者更加满意。混合通风系统中自然通风的使用最大限度地利用了室外新风，一方面可缓解传统空调系统中新风量不足或新风遭到污染的问题，客观改善室内空气品质，另一方面促使人们通过改变自己的行为来控制环境和适应环境，增强了人控制环境的自主能动性。

④减少运行费用和投资，延长设备使用寿命。与传统的机械通风系统相比，混合通风系统可大大缩小机械通风设备占用的空间，并且设备也不是长期满负荷运转，故可减少投资、日常维修费，延长设备使用寿命。

值得注意的是，当密闭的机械通风的房间中用自然通风引进新风时，极有可能加大机械通风的负荷，增大能源消耗。所以，在混合通风的设计中，如何避免这种情况的发生并使机械通风和自然通风相辅相成是至关重要的。

5.置换通风系统

置换通风是将处理后的新鲜空气以很低的速度送入工作区的底部,并在地板上形成一层较薄的空气湖。空气湖是由较凉的新鲜空气扩散而成的,室内的热源产生向上的对流气流,新鲜空气遇到热源被加热,密度减小,从而会随对流气流向上部流动,形成室内流动的主导气流,排风口设置在房间的顶部,将污染空气排出,送风口送入的新鲜空气温度通常低于室温 2～4 ℃,置换通风的送风速度极低,通常为 0.03～0.2 m/s。置换通风的流态如图 4.10 所示。

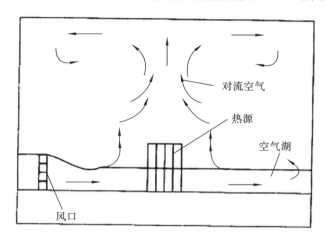

图 4.10　置换通风的流态

由于送风的动量很低,对室内的主导气流具有很小的影响,热源引起的热对流气流使室内产生垂直的温度、浓度梯度,在这种情况下排风温度高于室内工作温度。置换通风系统使室内环境呈现如下特点。

①室内温度、浓度呈层状分布。置换通风利用空气的密度差在室内形成自下而上的气流,被送入的冷空气由于受到热源上升气流的卷吸作用、后续新风的推动作用和排风口的抽吸作用,形成自然对流射流。在自然对流射流的初始阶段,它是靠送入气流 L_s 补偿对流射流的卷吸量 L_j,此时 $L_j < L_s$。L_j 是上升高度的函数,随上升高度的增加而增加,达到 $L_j = L_s$ 时的高度 Z 称为分界面高度,超过此分界面后 $L_j > L_s$,即送风已不能满足对流射流卷吸量,所不足的量只能靠自身由顶棚回返的量补偿。

因此,在稳定状态时,分界面将室内空气分成两个区,即底层单向流动区和上部紊流混合区。底层单向流动区也是人的活动区,污染物浓度最低,空气的品

质最好;上部紊流混合区,余热和污染物主要集中于此区,温度最高,污染物的浓度也最高。在底层单向流动区和上部紊流混合区之间有一个过渡区,此区虽然不高,但温度和污染物的浓度梯度却很大,空气的主要温升过程在此区内实现,此区被称为温跃层。

②室内空气的流动速度慢,速度场平稳,呈层流或低紊流状态。在微弱的压差作用下,新风弥漫房间的底部区域,吸收余热,再以自然对流的方式向上慢慢升起。

③污染物在人员停留区不会横向扩散,被上升气流直接携带到上部的非人活动区。

④相对于混合通风,置换通风的节能性体现如下:送风温差小,送风温度高,处理新风所需的能耗降低20%;送风温度高,过渡季节免费取冷时段增加50%,全年供冷能耗降低10%;送风温度高,冷水机组的蒸发温度提高,能耗降低3%;由于仅需考虑人员停留区负荷,上部区域负荷可不必考虑,设计负荷可减少10%~40%。综上所述,置换通风所需的能耗比混合通风减少20%~30%。

置换通风系统的高效和合理性使得它在剧场、体育馆和办公楼等大型空间场所得到了广泛的应用,合理性体现在两个方面:原理的合理性,置换通风系统很好地利用了气体热轻冷重的自然特性和污染物自身的浮升特性,通过自然对流达到调节空气的目的;结果的合理性,置换通风系统利用空气分层的特点,使余热和污染物纵向扩散,维持了人员停留区良好的空气品质。

4.4 热湿与建筑设计

在建筑中,影响人体舒适感觉的最主要因素是温度和湿度,建筑热湿环境是指室内空气温度、相对湿度、空气流速及围护结构辐射温度等因素综合作用形成的室内环境,是建筑环境的重要组成内容。无论在自然环境还是人工环境中,建筑内都会形成某一热湿环境,而建筑热湿环境形成的最主要原因是在各种外扰和内扰作用下建筑内达到热平衡和湿平衡。建筑热湿环境的形成如图4.11所示。

如何通过建筑规划和设计上的相应措施,有效地防护或利用室内外环境的热湿作用,合理解决建筑中的防热、防潮、保温、节能、生态等问题,以创造可持续发展的人居环境,是建筑设计的重点内容。在某些情况下,建筑本身是无法完全满足人们对室内热湿环境的要求的,为了获得健康舒适的室内热湿环境,往往需要配备适当的设备(如取暖器、空调器)或系统(如采暖系统、空调系统),进行人工调节控制。但必须注意的是,只有首先充分发挥建筑的作用,再配备一些必不可少的设备,才能做出技术上和经济上都合理的设计。

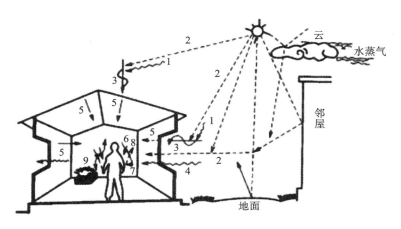

图 4.11 建筑热湿环境的形成

1—气温;2—太阳辐射;3—室外空气综合温度;4—热空气交换;5—建筑内表面辐射;6—人体辐射换热;7—人体对流换热;8—人体蒸发散热;9—室内热源。

4.4.1 建筑热湿环境基本概念

(1)围护结构的热作用形式。

围护结构的热作用过程无论是通过围护结构的传热、传湿还是通过室内产热、产湿,其作用形式都包括对流换热(对流质交换)、导热(水蒸气渗透)和辐射三种形式。

得热:某时刻在内外扰作用下进入房间的总热量为该时刻的得热。如果得热<0,意味着房间失去热量。

围护结构热过程特点:由于围护结构热惯性的存在,通过围护结构的得热量与外扰之间存在着衰减和延迟的关系。

(2)非透明围护结构外表面所吸收的太阳辐射热。

不同的表面对辐射的波长有选择性,黑色表面几乎全部吸收各种波长的辐射,而白色表面可以反射几乎 90% 的可见光。

围护结构的表面越粗糙、颜色越深,吸收率就越高,反射率越低。

(3)太阳辐射在玻璃中的传递过程。

普通玻璃的光谱透过率为 80%。将具有低发射率、高红外反射率的金属(铝、铜、银、锡等),使用真空沉积技术,在玻璃表面沉积一层极薄的金属涂层,这样就制成了 Low-E 玻璃。其对太阳辐射有高透和低透的不同性能。

阳光照射到单层半透明薄层时,半透明薄层对于太阳辐射的总反射率、吸收率和透过率是阳光在半透明薄层内进行反射、吸收和透过的无穷次反复之后的无穷多项之和。

阳光照射到双层半透明薄层时,还要考虑两层半透明薄层之间的无穷次反射,以及再对反射辐射的透过。

(4)室外空气综合温度。

围护结构外表面与环境的长波辐射换热包括大气长波辐射以及来自地面、周围建筑和其他物体外表面的长波辐射。

由于热惯性存在,通过围护结构的传热量和温度的波动存在衰减和延迟。衰减和延迟的程度取决于围护结构的蓄热能力。

(5)玻璃窗的种类与热工性能。

窗框型材有木框、铝合金框、铝合金断热框、塑钢框、断热塑钢框等;玻璃层间可充空气、氮、氩、氪等气体或有真空夹层;玻璃层数有单玻、双玻、三玻等,玻璃类别有普通透明玻璃、有色玻璃、Low-E 玻璃等;玻璃表面可以有各种辐射阻隔性能的镀膜,如反射膜、Low-E 膜、有色遮光膜等,或在两层玻璃之间设置一层对近红外线具有高反射率的热镜膜。

我国民用建筑最常见的玻璃窗是铝合金框或塑钢框配单层或双层普通透明玻璃,双层玻璃间为空气夹层。有些商用建筑采用有色玻璃或反射镀膜玻璃。

发达国家寒冷地区的住宅则多装有充惰性气体的双玻窗,商用建筑多采用高绝热性能的 Low-E 玻璃窗。不同结构的窗有着不同的热工性能。

采用 Low-E 玻璃可减少夜间辐射散热。通过玻璃窗的温差传热量和天空长波辐射的传热量可通过各层玻璃的热平衡求得。

(6)遮阳方式。

现有遮阳方式包括内遮阳(普通窗帘、百叶窗帘)和外遮阳(挑檐、可调控百叶、遮阳棚)以及窗玻璃间遮阳(夹在双层玻璃间的百叶窗帘,百叶可调控)。我国目前常见的遮阳方式为内遮阳(窗帘)和外遮阳(屋檐、遮雨檐、遮阳棚)。

4.4.2　建筑热湿环境控制概述

1. 建筑内的热湿平衡

建筑围护结构不断受到各种外扰和内扰的作用,不断有热量通过围护结构传入和传出。冬季,室内温度高于室外气温,热量由室内传向室外;夏季,室外温度高于室内温度,热量由室外传向室内。无论是通过围护结构的传热、传湿还是室内产热、产湿,其基本作用形式都是对流换热(对流质交换)、导热(水蒸气渗透)和辐射三种形式。

影响建筑室内热湿环境的外扰因素有很多,主要包括室外气候参数(如室外空气温度、相对湿度、太阳辐射、风速、风向变化)和邻室的空气温度、湿度,这些因素均可通过围护结构的传热、传湿对室内热湿环境产生影响。

内扰因素主要涉及室内设备、照明、人体、湿源等,包括以下组成部分:①室内设备与照明的散热;②人体的散热和散湿;③室内湿源的散湿。

在各种外扰和内扰的作用下形成的得热量和失热量的热湿平衡决定了建筑内的热湿环境。

一般情况下,室内得热量主要由以下几部分构成:①通过墙和屋顶的太阳辐射得热;②通过窗的太阳辐射得热;③居住者的人体散热;④电灯和其他设备散热;⑤采暖设备散热。

失热量主要由以下几部分构成:①通过外围护结构的传热和对流辐射向室外散热;②空气渗透和通风带走热量;③地面传热;④室内水分蒸发,水蒸气排至室外所带走的热量;⑤制冷设备吸热等。

为取得建筑中的热平衡,让室内保持稳定适宜的温度,在室内达到热舒适环境后,以上各项得热总和应等于失热总和。

2. 建筑热湿环境的控制要求

建筑内温度过高或过低都不利于建筑内人员的生活、工作和身体健康,同时舒适的热环境要求空气中必须有适量的水蒸气。如果空气相对湿度过低,会引起静电,人的皮肤和毛发会皲裂和干燥,鼻子和黏膜干燥,人更易感染呼吸疾病,建筑表面也会出现干裂等问题。经常处于高湿度的状态下,窗户会有雾,室内散发发霉的味道,空气有黏湿的感觉。寒冷天气时,窗户较低位置经常会出现冷凝。如果湿度过高且持续时间较长,窗户上会出现更多的冷凝,此时可能导致结构破坏。

(1)民用建筑。

根据我国《民用建筑供暖通风与空气调节设计规范》(GB 50736—2012),温度、湿度在以下范围内是比较适宜的:冬季适宜温度为 18～24 ℃;夏季适宜温度为 24～28 ℃;相对湿度为 40%～70%。

室内空气湿度直接影响人体的蒸发散热。如湿度过低(低于 30％),人会感到干燥、呼吸不畅;湿度过高则影响人体正常排汗,尤其在夏季高温时,如湿度过高(高于 70％)则汗液不易蒸发,令人不适。

一般可以通过以下方法来测量和判断室内湿度状态:在玻璃杯内加入三块冰,加水并搅拌,3 min 后,如果玻璃杯的外面没有形成水雾,表明空气过于干燥(请注意不要在厨房进行这项试验,因为烹饪产生的水蒸气会导致结果不准确)。经常起雾的窗表明湿度太高。窗的边缘和角落有轻微的冷凝水是正常现象,但过多的冷凝水会对结构造成危害。橱窗和天花板上出现水雾或发霉表明湿度过高。

室内各表面的辐射温度也会影响人体热舒适性。对一般民用建筑来说,室内热辐射主要是指房间周围墙壁、顶棚、地面、窗玻璃对人体的热辐射作用,如果室内有火墙、壁炉、辐射采暖板之类的采暖装置,还须考虑该部分的热辐射。平均辐射温度对室内热环境有很大影响,其值应该与空气温度接近,且两者相差不超过 3 ℃。通常平均辐射温度是各表面温度的加权平均值。

在炎热地区,夏季室内过热除了气温高,主要是由外围护结构内表面的热辐射,特别是由通过窗口进入的太阳辐射造成的。而在寒冷地区,如外围护结构内表面的温度过低,将对人产生冷辐射,也严重影响室内热环境。

室内空气温度、空气湿度、气流速度、环境辐射温度作为影响室内热环境的因素,是互不相同的物理量,但其相互之间又有着密切的关系。改变其中一个因素往往可以弥补其他因素的不足,如室内空气温度低而环境辐射温度高,和室内空气温度高而环境辐射温度低的房间给人相同的热感觉。

(2)工业建筑。

工业建筑的热湿环境的控制要求可参考《工业建筑供暖通风与空气调节设计规范》(GB 50019—2015)的要求。

生产工艺、劳动强度不同,工业建筑对温度的要求会有所不同。通常,冬季一般工业建筑的室内温度要求如下:轻作业 18~21 ℃;中作业 16~18 ℃;重作业 14~16 ℃;过重作业 12~14 ℃。

潮湿也会给工业建筑带来很多负面影响。如在梅雨季节,电子部件的工厂往往会生产出许多不合格产品,这是因为湿度高,会增加部件表面所吸附的水分从而使电阻降低。在发电站等高压电设备里,也会因电阻低而产生异常电流,所以必须将相对湿度控制在 20％以下。纤维、皮革和纸张发霉带来的负面影响也很大,相对湿度为 60％时这些物品开始出现发霉现象,一旦相对湿度超过 70％,菌类生成量就急剧增加,当相对湿度控制在 30％以下时,几乎不会产生有害菌类。

4.4.3　建筑热湿环境控制方法

当建筑热湿环境不能满足生活、生产要求时,可以通过以下方法改善或控制。

1. 被动法

被动法是指利用自然条件来改善环境的方法。世界各地的人们在长期的建筑活动中,结合各自生活的地形,为适应当地的气候条件,就地取材、因地制宜积累了很多设计经验,其中就有利用被动法来改善室内热湿环境的,如北极圈的爱斯基摩人的圆顶小屋;我国华北地区的四合院,西北、华北黄土高原的窑洞,西南地区的干阑,东北地区的火炕、火墙、火炉等。被动法的主要原理如下。

（1）自然通风。

自然通风是简单有效的改善室内温度、湿度的方法。常见的自然通风形式见图 4.12。

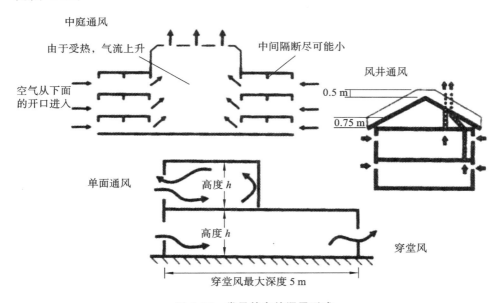

图 4.12　常见的自然通风形式

在热加工车间,可利用合理的开窗设计,获得良好的自然通风。

（2）围护结构隔热技术。

贵州省石头寨被称为"石头王国"。当地建筑多以石块砌墙,以石瓦盖顶,就地取材,造价低廉,冬暖夏凉,不怕火灾,隔声性能好,是一个利用围护结构隔热

技术来被动改善室内温度、湿度的典型例子。石头作为一种天然的围护材料,其传热系数小,热阻大,热工性能好,冬天热量不易传出,夏天热量不易传入,所以冬暖夏凉。

如果当地没有这种天然的热工性能好的材料,可以人为地增大围护结构的传热热阻以降低其传热系数,改善其热工性能。例如,墙材中的加气混凝土、孔洞率高的多孔砖或空心砌块,多具有较小的传热系数。也可在墙体主体结构基础上增加一层或几层复合的绝热保温材料来改善整个墙体的热工性能。此外,各种节能玻璃(如中空玻璃、热反射玻璃等)、节能型窗框(如塑性窗框、隔热铝型框等)都是人工方法改善后的结构。

我国南方地区太阳辐射非常强烈,因此可通过增加遮阳设施及采用高遮蔽系数的镶嵌材料(如 Low-E 玻璃)来减少太阳辐射。

屋面隔热的原理与墙体一样,通过改善屋面层的热工性能(减少传热系数)阻止热量的传递,主要类型有保温屋面(外保温、内保温)、架空通风屋面、坡屋面、绿化屋面等。

(3)被动式蒸发冷却技术。

夏天利用自然条件使室内冷却的方法有很多,如利用太阳能被动蒸发来冷却屋顶、墙面等围护结构,被动式蒸发冷却可分为如下两类。

①自由水面的蒸发冷却,包括蓄水屋面、蓄水漂浮物、浅层蓄水、流动水膜及复杂的喷雾措施等。

在太阳辐射和室外气温的综合作用下,水能吸收大量的热而由液体蒸发为气体,从而将热量散发到空气中,减少了屋顶吸收的热能,起到隔热的作用。水面还能反射阳光,减少阳光辐射对屋面的热作用。水层在冬季还有一定的保温作用。此外,水层长期将防水层淹没,使混凝土防水层处于水的养护下,可减少温度变化引起的开裂并防止混凝土碳化,使沥青和嵌缝胶泥之类的防水材料在水层的保护下延迟老化,延长使用年限。

此外还可在水池上设置一层隔热板,夏季日间水池由隔热板覆盖,夜间移走隔热板并使水冷却。热量通过屋顶由室内传至周围环境。冬季,日间移开隔热板,以便水池里的水吸收太阳辐射热并将热量传递给建筑,夜间盖上隔热板以便水池中的水将其热量传递给建筑。屋面蓄水对屋顶结构要求较高,否则屋顶会漏水,同时维修不便。

②多孔材料蓄水蒸发冷却。在建筑屋面上铺设一层多孔材料,如松散的砂层或加气混凝土层等,这层材料依靠淋水或天然降水来补充水分。当材料含湿

后,受太阳辐射和大气对流及天空长波辐射换热,内部水分在热湿迁移机理的作用下迁移至表面并在此蒸发。

上述方法适用于一些雨量丰富、风力较小的北亚热带地区。而铺设固体多孔材料的方法适用于雨量丰富、风速大的南亚热带地区,多应用于建筑物外表面及城市道路。在气候干旱少雨的地区也可以通过喷淋水的方式给多孔材料层补水。屋顶铺设多孔含湿材料的方法首先解决了蓄水屋面无法上人的问题,此外多孔含湿材料被动降温效果显著,可使屋顶内表面降温约 5 ℃,优于现行的传统蓄水屋面。

同样,墙体外表面也可铺设固体多孔材料。若铺设多孔含湿材料,可以通过含湿材料的蒸发冷却作用降低墙体温度。同时,该材料吸收一定量的太阳辐射使蒸发冷却作用增强。由于建筑结构中墙体所占面积较大,应用这种方式可使建筑整体得以冷却,但在含湿材料补水方面应多加注意。

应用于窗、阳台、玻璃幕墙的被动冷却技术是在开放空间和阳台上设置一个简单水帘,或者在玻璃幕墙表面设置流动水膜,使经过系统的空气被冷却加湿。如果使水和空气充分接触并使出水口处的空气达到平衡态(饱和),那么系统里的空气温度将接近出水口处空气的湿球温度。

这种冷却方式使得建筑外表美观,在炎热、干旱季节能够提高建筑内空气湿度及室内舒适性,适用于开放空间或大量采用玻璃幕墙的建筑,宜与其他冷却技术结合使用,但应注意玻璃幕墙的密封问题。

(4)被动太阳房。

用太阳能采暖并采取保温措施,自然循环采暖的采暖房称为被动太阳房,外加动力运行的采暖房称为主动太阳房。被动太阳房又分直接受益式太阳房和间接受益式太阳房,见图 4.13。

2. 主动法

主动法是指需要消耗一定能源来改善室内温湿度的方法,主要包括以下几方面。

(1)机械通风。

设置局部通风设备(如各种风扇)和通风系统,在夏季可以明显改善室内热湿环境,冬季如果送入的是热风同样可以显著改善室内热湿环境。

(2)空调。

如果室内温度太高,可采用局部空调或集中空调系统来控制室内温湿度。

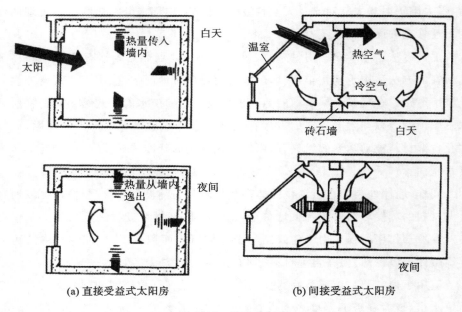

(a) 直接受益式太阳房　　　　　　(b) 间接受益式太阳房

图 4.13　被动太阳房

（3）采暖。

在冬季可以采用局部取暖设备或集中采暖系统来控制室内温湿度。如北方地区大多采用集中供暖方式，主要是通过燃煤锅炉或天然气锅炉将水加热，并通过管道将热水或蒸汽输送到用户。也有一些地区采用地源热泵、空气源热泵等可再生能源供暖方式。

（4）湿度控制。

①加湿。

如果空气过于干燥，可以采取以下加湿方法。

a. 超声波加湿器采用超声波高频震荡技术，将水雾化为超微粒子，通过风动装置将水雾扩散到空气中。这种方式加湿强度大，加湿均匀且耗电少，但对水质要求较高。

b. 纯净加湿器用选择性挥发技术，通过使水直接蒸发，除去水中杂质，再经过净水洗涤处理，最后经风动装置将水送达空气中，从而提高环境湿度。

c. 电加热式加湿器利用电加热发热体将水加热至沸点，产生水蒸气释放到空气中，能耗较大，不能干烧，加热器上容易结垢。

当然，也可以通过在火炉上放水壶，或者在室内种植植物的方式提高房间内的湿度。北方冬季供暖后室内可能过于干燥,可以采用上述措施来调节室内的空气湿度。

②除湿。

如果空气过于潮湿,可以尝试下列方法来降低室内的湿度。

a.烹饪和沐浴的时候,使用炉灶和浴室排风器或打开窗户,让凉爽、干燥的空气进入。

b.烹饪时注意盖上锅盖。

c.安装新风引入管,将室外低湿度的新风引入室内,以降低室内湿度。

d.减少种植室内植物或尽量少浇水。

e.在室外晾衣服。

如果采取上述方法后室内湿度仍然较大,可以采用除湿器进行除湿。

以空调器除湿为例,主要有两种方式:一种是可在空调器制冷模式下进行除湿,潮湿的空气通过空调蒸发器后温度会大幅度下降,而不能再承载水蒸气,多余的水蒸气以冷凝水的形式析出,从而达到降低湿度的目的,但此时湿度的降低往往伴随着温度的下降,因此在春秋过渡季节并不适用;另一种是空调器的独立除湿模式,通过空调蒸发器将被冷却除湿的空气加热至原来的温度后再将其送入室内,达到除湿但温度不变的目的,适用于温度不高但湿度较高的情况。

4.5　颜色与建筑设计

彩色技术高度发展的今天,搭配使用各种颜色已经非常常见。了解和掌握与日常生活关系密切的颜色特征,对环境规划非常重要。

4.5.1　颜色的表现形式

每个人对颜色的感受和反应不同,应尽量排除个体差异,使人们对颜色形成相对统一的认识。下面介绍颜色的分类和表示方法。

1. 颜色的分类

颜色的分类方法有多种,主要以色别、色调、色名、发色状态进行划分(见表4.2)。除此之外,还有折射光颜色(彩虹等)、干涉性颜色(肥皂泡、漂浮在水面的油色、变幻色、蝴蝶色等)。

表 4.2　颜色的分类

色别	无色	无色别颜色	白、灰、黑	
	有色	有色别颜色	红、黄、绿、青、紫等	
色调	明色		明亮颜色	
	中明色		中等明亮颜色	
	暗色		暗颜色	
	纯色		色度最强的颜色	
	清色	明清色	在纯色中,加入白色的颜色	
		暗清色	在纯色中,加入黑色的颜色	
	浊色		在纯色和清色中,加入灰色的颜色	
色名	普通		在红、黄、绿、青、紫等颜色的基础上添加修饰语	
	惯用		象牙色、暗红色、草绿色、浅蓝色等	
发色状态	光源色		太阳、明火、蜡烛、电灯等的光的颜色	
	物体色	表面颜色	不透明物体表面反射的颜色	
		透色	透过透明物体看到的颜色	

2. 颜色的表示方法

定量表示颜色时,大多使用色相、明度、饱和度三个属性来表示。色相是颜色的首要特征,是区别不同颜色的最准确的标准,是颜色的种类,是颜色在色谱上的位置,决定了颜色所呈现的基本色调。明度是指颜色的明亮程度,各种有色物体由于反射光量的区别而产生颜色的明暗强弱。饱和度指颜色的鲜艳程度,也称纯度。

4.5.2　颜色的作用

1. 颜色的心理作用

人在日常生活的方方面面接触到各种颜色,并在无意间获得各种感受。尽管这种感受因人而异,但也存在许多相同或类似的感受,如表 4.3 所示。

表 4.3　颜色的心理作用

温度感	暖色	红、橙、黄
	中性色	绿、紫、黄绿、紫红
	冷色	青、青绿、青紫

续表

温度感	暖色	红、橙、黄
	中性色	绿、紫、黄绿、紫红
	冷色	青、青绿、青紫
情绪性	兴奋色	暖色
	中性色	绿、紫、黄绿、紫红
	沉静色	冷色
分量感		轻(明色)—中—重(暗色)
距离感	前进色	暖色、明色
	后退色	冷色、暗色
大小感	膨胀色	暖色、明色
	收缩色	冷色、暗色
强弱感		强(浓色)—弱(淡色)
软硬感		硬(浓色、冷色)—软(淡色、暖色)
食欲感		增(暖色、绿色)—减(冷色、红色)
亲近感		亲(暖色)—疏(冷色)
时间感		刺激性强的颜色,持续时间长(因人而异)
明视性		与周围颜色相较越突出,人看得越清楚(亮度差很大)
注视性		吸引眼球的颜色(异常颜色、漂亮颜色)
印象性		也称引诱性,与明视性、注视性有关

(1)面积效应。

即使是同一种颜色,人在小卡片上看到和从大墙壁上看到,对其的印象完全不同。这是由于面积不同,所看到的绚丽度也不同。这种现象被称为面积效应。

(2)颜色对比。

当存在两种以上颜色时,可以根据其面积、色度、亮度、色相、材质不同之处进行划分。此过程叫作颜色对比。

一片绿色中的红色花朵看起来非常绚丽。如果把花朵摘下来放在一张白纸上,则并不觉得醒目。把同一时间发生的颜色对比叫作同时间对比。还有,刚从沙漠中出来时看到的绿色非常醒目,如果绿色持续延伸,则不会感到特别。这种不同时间发生的颜色对比叫作延时对比。

(3)视认性与诱目性。

当图形与底色的颜色不同时,我们才能认清图形。颜色的这种特性叫作视

认性。视认性的强弱与颜色的组合方式有关。存在多种颜色时，有容易辨别的颜色和难以辨别的颜色。这种容易辨别的颜色特性叫作诱目性。一般来讲，色彩度高的颜色其诱目性也高。

2. 颜色的社会作用

选择颜色除了受到无意识的心理和生理因素影响，也受到思想、习惯等有意识的因素影响。

（1）表现地域文化的颜色。

当地的风俗习惯、居民的喜好和传统也会在一定程度上决定建筑色彩。墙壁、砖瓦、颜料等颜色都来自地域自然材料颜色的组合。所以，建筑配色也很自然地与地域气候、风土、人类活动相吻合，着色方法和材料在当地相当常见。在能够表现各种颜色的今天，颜色的地域性仍然存在。以新疆所建和田至若羌铁路（以下简称和若铁路）的洛浦站的设计为例。洛浦是"丝绸故乡"，如何"弘扬古蚕绢文化，开拓新丝绸之路"，真正做到"文化润疆"是洛浦站设计的重中之重。洛浦的"绸"，即在车站颜色设计上讲究黑白效果，虚实变化，以小块金黄、宝蓝等做点缀；而洛浦站白墙就如同绸缎般飘逸灵动、行云流水，五彩的配色装饰则是绚丽涌动的点缀。

（2）表现思想的颜色。

一方面，19 世纪七八十年代兴起的印象派将颜色作为抽象表现要素，认为在简单的长方体空间组成上添加红、青、黄三种颜色就可以获得普遍性。

另一方面，中国古代的阴阳说和五行说是东方思想颜色表现的代表，并延续到现代。它是说明世间各种现象和相互关系的思想体系。这里列举方位与四神、颜色、季节之间的关系（见图 4.14）。

（3）表现空间性质的颜色。

诸如特殊的庆典仪式采用红色，占卦仪式采用黑色等，颜色赋予空间各种变化的可能性。同样的空间，添加不同颜色，可以改变空间性质。顺应使用者的目的，选择相应的颜色也很重要。

（4）表现时代特性的颜色。

人都有自己喜欢的颜色，这与每个人的年龄、性别、民族、职业、教养、经验、生活方式、所处时代等社会因素有关。同时，这种爱好的流动会产生流行色，成为社会现象。所以在选择颜色，思考在哪里用什么颜色时，要充分考虑时间的变化。

（5）表现建筑功能的颜色。

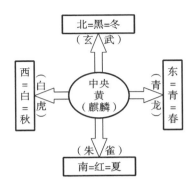

图 4.14 方位与四神、颜色、季节之间的关系

每当人看到某种颜色,就会联想起与该颜色相关的过去的经验和知识。其联想的程度随年龄、性别、经验、记忆、思想的不同而不同。建筑选色需要考虑功能需求,考虑是否需要以颜色的心理作用来强调建筑的功能。由于颜色有分量感、距离感、温度感、注视性等心理作用,可以通过颜色来区分建筑体块。如幼儿园选用丰富的色相来体现幼儿园建筑的活泼要素,颜色的明度和纯度都相对较高,能够较好地凸显幼儿园的欢快属性。

4.5.3　颜色与空间感

在空间设计的过程中,由于空间的大小限制,建筑师往往需要通过颜色改变提升使用者在空间中的感受。颜色之所以能够改变空间感,其实是利用了颜色的视觉欺骗性,使人产生错觉,从而对距离或者尺度产生调节的效果。

首先,在空间环境中,颜色可以限定空间范围。例如,地面上的颜色能够令人产生领域感。现代卖场空间具有开放性特征,使用颜色进行空间界定,灵活且不影响空间通透性。如某服装旗舰店的入口走廊,通过红色地毯在地面上划分出通道位置。

其次,颜色天然具有装饰的功能,装饰效果来源于受众对颜色的心理感受。如商业卖场的彩色墙面要比冰冷无色的水泥材质更具有表现力,更符合审美,充满人情味。商业空间作为复杂功能的载体,在一个空间界面上要承载多种材质和元素,在这样的情况下,为了获得完整的空间效果,需要通过颜色协调。比如,商场顶面颜色处理需要配合顶面造型、照明、光影,形成变化丰富的商业空间。

最后,颜色可以用来调节空间的尺度。对于同样大小的空间,不同的颜色会给人不同的体积感,那些让人感觉空间尺度增大的颜色被称为膨胀色,这些颜色

往往明度较高,而且偏暖色调。反之,那些偏灰冷色调的颜色会产生缩小空间的效果。商业空间的尺度感可以根据需要用膨胀色或者收缩色调节,以达到需要的空间效果。不仅如此,颜色还可以调节空间界面的距离感,这利用了前进色与后退色的特性。红色、黄色和橙色给人前进的感觉,蓝色、绿色及紫色等给人后退的感觉。而且,明度越高,看上去越近。建筑师在商业空间设计过程中,经常会运用这些特性来调节受限的空间,从而达到某种特定的空间尺度感和距离感。

4.5.4　颜色与材料

颜色与材料关系密切。一方面,颜色可以丰富材料的质感;另一方面,材料给人的视觉感受也可以通过颜色来调节。

首先,颜色可以突出材料的质感。材料的质感是人们通过视觉或者触觉接收到材料的信息,唤起相关的回忆而产生的知觉体验。在现实中,很多材料是颜色与纹理的结合,比如天然木材不仅具有纹理,而且呈偏暖的色调。颜色可以用来强调材料的质感,光滑的用深色可以增加反光,表现材料的光洁感;粗糙的用浅色充分展现材料表面的凹凸,给人不同的光影感受。例如某餐厅的墙面以干挂毛石的手法处理,毛石的颜色采用浅灰色和暖灰色,在照度适中的情况下,产生清晰的明暗关系,使石材的肌理突出,强化空间效果。某些室内装修采用茶色玻璃材料,较深的色调可以更好地反射出周围环境,突出玻璃的特点。

其次,颜色可以展现不同的材料特性。材料的物理特性指的是材料本身的天然特性给人的心理感受,例如水泥材料令人感觉冰冷沉重,玻璃材料则让人联想起光洁易碎,木质材料给人温暖朴素的感觉。改变材料的表面色彩往往可以改变材料本身给人的固有感受。例如很多商铺的水泥顶面本来给人厚重压迫的感觉,涂刷白色合成树脂乳液涂料以后,就会给人轻盈的视觉体验。室内设计中可以在保持材料纹理的同时进行着色。再例如,木、石等自然材料带有其固有颜色,这些颜色可以经过涂饰或者其他加工而改变,营造出不同的空间效果。

4.5.5　颜色与街区景观

当地容易获得的材料颜色往往成为当地街区景观颜色的组成部分,并且由此形成街区色调。这种街区色调既有统一协调感,又具有地域性。随着技术输出和信息技术的快速发展,人们如今可以自由地从其他国家和地区获得各种材料。然而,有些地区出现了雷同的景观,这种现象还在持续。为了表现具有地域个性的街区景观,有些地区制定了色彩使用标准,以维护街区的色彩景观。

4.6　水与建筑设计

　　水是人类生活不可或缺的物质。回顾人类的历史,城市依水而建,例如古罗马时期的庞贝古城就将公共水井当作重要的城市设施。近年来,人们在人工环境中引入自然景观因素,其中水的应用非常多。

　　水是自然给予我们的恩惠,同时也是威胁之源。进行环境规划时要充分了解和把握水的特性,使其发挥最大作用,同时要对可能带来的不利影响采取相应对策。

4.6.1　水体景观

　　水对人有着不可抗拒的吸引力,波光粼粼的水面给人带来愉悦的情绪。水是自然景观中的绮丽角色,在外部空间设计中要对其进行保护并加以利用;人工构筑的水体也会给外环境增色不少,它的声音、动感以及扑面而来的清凉气息提升了外环境的整体效果。

1. 水体的形式

　　水体的平面形式可分为几何规整形和不规整形两种。西方古典园林的水体多采用几何规整形,追求一种具有韵律和秩序的美感。我国古典园林多采用不规整形的水体,利用原有地势创造贴近自然的效果。

　　根据水面的闹静,一般可将水体分为动水和静水。静水的处理以倒影池为代表;动水的变化则形态各异——激流、涌流、渗流、溢漫、跌落、喷射、水雾,每一种都独具特色。在外环境设计中,常常将动水和静水结合起来,共同组成空间。下面重点介绍水池、喷泉、瀑布三种理水形式。

　　(1)水池。

　　水池是常见的理水形式。平静的水池能将周围建筑、树木反射出来,形成清晰的倒影,从而使空间显得格外深远。由于水质的不同,水池可呈现出不同的色彩,并随着天空和周围景色的改变而变换。

　　根据规模的大小,水池可分为点式、面式和线式三种形式。

　　点式在外环境中起到点景的作用,往往成为空间的视线焦点,活化空间。其

布置方式也比较灵活，可以单独设置，也可和花坛、平台或其他设施相结合。

面式是指在外环境中能起到控制作用的面状水池，通常是景观中心和人们聚集的场所。因此，在设计中如何设置踏步、浮桥、甲板形成水中漫道；如何将其与园林小品结合形成水中景观；选择什么样的堤岸形式将人与水面自然融合等问题成为设计时思考的重点。

线式是指水面呈细长状，有一定的方向，并有分隔空间的作用。线式水面一般采用流水，并常与其他理水方式相结合。

（2）喷泉。

喷泉以其立体、动态的形象，在外环境中成为引人注目的视觉焦点。在外环境设计中以喷泉来组织空间，可以用其丰富而富有动感的形象来烘托和调节整体环境氛围，起到画龙点睛的作用。它可以是一个小型的喷泉，速度不快，分布在角落；也可以是成组的大型喷泉，位于外环境的中央，表现壮观的气势。在现代喷泉设计中，建筑师常常利用高科技手段，通过调整水流形式和速度，创造出丰富多彩的喷洒形式，带来意想不到的效果。

（3）瀑布。

瀑布有多种形式，日本有关园林营造的著作《作庭记》把瀑布分为向落、片落、传落、离落、棱落、丝落、左右落、横落等多种形式，不同的形式表达不同的情境。在瀑布设计中，建筑师还将瀑布设计与建筑小品、构筑设施结合起来取得特殊的效果。人工瀑布中水落石的形式和水流速度的设计决定了瀑布的姿态，使瀑布产生丰富的变化，传达不同的感受。人们不仅希望欣赏优美的落水形象，而且还喜欢倾听落水的声音，无论是隆隆的巨响还是潺潺的细语都给人美妙的心理感受。

在外环境设计中，水池、喷泉、瀑布往往是结合在一起的，有时候建筑师将它们共同展现在人们面前，有时则突出某一部分，根据不同的情况设计人们所需的水环境。

2. 水体的作用

（1）引人注目的景观焦点。

在城市庭院、景观道路和城市广场中，丰富而有特色的水体能为整体景观增添典雅活泼、高潮迭起的效果。许多城市因其千变万化的喷泉和瀑布而自豪。哪怕是在极小的花园中，水体都能成为景观焦点。

（2）塑造多样的环境氛围。

水体有多种形式,可形成不同的景观。静态的水面安静平和,有益于人们独处思考;涓涓的细流源远流长,让人回味无穷;飞泻的瀑布气势磅礴,渲染热闹的场景。

（3）划分空间的重要手段。

流水可在视觉上保持空间联系,同时可以划分空间与空间的界限。在布局上不希望人进入的地方,可以用水面来处理。水面可以有效地促进或阻止人的活动。

（4）提高环境质量。

炎热的夏天,大面积的水体可以带来凉爽的气息;喷洒的水雾可以有效地调节空气湿度;水体的轰鸣也是一首美妙的音乐,可以起到掩饰噪声的作用。

3. 水体的设计

（1）考虑人的亲水活动。

人具有亲水性,希望与水保持较近的距离。因此,在外环境设计中应尽量缩短人与水的距离,在较为安全的情况下,可以设置浮桥、亭台、水边踏步,使人置身于水景之中。

（2）堤岸的处理。

水面的处理和堤岸有直接的关系,它们共同组成景观。堤岸的形式不仅关系到水体的形态,也决定着人们亲水的方式。如几何形的堤岸一般处理成可供人休憩的平台,尽量接近水面,堤岸距离水面也不宜太高,通常伸手可及;不规则的堤岸随着地形起伏,形式自由,这时堤岸只有阻水的作用,缩短了人与水的距离;也有的水体没有明显的堤岸,利用坡地围合成水面。

（3）与其他景观要素的结合。

水体只是构成外部空间的一个要素,只有与其他构成要素相结合,才能更好地表现其形象。水体既可以与建筑小品、雕塑小品构成完整的视觉形象,也常与绿化、山石相结合,同时可借助灯光、音乐等手段,增强水的魅力。

4.6.2　防水

由于建筑材料和设计方案的不同,不同建筑的防水性能不同。建筑防水工程能够确保建筑结构在遭受一定的水流侵害时不受影响,保证原有建筑的稳定性和使用性能。

1. 平面结构中防水层设计

一般的平面结构设计主要是针对平面房屋的结构设计,在其建造过程中往往会设置相应的房屋防水系统且该系统大多应用于房屋的外围结构中。房屋防水系统主要对房屋的整体结构进行保护,能够有效地防止雨水聚集对房屋内部结构造成侵害。房屋结构不同,相应的防水设计要求也不同,在建设过程当中根据房屋的建筑结构、房屋地段、重要程度等设计相应的屋面防水结构。

屋面防水工程主要包括结构层、找坡层、找平层、防水层等。将防水基层的设置与主防水层、防水增强层和相应的施工工艺有效结合才能够确保房屋防水工程建设落到实处,最大限度地发挥防水作用,对房屋进行有效保护,及时将雨水排出,确保房屋内部建设的完整性。在主防水层施工之前应当对重要的节点进行及时处理,应用多种材料,在同一建筑中也可采取多层铺设的方法。坚实的防水层能够将整个防水系统联系起来,使每一部分有效衔接,通过各材料的共同防御,加强防水系统的整体性能,确保建筑结构不受水流侵蚀,确保内部结构稳定。

2. 外墙防水设计

外墙防水设计主要是为了防止在水流冲击的作用下发生外墙变形。在实际建设过程当中,砌筑质量与外墙防水系统设计密切相关,优良的墙面结构能够有效地减少雨水的聚集,通过自身结构将雨水排出。当水渗入墙体内部结构时,墙体内部会发生一系列的化学反应,墙体上容易出现湿斑等现象。

外墙防水系统多采用绝热构造,结合热工性能较好的墙体材料,确保砌筑的整体质量,采用拉结钢筋、网片等,结合专用的砂浆,对外墙当中的灰隙进行充分填充,有效防止外墙在积水过多的情况下出现渗入现象。

外墙面主要采用水泥砂浆,在砌筑过程当中多采用分层堆砌的方式对每一层水泥砂浆进行找平。可以将聚合物水泥防水涂料作为主要的防水层,也可以采用水泥基渗透结晶型的防水材料来做主要的防水层,具体依照墙面的设计要求进行安排。在施工的过程当中应当确保施工的连续性,以免在过长的时间当中墙面涂料出现结块的情况。

在采用砖块面的防水材料时,应当结合低强度的水泥进行建设。同时应当设定一定的分隔缝,以免材料受天气的影响出现一定程度的变形。利用相应的防水材料进行填充。

3. 地下工程防水层设计

地下工程当中的地下管道、地下建筑等长期受到地下水的干扰。采用科学的防水建筑结构和优良的防水材料能够有效延长地下建筑设施的使用寿命。如果地下建筑的防水措施不到位,地下水渗透到建筑内部,将会严重影响地下水的调用,后期的维护和修补工作开展难度较大。

地下工程以混凝土结构为主要防水结构,采用防卫、排出、截断、堵塞等方式进行建设,使地下工程形成统一的整体。

在防水位置的选取方面主要可以分为迎水面设防和背水面设防,根据建筑的大小还可以细分为大面积防水和细部节点防水。细部节点防水在结构设计上较为复杂,同时又十分容易出现各种问题,因此在设计过程中应当重点加强对相关部位的审查,确保设计过程的合理性和设计细节的科学性,做好防御措施。

地下工程应尽可能选取较为平整的地面结构,降低地面起伏程度,避免小区域窄缝的出现,在设计的过程当中及时检查,减少变形缝、后浇带、施工缝等的出现,确保施工质量。

4. 楼面防水设计

楼面防水设计主要考虑日常生活当中用水量较多的房间对建筑整体的结构影响,用水量较多的房间有厨房、卫生间、开水房等。

对于用水量较多的房间,应当尽可能增加楼面的设计厚度,采用防水的设计材料,提升楼面设计过程当中的配筋率,加强楼板的刚度,减少裂缝,以免水渗入。设计时应当降低地面高度,形成一定坡度,便于水及时排出。

地面防水材料应尽可能选用柔性的防水材料,墙面可大面积使用防水涂料,注意墙基处的反口设计。

一些房间容易出现水蒸气,过量的冷凝水会对墙面造成损害,因此对于用水量较大的房间应当综合考虑从天花板到地面多处墙面的设计。为增强防水效果,可以选用聚合物水泥砂浆。

综上所述,在建设过程当中,设计师应当积极地对相关地形展开研究,结合当地的实际需求,严格选取相应的防水材料,结合不同防水设计的特点和防水材料的特点,设计防水性能优良的建筑。

4.7　绿色植被与建筑设计

随着生活环境的快速人工化,人类越来越期盼自然。从建筑设计的现状看,采用白茬木等天然材料作为建筑装饰材料的倾向已出现,在生活环境中引入绿色植物的设计也渐渐多了起来。在环境规划中,充分了解绿色特性,与建筑主体一并规划是今后的设计方向。

4.7.1　室内绿化

1.室内绿化设计的作用

(1)装饰美化室内环境。

室内绿化设计的应用之所以越来越多,主要是因为室内绿化设计能有效装饰美化室内环境。室内绿化设计不仅是对某一空间或某一领域的优化,而且是对环境要素的整合,使不同的绿色植物个体融入室内空间,获得良好的整体美化效果。通过对环境要素的整合及艺术处理,绿色植物在室内空间显得更加和谐、美丽。此外,绿色植物在改善室内空间功能方面也发挥了作用,将绿色植物置于一些转折或过渡地点,可以有效地延展空间范围,形成良好的视觉效果。当房间空间太大或太小时,可以通过绿色植物形状的特点来改善室内环境,使室内空间更舒适。

(2)提升室内空气质量。

人类对绿色的渴望不仅是因为视觉享受,也是因为身体受益。如今,环境污染越来越严重,绿色植物通过蒸发循环释放水分,有效地提高空气的湿润程度。绿色植物作为改善环境条件的有力工具,可以通过光合作用吸收二氧化碳,释放氧气。绿色植物也能吸附空气中的有害物质,杀死细菌,在空气净化中发挥良好的作用。除了提高空气质量,绿色植物还可在消除噪声方面发挥作用,为人们带来宁静、祥和的生活环境。

2.室内绿化设计的原则

(1)和谐统一的发展原则。

室内和室外环境构成一个整体,利用自然因素和自然材料,创造一个人与自

144

然和谐发展的环境,确保布局设计在统一中改变与整合,促进居民感知与绿色自然环境的共存,满足和谐统一的生活环境和生态环境的发展原则。

（2）简约性原则。

目前,社会经济市场的竞争压力越来越大,人们希望在家里有一个安静自然的环境,因此室内设计需要注意简约的特点。同时,由于生态环境资源消耗巨大,在设计过程中应尽量减少对自然资源的利用。

（3）环保生态性原则。

材料的选择需要满足健康和可持续发展的要求,有效减少室内环境污染,产品和废物的处理也要满足环境的需要,不应产生环境二次污染,从而给人们带来自然、友好、和谐的感觉,为人们提供自由和愉悦的生活环境。

3. 室内绿化设计的流程

（1）室内绿化设计分析。

目前,室内绿化设计应用越来越广泛,呈现出多样性的特点。室内绿化设计需要进行综合分析,对室内空间尺寸和布局需求进行全面了解。根据空间尺寸选择绿色植物,如更大的室内空间有选择较大植物类型的条件。根据整体室内空间的风格,可以对室内绿色植物的类型进行总体规划。公共场所的室内绿化设计需要用绿色植物来美化和装饰,不仅要有效弥补室内空间的缺陷,而且要考虑整体视觉效果的和谐与美观。

（2）室内绿色植物的选择。

通过室内绿化设计分析,科学选择室内绿色植物是必要的。选择室内绿色植物时主要考虑两个因素:①绿色植物的生活习性和对环境的适应程度;②绿色植物的观赏价值及其与室内整体风格的一致性。室内环境与室外环境不同,室内的温度、湿度、光照等不一定适合所有绿色植物生长,需要加以考虑。室内绿色植物大多具有观赏价值,因此尽量选择低湿度和低光照要求的植物类型,甚至需要选择一些耐高温的植物。室内空间的主人也希望通过绿色植物来满足精神上的需要,为室内增添一份高雅与情趣。

（3）室内绿色植物的配置。

室内绿色植物的配置可分为三种:孤植、列植和附植。①孤植是单独种植一种单一的植物,是比较灵活且使用较多的方式。孤植一般选择姿态独特、色彩艳丽、适合室内近距离观赏的植物,主要用于视觉中心或空间死角,如室内沙发形成的角落。②列植是指在一定距离内安排 2 种或 2 种以上的植物,如 2 种盆栽

植物对称地安排在室内入口。线性排列植物,以分隔或引导空间,也属于列植。
③附植是把植物附着于其他构件上的植物配置方式,包括攀缘和悬垂2种形式。

4.7.2 环境绿化

1.环境绿化的作用

一个良好的建筑群外部空间组合,必定具有优美的环境绿化。环境绿化具有以下作用。

(1)环境绿化可以改善气候,对局部地区的气温、湿度、气流都有一定的影响。在一般情况下,夏季树荫下的空气温度比城市裸露地的空气温度低3 ℃,而草地上的空气温度比沥青路面上的空气温度低2~3 ℃。夏天1 hm² 树林每日能蒸腾57 t以上的水,所以绿地能提高空气的相对湿度。同时,大片树林可以降低风速,发挥防火作用。

(2)城市绿化可以保护环境,对于减少城市空气污染及水土保持都有一定的作用。绿色植物能通过光合作用吸收二氧化碳,制造氧气。生长茂盛的森林,每公顷每天可以吸收二氧化碳1 t,产生氧气0.73 t。同时绿色植物对二氧化硫、氯、氨等都有不同程度的吸收,从而起到净化大气的作用。植物的枝叶能起过滤空气和吸附灰尘的作用。许多植物还能分泌一种具有杀菌作用的挥发性物质,消灭细菌。绿色植物还可以降低城市噪声,阔叶乔木树冠能吸收落在树上26 %的噪声能量。没有树木比有树木的人行道噪声高5倍。在夏季树叶茂密时,绿色植物可降低噪声7~9 dB,秋季可降低3~4 dB。

(3)园林绿地对战备、防灾有着重要意义,绿化对空袭目标能起掩蔽作用,并能阻挡炸弹碎片的飞散。稠密的林地在一定程度上可以降低核弹爆炸时所发生的光辐射和冲击波的杀伤作用,还能吸收一部分放射性物质,从而减少放射性污染的危害。

(4)园林绿地可以美化城市,在风景透视、空间组织、色彩等方面可以与城市建筑群互相烘托,反映现代城市欣欣向荣的景象。

(5)园林与生产相结合可为社会创造物质财富。例如北京中山公园贯彻了园林与生产相结合的方针,园内种植13种树木、80多种药用植物并利用水面养鱼,使公园内春季花开满园,秋季果实累累,既绿化了园林,又为社会创造了财富。

2. 环境绿化布置

绿化必须结合总体布置的要求及各类建筑的特点,根据不同地区的气候、土壤条件,从实际出发,因地制宜,充分考虑总体组合的特点,选择适应性强、美观、有一定经济价值的树木。在绿化要求较高的地方,应配置四季有景的树木,从整体上看应有主调,再配置各种植物加以烘托,其外轮廓可随地形起伏而变化,或随设计构思而高低错落、曲直有序。植物配置时要注意不影响建筑物的自然通风,同时,绿化也是一种很好的遮阳措施,对朝西的建筑墙面或窗洞,可用绿化弥补朝向不良的缺陷。

(1)小游园绿化。

小游园绿地是城市绿化布置中不可缺少的部分,一方面它可以弥补城市绿地的不足,另一方面可作为行人短时间休息的场所,特别是早晚供附近居民散步、做操等,深受群众欢迎。

在小游园内设置一定的铺装路面和少量的建筑小品,如亭廊、花架、坐凳、小水池、小型雕塑、画廊等,不仅为游人休憩创造了较好的条件,也提高了游园的艺术性。

小游园的布局形式应与环境相协调,一般有如下三种。

①规则式:小游园中的道路和绿化布置较规整,基本呈直线段分布。

②自由式:小游园中的道路曲折,绿地形状自由。

③混合式:小游园采取规则式和自由式相结合的布局形式。

(2)庭园绿化。

一些设置庭园的民用建筑,都因庭园的绿化受益匪浅。庭园绿化不仅可以起分隔空间、减少噪声、减少视线干扰的作用,而且给环境增添了美感,为人们创造了一个安静、舒适的休息场地。

庭园绿化按使用要求、造园风格以及庭园所处的位置等进行区分,其类型和形式是多种多样的。不同类型的庭园绿化在规划设计上亦有所差异。庭园绿化从使用要求可以分为观赏型、休闲型、娱乐型、综合型。

①观赏型。这类庭园绿化对造景要求较高,注重观赏性。其造景方法各异,可先确定主体或中心。可以主景树、风景石、水池为主体,或以花坛、艺术雕塑为中心。观赏型庭园绿化必须要有主题景观,再配以地形的起伏变化以及植物的自然色彩、季相变化,创造出四季皆宜的优美环境。

②休闲型。这类庭园绿化要求在进行造景的同时,注重休憩空间的创造,重

点放在休憩空间的设计方面。主要做法是紧靠朝南房间或庭园中心设计一块较疏朗的铺装地或者草坪，人们坐在此处不但可以沐浴阳光，还可以充分享受绿色美景，可布置座椅、凉亭、花架、游泳池等休憩设施。

③娱乐型。可以根据不同的娱乐方式设置与之匹配的设施。娱乐方式是三五好友坐着喝茶聊天，还是举办小型的户外晚宴，其需要多大的容纳空间，是否需要照明设备等，均要进行周密的安排。

④综合型。这类庭园绿化可以配备小型休憩设施，不宜有娱乐设施。主人可以根据自己的爱好栽种一些自己喜欢的植物并进行栽培管理，也可以栽种一些可以食用的植物，还可以设计停车空间。

（3）屋顶绿化。

随着建筑的发展，平屋顶在各类民用建筑中被广泛采用，它可以用作绿化场地。屋顶绿化有利于热带建筑隔热和调节气候。屋顶绿化布置一般有如下三种形式。

①整片式绿化，即在平屋顶上几乎种满绿化植物，主要起生态功能与观赏作用。这种方式不仅可以美化城市、保护环境、调节气候、养护屋顶，而且还具有良好的屋面隔热效果。重庆的蛭石种植屋面，隔热效果良好，既经济实惠，又一举多得。

②周边式绿化，即沿平屋顶四周修筑绿化花坛，中间的大部分场地用于室外活动与休息。

③自由式绿化，即在平屋顶上自由地点饰一些绿色盆栽或花坛，形式多种多样，可高可低，可组团式布局也可点式布局，形成既有绿色植被又有活动场地的灵活多变的屋顶花园。

屋顶绿化布置在高层建筑的屋顶，可以增加在高层建筑中工作和生活的人们与大自然接触的机会，并弥补室外活动场所的不足。奥克兰美术馆屋顶花园和广州东方宾馆屋顶花园都深受人们欢迎。

屋顶绿化有的分布在高低结合的建筑群的低层建筑的屋顶上，有的分布在台阶式建筑的平台上。

屋顶绿化还可以分布在地下或半地下建筑的屋顶上，使建筑与周围环境保持一定的协调。加拿大某政府综合体屋顶花园就是采用了这种处理手法。

（4）其他建筑地段的绿化。

例如，住宅区的绿化，应根据住宅区规划中绿化面积和住宅建筑的层数确定绿化的布置形式。绿化面积小的，可采用行列式种植方式；绿化面积较大的，则可成片绿化。处在道路两侧的住宅绿化要求隔离街上的噪声，吸附烟尘，以形成住宅区安静卫生的环境,因此应选用高大的乔木,在乔木之间种植灌木。住宅区内人为的干扰较大,应选择生命力强、管理简单而又尽可能与生产结合的植物。

在公共建筑地段,绿化树种及体型、色彩均应与建筑相协调。除栽植一些庭荫树外,还可选多种观花、观果的小乔木和灌木。为装饰建筑,还可以选一些藤本植物,如凌霄、常春藤等进行垂直绿化。

医院建筑绿化可分为门诊部绿化与住院部绿化。门诊部绿化主要是为候诊患者创造凉爽、舒适的环境,供其短时间停留、休息。由于该区域人流集散量较大,所以门诊部绿化需要选用树冠大、遮阳效果好、病虫害少的乔木。住院部绿化则要有助于创造空气清新、景色优美、与外界有良好隔离的环境,可供患者休息、散步。住院部可选用中草药和具有杀菌作用的柏木、桉、肉桂、白皮松、栎叶槭等,并可设置花坛,栽植花木,同时栽植管理粗放、病虫害少的果树。

机关、学校建筑绿化,应以生长健壮、病虫害少的乡土树种为主,并结合教学生产选择管理粗放、能收实效的经济植物,以增加学生的自然科学知识。

托幼机构绿化,除选用乔木树种外,还可栽植没有毒性的花木和常绿树,如肉桂、白皮松、刺柏、紫薇、紫荆、海棠花等,还可在游戏场边缘安排生物园地,如菜园、果园、小动物饲养地等,以增加儿童的生物知识。

体育场的绿化,要有利于开展体育活动,宜以生长迅速、健壮、挺拔、树冠整齐的乔木为主,避免选用种子飞扬和有大量落花、落果的树木,以免妨碍场地清洁和影响运动员的正常活动。在需要铺草皮的运动场上,应选用耐修剪、耐践踏、生长期长、叶细密的草类,同一草地一般采用同一种草。

公共厕所、医院的停尸房等需要较好的隔离性和隐蔽性,因而建筑周围的绿化以枝叶浓密的常绿树为宜,如女贞、侧柏等。

第 5 章　绿色建筑设计

5.1　绿色建筑设计概述

5.1.1　绿色建筑的来源

随着人类在地球上的急速繁衍和人类物质活动规模的加速膨胀,人类在对自然资源进行开发和利用的同时,生态环境急剧恶化,出现了全球性的环境危机,如温室效应、酸雨、臭氧层破坏、气候异常、热带雨林破坏、荒漠化、物种灭绝等。再加上能源危机、水资源短缺的沉重压力,居住在地球上的人类不得不重新审视自己的生活方式和经济的发展模式。人类对居住场所的营造,即建筑活动是人类主要的生存活动之一。城市环境与建筑环境是地球上规模最大、分布最广的人工环境。面对环境的恶化问题,越来越多的人开始关注居住环境,关注建筑与自然之间的关系,更加注重建筑环境与自然环境的改善,"绿色建筑"的概念应运而生。

"绿色建筑"的"绿色"并不是指一般意义的立体绿化、屋顶花园,而是代表一种概念。绿色建筑是指对环境无害,能充分利用自然资源,并且在不破坏基本生态平衡的条件下建造的一种建筑,又可称为可持续发展建筑、生态建筑、回归大自然建筑、节能环保建筑等。绿色建筑是指在建筑的全寿命周期内,最大限度地节约资源(节能、节地、节水、节材)、保护环境和减少污染,为人们提供健康、适用和高效的使用空间,与自然和谐共生的建筑。绿色建筑三大要素及其三大效益如图 5.1 所示。

5.1.2　绿色建筑设计的目标与原则

绿色建筑设计所追求的目标就是消耗最少的能源和资源,给环境和生态带来最小的影响,同时为使用者提供健康舒适的建筑环境和良好的服务,以实现人、建筑、环境健康协调的可持续发展。总之,绿色建筑归纳起来就是资源有效

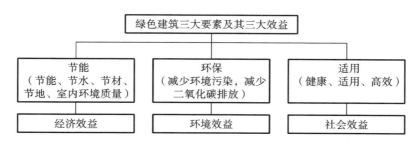

图 5.1 绿色建筑三大要素及其三大效益

利用的建筑。有人把绿色建筑归结为具备"4R"的建筑,"4R"即 reduce,减少对建筑材料、各种资源和不可再生能源的使用;renewable,利用可再生能源和材料;recycle,利用回收材料,设置废弃物回收系统;reuse,在结构允许的条件下重新使用旧材料。因此,绿色建筑就是能源有效利用、保护环境、亲近自然、舒适、健康、安全的建筑。

绿色建筑设计是在人与自然协调发展的基本原则下,运用生态学原理和方法,协调人、建筑与自然环境的关系,寻求创造生态建筑环境的途径和设计方法。绿色建筑设计体现人、建筑环境与自然生态的关系,注重人工美与自然美相结合。绿色建筑设计应遵循以下原则。

(1)关注建筑的全寿命周期。从最初的规划设计到随后的施工建设、运营管理及最终的拆除,形成了一个全寿命周期。关注建筑的全寿命周期,意味着不仅要在规划设计阶段充分考虑并利用环境因素,还要确保施工过程中对环境的影响最小,运营管理阶段能为人们提供健康、舒适、低能耗、无害的空间,拆除后又对环境危害降到最低,并且拆除的材料应尽可能再循环利用。

更新观念和技术手段,摒弃盲目提高密闭性和室内环境设计参数的设计原则与习惯,选择动态的室内环境设计参数,贴近自然环境的变化规律;充分利用自然手段和可再生能源,做到人与自然和谐共存。

(2)适应自然条件,保护自然环境。充分利用建筑场地周边的自然条件,尽量保留和合理利用现有适宜的地形、地貌、植被和自然水系;在建筑的选址、朝向、布局、形态等方面,充分考虑当地气候特征和生态环境;建筑风格和规模与周围环境保持协调,保持历史文化与景观的连续性;尽可能减少对自然环境的负面影响,如减少有害气体和废弃物的排放,减少对生态环境的破坏;控制噪声污染、建筑污染、垃圾污染、水污染以及常规能源的消耗所产生的环境负荷等。

(3)创建适用与健康的环境。绿色建筑应优先考虑使用者的适度需求,努力

创造优美和谐的环境;保障使用安全,减少环境污染,提高室内环境质量;满足人们生理和心理的需求,同时为人们提高工作效率创造条件。保证使用者的健康是最基本的要求,节约不能以牺牲使用者的健康为代价。"适用"强调的是适度消费的概念,不提倡奢侈与浪费。高效使用资源需要增加绿色建筑的科技含量,比如采用智能的手段提高建筑的使用效率。

(4)加强资源节约与综合利用,减轻环境负荷。通过优良的设计和管理,优化生产工艺,采用合适的技术、材料和产品;合理利用和优化资源配置,改变消费方式,减少对资源的占有和消耗;因地制宜,最大限度利用本地材料与资源;最大限度地提高资源的利用效率,积极促进资源的综合循环利用;增强耐久性能及适应性,延长建筑的整体使用寿命;尽可能使用可再生、清洁的资源和能源。

5.1.3 绿色建筑评价

1.国内外评价现状

围绕推广和规范绿色建筑的目标,近年来许多国家发展了各自的绿色建筑标准和评价体系,如美国的 LEED(Leadership in Energy & Environmental Design)、英国的 BREEAM(Building Research Establishment Environmental Assessment Method)、澳大利亚的 ABGRS(Australia Building Greenhouse Rating Scheme)、加拿大的 GB Tools(Green Building Tools)、法国的 HQE(High Environmental Quality)、日本的 CASBEE(Comprehensive Assessment System for Building Environmental Efficiency)等。这些绿色建筑标准和评价体系架构科学,运作良好,成为各国建立新型绿色建筑评价体系的重要参考。

绿色建筑评价体系以资源节约为基本出发点,以能耗的综合利用为一个有机整体来考虑;同时,绿色建筑的顺利运营还涉及各相关专业的统一协调配合。

20 世纪 80 年代以来,绿色建筑在我国得到了大力发展,对绿色建筑评价的要求也应运而生。节能评价方面,在参考日本的 CASBEE 的基础上,我国也建立了相应的评价体系,以健康、舒适的居住环境,节约能源和资源,减少对自然环境的影响为目标,在具体评分时把评价条件分为 Q 和 L 两大类:Q(quality)指建筑环境质量和为使用者提供服务的水平;L(load)指能源、资源和环境负荷。绿色建筑即消耗最小的 L,而获得最大的 Q 的建筑。

如图 5.2 所示,当评价结果处于图中 a 区时,表示能源、资源和环境负荷较小,但建筑品质优良,是最佳的绿色建筑。b 区、c 区尚属于绿色建筑,但要么能源资源和环境负荷太大,要么建筑品质略低。d 区能源、资源和环境的负荷较大,但建筑品质并不高。e 区代表能源、资源和环境负荷较大,但建筑品质低劣,这是我们一定要设法避免的。

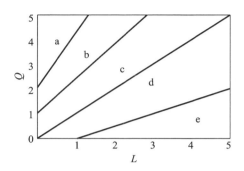

图 5.2 绿色建筑的评价 L-Q

2. 国内绿色建筑评价体系

2006 年,建设部正式颁布了《绿色建筑评价标准》(GB/T 50378—2006),并在 2014 年进行了改版,现行的为 2019 年修订后的版本。《绿色建筑评价标准》(GB/T 50378—2019)的评价对象为住宅建筑和公共建筑(包括办公建筑、商场、宾馆等)。对住宅建筑,原则上以住宅区为对象,也可以单栋住宅为对象进行评价;对公共建筑,则以单体建筑为对象进行评价。

绿色建筑评价指标由安全耐久、健康舒适、生活便利、资源节约、环境宜居 5类指标组成,且每类指标均包括控制项和评分项;另外还统一设置了加分项,见表 5.1。控制项的评定结果应为达标或不达标;评分项和加分项的评定结果应为分值。

表 5.1 绿色建筑评价分值(单位:分)

评价分值	控制项基础分值	评价指标评分项满分值					提高与创新加分项满分值
		安全耐久	健康舒适	生活便利	资源节约	环境宜居	
预评价分值	400	100	100	70	200	100	100
评价分值	400	100	100	100	200	100	100

绿色建筑评价应在建筑工程竣工后进行。在建筑工程施工图设计完成后,可进行预评价。绿色建筑划分为基本级、一星级、二星级、三星级 4 个等级。当满足全部控制项要求时,绿色建筑等级应为基本级。其他三个星级均应满足全

部控制项的要求,且每类指标的评分项不应小于其评分项满分值的 30%。当总得分分别达到 60 分、70 分、85 分且满足《绿色建筑评价标准》(GB/T 50378—2019)表 3.2.8 的相关要求时,绿色建筑等级分别为一星级、二星级、三星级。

5.2 不同气候区域绿色建筑设计特点

5.2.1 温和地区的绿色建筑

1. 温和地区的概述

温和地区立体气候特征明显,大部分地区冬温夏凉,干湿季分明;常年有雷暴、多雾,气温的年较差偏小,日较差偏大,太阳辐射强烈,部分地区冬季气温偏低。我国属于这一气候的有云南省大部分地区、四川省西昌市和贵州省部分地区。

2. 温和地区的建筑布局与自然采光

温和地区气候舒适、太阳辐射资源丰富,自然通风和阳光调节是最适合该地区的绿色建筑设计策略,能耗低、生态性强且与太阳能相结合是温和地区绿色建筑的最大特点。

(1)建筑朝向选择。

我国温和地区大部分处于低纬度高原地区,海拔偏高,日照时间相对较长,空气洁净度好,晴天的太阳紫外线辐射很强,因而选择的朝向应有利于自然采光和自然通风。当地的居住习惯和相关研究表明,南向建筑能获得较好的采光和日照条件。

(2)满足自然采光要求的建筑间距。

日照的基本目的是满足室内卫生的需要。日照标准是衡量日照效果的最低限度,只有满足了日照标准才能对建筑进行自然采光优化。例如,昆明地区采用的日照间距系数为 0.9~1.0,即日照间距 $D=0.9H\sim1.0H$,H 为建筑计算高度。

当建筑平面不规则、体型复杂、条式住宅超过 50 m、高层点式建筑布置过密时,日照间距系数一般难以作为标准,这时可利用建筑光环境模拟软件(如

Ecotect、Radiance 等)来进行模拟分析。这些软件可以对建筑的实际日照条件进行模拟,帮助建筑师们分析建筑的采光情况,从而确定更为合适的建筑间距。

(3)满足自然通风要求的建筑间距。

在温和地区最好的建筑间距应该是能让建筑在获得良好的自然采光的同时又有利于组织良好的自然通风。

3. 温和地区绿色建筑的阳光调节

阳光调节是一种非常适合温和地区气候特点的绿色节能设计方法。温和地区绿色建筑阳光调节主要是指夏季做好建筑的阳光遮蔽,冬季尽量争取阳光。

(1)夏季的阳光调节。

温和地区夏季虽然并不炎热,但是太阳辐射强,阳光中较高的紫外线含量对人体有一定的危害,因此夏季应避免阳光直接照射,方法就是设置遮阳设施。建筑中需要设置遮阳的部位主要是门、窗以及屋顶。

①窗与门的遮阳。

温和地区东南向、西南向的建筑接收太阳辐射较多,正东向的建筑上午受到的日照较强,正西向的建筑下午受到的日照比较强烈。所以,建筑中这四个朝向的窗和门需要采取遮阳措施。温和地区全年的太阳高度角都较大,建筑宜采用水平可调节式遮阳设施或者水平遮阳设施与百叶窗相结合的方式。以昆明为例,夏季(6 月、7 月、8 月)平均太阳高度角为 $64°58'$,冬季(12 月、1 月、2 月)为 $36°79'$,合理地选择水平遮阳设施尺寸后,夏季太阳高度角较大时,能够有效挡住从窗口上方投射下来的阳光;冬季太阳高度角较小时,阳光可以直接射入室内,不会被遮阳设施遮挡;如果采用水平遮阳设施加格栅的方式,不但使阳光调节能力更强(见图 5.3),而且有利于组织自然通风。

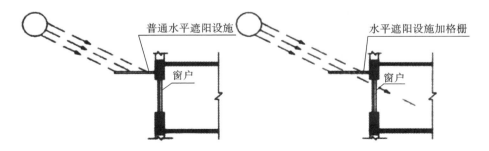

图5.3　两种遮阳方式的阳光调节能力对比图

②屋顶遮阳及屋顶绿化。

温和地区夏季太阳辐射强烈,建筑屋顶应采取遮阳或隔热措施。屋顶遮阳可通过绿化与屋顶遮阳构架相结合来实现,还可以在建筑的屋顶设置隔热层,然后在屋面上铺设太阳能集热板,将太阳能集热板作为一种特殊的遮阳设施,这样不仅挡住了阳光直射,还充分利用了太阳能资源。

(2)冬季的阳光调节。

温和地区冬季阳光调节的主要任务是让尽可能多的阳光进入室内,利用太阳辐射的热量提高室内温度。

①在主朝向上集中开窗。

以昆明为例,建筑选取正南、南偏东30°、南偏西30°三个方向集中开窗。研究表明,为了防止夏季过多的太阳辐射,可在西南方向和东南方向之间设置竖直墙面,并且在此朝向上的窗和门应设置加格栅的水平遮阳设施或可调式水平遮阳设施。

②注意门、窗保温。

外窗和外门处通常都是容易产生热桥和冷桥的地方。温和地区的建筑为防止冬季窗和门处产生热桥,造成室内热量的损失,需要在窗和门处采取一定的保温和隔热措施。

③设置附加阳光间。

温和地区冬季太阳辐射量充足,适宜进行被动式太阳能采暖,如设置"附加阳光间"。例如,昆明地区的住宅一般都会在向阳侧设置阳台或安装大面积的落地窗并附加遮阳设施调节阳光,这样在冬季能获得尽可能多的阳光,在夏季也能利用遮阳设施防止阳光直射入室内。

4. 温和地区绿色建筑的自然通风设计特点

在温和地区,自然通风与阳光调节一样,也是一种与该地区气候条件相适应的绿色建筑节能设计方法。

(1)温和地区的建筑布局与自然通风的协调。

①选择有利于自然通风的朝向。

温和地区在选择建筑朝向时,应以该地区的主导风向、风速等气象资料来指导建筑布局,并综合考虑自然采光的需求。当自然通风的朝向与自然采光的朝向相矛盾时,需要对优先满足谁进行综合权衡判断。如果某建筑有利于通风的朝向是西晒较严重的朝向,在温和地区仍然可以将此朝向作为建筑朝向,因为虽然夏季此朝向的太阳辐射强烈,但是室内温度并不高。

②居住建筑应选择有利于自然通风的建筑间距。

建筑间距对建筑群的自然通风有很大影响,要根据风向对室内风环境的影响来选择合理的建筑间距。在温和地区,应先满足日照间距,然后再满足通风间距,二者取较大值。需要注意的是,高层建筑不能单纯地按日照间距和通风间距来确定建筑间距,因为建筑间距为 $1.3H \sim 1.5H$(H 为建筑计算高度)时对于高层建筑来说较大,需要从建筑的其他方面入手解决这个问题,如利用建筑的各种平面布局和空间布局来实现高层建筑通风和日照的要求。

③有利于自然通风的平面布局和空间布局。

a. 错列式建筑平面布局。建筑的布局方式既影响建筑通风效果,还关系到节约土地的问题,节约用地是确定建筑间距的基本原则。当通风间距较大时,建筑间距也偏大。利用错列式建筑平面布局可以解决这一矛盾,这相当于加大了前、后建筑之间的距离,既保证了通风的要求,又节约了用地。在温和地区,从自然通风角度来看,建筑的平面布局以错列式平面布局为宜,如图 5.4 所示。

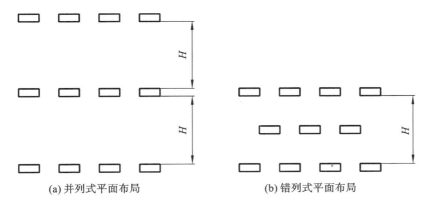

(a) 并列式平面布局　　　　　　　(b) 错列式平面布局

图 5.4　建筑的布局方式

(注:H 为建筑计算高度。)

b. 前低后高、高低错落的建筑空间布局。温和地区的建筑,合理利用建筑地形,以有规律的前低后高和高低错落的处理方式为自然通风创造条件。例如,在平地上的建筑应采取前低后高的排列方式,也可采用高低错落的建筑群排列方式;在向阳坡地上的建筑则可顺应地形排列(见图 5.5)。这些布置方式使建筑之间挡风少,不影响后面建筑的自然通风和视线,同时缩短了建筑间距,节约土地。

(2)温和地区的单体建筑设计与自然通风的协调。

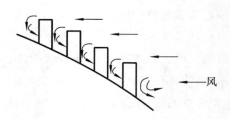

风

图 5.5　高低错落的空间布局

温和地区的单体建筑,除了应满足围护结构热工指标和采暖空调设备能效指标,还应考虑下列因素。

①住宅建筑应将老人卧室布置在南偏东和南偏西之间,夏天可减少室外热量积聚,冬天又可获得较多的阳光;儿童用房宜南向布置;起居室宜南或南偏西布置,其他卧室可朝北布置;厨房、卫生间及楼梯间等辅助房应朝北。

②房间的面积以满足使用要求为宜,不宜过大。

③门窗洞口的开启有利于组织穿堂风,避免"口袋屋"的平面布局。

④厨房和卫生间进出排风口的设置要考虑主导风向和对邻室的不利影响,避免产生强风倒灌现象和油烟等对周围环境造成污染。

⑤从照明节能角度考虑,单面采光房间的进深不宜超过 6 m。

(3)温和地区的太阳能与建筑一体化设计。

温和地区全年室外空气状态参数理想,太阳辐射强度大,为使用太阳能通风技术和太阳能热水系统提供了得天独厚的条件。

①太阳能集热构件与建筑的结合。

实现建筑与太阳能结合是将太阳能系统的各个部件融入建筑,使之成为建筑的一部分,使建筑成为太阳能一体化建筑。

太阳能与建筑的理想结合方式应该是将集热器与储热器分体放置,将集热器嵌入建筑结构,使其与建筑融为一体;将储热器置于相对隐蔽的室内阁楼、楼梯间或地下室内;同时,顾及系统的良好循环和工作效率等问题。未来太阳能集热器的尺寸、色彩除了与建筑外观协调,还应做到标准化、系列化,方便产品的大规模推广应用、更新及维修。

②太阳能通风技术与建筑的结合。

温和地区全年室外空气状态参数理想,太阳辐射强度大,为实现太阳能通风提供了良好的基础。在夏季,太阳能通风装置将室外凉爽的空气引入室内,可以降温和除湿;在冬季,中午和下午温度较高时,利用太阳能通风装置将室外温暖的空气引入室内,可以起到供暖的作用,同时,新鲜空气的输入改善了冬季为了保温而开窗少导致的室内空气质量差的问题。

　　在温和地区,建筑师应能将建筑的各种形式和构件作为太阳能集热构件,吸收太阳辐射热量,让室内空气在高度方向上产生不均匀的温度场形成热压,从而形成自然通风。

　　一般情况下,如果建筑属于高大空间且竖直方向有直接与屋顶相通的结构是很容易实现太阳能通风的,如建筑的中庭和飞机场候机厅。若在屋顶铺设有一定吸热特性的遮阳设施,那么遮阳设施吸热后将热量传给屋顶使建筑上部的空气受热上升,此时若在屋顶处开口,则受热的空气将从孔口处排出;同时在建筑的底部开口,将会有室外空气不断进入以补充被排走的室内空气,从而形成自然通风。在这里若将特殊的遮阳设施设置为太阳能集热板则可以更进一步地利用太阳能,将其作为太阳能热水系统或者太阳能光伏发电系统的集热设备。

5.2.2　夏热冬冷地区的绿色建筑

1. 夏热冬冷地区的概述

　　根据《民用建筑热工设计规范》(GB 50176—2016),夏热冬冷地区大致为陇海线以南,南岭以北,四川盆地以东,大体上是长江中下游地区。这是中国人口最密集、经济发展速度较快的地区。

　　该地区最热月平均气温为 25～30 ℃,平均相对湿度为 80 ％,夏季最高温度在 40 ℃以上,最低气温也超过 28 ℃,昼夜温差小,白天日照强、风速大,热风横行,空气湿度大,气压低,相对湿度持续保持在 80％以上,使人感到闷湿难受,室内细菌易迅速繁殖。

　　该地区最冷月平均气温为 0～10 ℃,平均相对湿度为 80 ％,冬季气温比北方高,但日照率远远低于北方(北方冬季日照率大多超过 60％)。该地区的冬季日照率由东到西急剧减小。该地区冬、夏两季都很潮湿,相对湿度都为 80 ％,但造成冬、夏两季潮湿的基本原因是不一样的:夏季潮湿的原因是空气中水蒸气含量太高;冬季潮湿的原因是空气温度低,日照严重不足。

　　随着经济迅速发展,提高室内热舒适度已经成为人们的普遍追求,夏季用空调、冬季用电暖器等设备已经变成该地区的一般做法,建筑能耗也随之提高。因此,对该地区的建筑节能进行研究是极其有必要的。

159

夏热冬冷地区冬季和夏季部分时间段内,室内舒适度能够基本满足人们的生活要求。夏热冬冷地区的建筑形成了朝阳-遮阳、通风-避风的特点,该地区居民的传统生活习惯是夏季与过渡季节开窗进行自然通风,冬季主要采用太阳能被动采暖。在过渡季节和夏季非极端气温时,这样的生活习惯可以保证一定的室内热舒适性和室内空气质量。同时,由于功能不同,办公建筑、教育文化及体育建筑、商业建筑、居住建筑等对室内热环境的要求也不同,对主动式改善室内热环境设备的运行、管理需求差异也很大。

2. 夏热冬冷地区的绿色建筑设计

1)夏热冬冷地区绿色建筑的规划设计

(1)建筑选址及规划总平面布置。

绿色建筑的选址、规划、设计和建设应充分考虑建筑所处的地理气候环境,保护自然资源,有效避免地质和气象灾害的影响,同时建设具有本地区文化特色的绿色建筑。建筑所处位置的地形地貌将直接影响建筑的日照和通风,从而影响室内外热环境和建筑能耗。

建筑宜选择良好的地形和环境,如向阳的平地和山坡上,并尽量减少冬季冷气流的影响。夏热冬冷地区的传统民居常常依山傍水而建,利用山体阻挡冬季的北风,利用水面冷却夏季南向季风,在建筑选址时满足日照、采暖、通风、给水、排水的需求。建筑的位置、分布、外形、高度以及道路的走向对风向、风速、日照有明显影响,考虑建筑总平面布置时,应尽量将建筑体量、角度、间距、道路走向等因素合理组合,以期充分利用自然通风和日照。

(2)建筑朝向。

建筑总平面设计及建筑朝向、方位应考虑多方面的因素。朝向选择的原则是冬季能获得足够的日照并避开主导风向,夏季能利用自然通风和遮阳设施来防止太阳辐射。建筑最佳朝向一般取决于日照和通风两个因素。建筑的主朝向宜选择本地区最佳朝向或接近最佳朝向,尽量避免东西向日晒。就日照而言,南北朝向是最有利的建筑朝向。从建筑单体夏季自然通风的角度来看,建筑的长边最好与夏季主导风向垂直,但这会影响后排建筑的夏季通风。所以,建筑朝向与夏季主导季风方向夹角一般控制在30°~60°。

我国夏热冬冷地区主要城市的建筑朝向选择见表5.2。

表 5.2　我国夏热冬冷地区主要城市的建筑朝向选择

地区	最佳朝向	适宜朝向	不宜朝向
上海	南—南偏东 15°	南偏东 30°—南偏西 15°	北、西北
南京	南—南偏东 15°	南偏东 25°—南偏西 10°	西、北
杭州	南—南偏东 10°～15°	南偏东 30°—南偏西 5°	西、北
合肥	南—南偏东 5°～15°	南偏东 15°—南偏西 5°	西
武汉	南偏东 10°—南偏西 10°	南偏东 20°—南偏西 15°	西、西北
长沙	南—南偏东 10°	南偏东 15°—南偏西 10°	西、西北
南昌	南—南偏东 15°	南偏东 25°—南偏西 10°	西、西北
重庆	南偏东 10°—南偏西 10°	南偏东 30°—南偏西 20°	西、东
成都	南偏东 20°—南偏西 30°	南偏东 40°—南偏西 45°	西、东北

（3）建筑日照。

在进行总平面设计时，要合理布置建筑的位置和朝向，使其达到日照和建筑间距的最优组合。主要方法如下。

①建筑群采取交叉错排行列式，利用斜向日照和山墙空间日照等。

②建筑群竖向布局，前排建筑采用斜屋面或把较低的建筑布置在较高建筑的阳面，从而缩小建筑间距。

③建筑单体可采用退层处理、合理降低层高等方法。

④不封闭阳台和大落地窗的设计，应根据窗台的不同标高来模拟分析建筑外墙各个部位的日照情况，求出无法直接受到日照的地点和时间，分析是否会影响室内采光。

⑤复杂方案应采用计算机进行日照模拟计算。

当建设区总平面布置不规则、建筑体型和立面复杂、条式住宅长度超过50 m、高层点式住宅布置过密时，建筑日照间距系数难以作为标准，必须用计算机进行严格的模拟计算。在容积率确定的情况下，利用计算机对建筑群和单体建筑进行日照模拟分析，可以对不满足日照要求的区域提出改进建议，提出控制建筑的采光照度和日照时间的方案。

（4）合理利用地下空间。

合理设计建筑的地下空间是节约建设用地的有效措施。在规划设计和后期的建筑单体设计中，应结合地形地貌、地下水位高度等因素，合理规划并设计地下空间，如设计为车库、设备用房、仓储用房等。

（5）建筑配套设施及绿化环境设计。

①建筑配套设施。建筑配套设施规划建设时，在建设地区详细规划的条件下，应根据建设区域周边配套设施的现状和需求，统一配建学校、商店、诊所等公用设施。配套公共服务设施相关项目建设应集中设置并强调公用，既可节约土地，也可避免重复建设，提高使用率。

②绿化环境设计。绿化起着调节气温、调节碳氧平衡、缓解城市温室和热岛效应、减轻大气污染、降低噪声、净化空气和水质、遮阳隔热的重要作用，是改善小区微气候、改善室内热环境、降低建筑能耗的有效措施。绿化环境设计必须考虑植物物种多样性，植物配置必须从空间上建立复层分布，形成乔、灌、花、草、藤合理利用光合作用的空间层次，有利于提高植物群落的光合作用能力和生态效益。

（6）水环境设计。

绿色建筑的水环境设计包括给排水、景观用水、其他用水和节水 4 个部分。提高水环境的质量是有效利用水资源的技术保证。强调绿色建筑生态小区水环境的安全、卫生、有效供水、污水处理与回收利用的目的是节约用水，提高水循环利用率。夏热冬冷地区降雨充沛的区域在进行区域水景规划时，可以结合绿地设计和雨水回收利用设计，设置喷泉、水池、水面和露天游泳池，有利于夏季降低室外环境温度，调节空气湿度，形成良好的局部小气候环境。

（7）雨水收集与利用。

绿色建筑小区雨水资源化综合利用是提高非传统水资源利用率的重要措施。城市屋面雨水污染及利用、城市小区雨水渗透、雨水利用与城市环境等方面的研究日益深入。绿色建筑小区的雨水主要可分为路面雨水、屋面雨水、绿地及透水性铺地等其他雨水。雨水资源化综合利用系统主要包括雨水分散处理与收集系统、雨水集中收集与处理系统以及雨水渗透系统。

利用屋面和透水地面回收的雨水经处理后，可用于冲厕、冲洗汽车、浇灌庭院绿化等。透水地面透水能力强，可缓解热岛效应，调节微气候，补充地下水量，以及减少雨水的尖峰径流量，改善排水状况。

透水地面包括自然裸露地面、公共绿地、绿化地面和镂空面积大于或等于40％的镂空铺地（如植草砖铺地）。具体选用原则如下。

①透水地砖适用于人行道、自行车道等受压强度不大的地面。

②自行车和汽车停车场可选用有孔的植草土砖。

③在不适合直接采用透水地面的地方（如硬质路面等处）可采取以下措施：a. 可利用雨水回收利用系统，将雨水回收后进行回渗；b. 采用透水混凝土路面。

透水混凝土又称排水混凝土、生态透水混凝土、透水地坪,是由小石子、水泥、水、外加剂等经一定比例调配拌制而成的一种多孔轻质的新型环保地面铺装材料。透水混凝土技术是一项新型节能环保技术,适用于不同的地域及气候环境,既可以解决雨水收集问题和噪声污染问题,又能够使资源再生利用,值得大力推广应用。

(8)改善区域风环境。

建筑室外风环境和室内自然通风是建筑设计过程中考虑的重要因素之一。建筑布局从宏观上影响建筑室外风环境,关系到建筑室外人员活动区域的舒适性,也影响建筑单体前后的压力分布。建筑体型在周边建筑环境确定的情况下对建筑室内外风环境具有重要影响。建筑构件是在建筑布局和建筑体型确定后对室内外风环境的微观细部进行调节的重要因素。设计过程中需要将室外环境与建筑布局相结合来形成舒适的室内外环境。

夏热冬冷地区加强夏季自然通风、改善区域风环境的方法如下。

①总平面布局。

a.阶梯式布置方式。阶梯式布置即将不同高度的建筑自南向北依高度呈阶梯式布置,较低的建筑布置在东南侧(或夏季主导风向的迎风面)。阶梯式布置不仅可在夏季加强南向季风的自然通风,而且在冬季可以遮蔽寒冷的北风。后排(北侧)建筑高于前排(南侧)建筑较多时,后排建筑迎风面可以使部分空气流下行,改善低层部分的自然通风情况。

b.行列式布局方式[见图5.6(a)]。建筑群平面布局最常见的是横平竖直的行列式布局,虽然整齐划一,但室外空气流主要沿着楼间山墙和道路运动,山墙间和道路上的通风得到加强,但建筑室内的自然通风效果被削弱。

c.错列式布局方式[见图5.6(b)]。错列式布局方式会使道路和山墙间的空气流通不畅,下风方向的建筑直接面对空气流,其通风效果自然更好一些。此外,错列式布局可以使部分建筑利用山墙间的空间,在冬季得到更多日照。

(a) 行列式　　　　　　　　　(b) 错列式

图 5.6　建筑群的平面布局方式示意

d.选择合适的建筑外形。建筑外形影响建筑通风,因此,小区的南面临街建

筑不宜采用过长的条式多层建筑(特别是条式高层建筑);东、西面临街建筑宜采用点式或条式低层建筑(作为商业网点等非居住用途),不宜采用条式多层或高层建筑。总之,总平面布置不应封闭夏季主导风向的入风口。

e.适当调整建筑间距。建筑间距越大,自然通风效果就越好。建筑组团设计时,在条件许可的情况下,可结合绿地进行设计,适当加大部分建筑间距,形成组团绿地,可以较好地增强绿地下风侧建筑通风效果。建筑间距越大,接受日照的时间也越长。

②尽量利用穿堂风。

a.采用穿堂风时,宜满足以下要求。第一,使进风窗迎向主导风向,排风窗背向主导风向。第二,采用建筑造型设计或窗口设计等措施加强自然通风,增大进/排风窗空气动力系数的差值。第三,由两个和两个以上房间共同形成穿堂风时,房间的气流流通面积宜大于进/排风窗面积。第四,由一套住房共同形成穿堂风时,卧室、起居室应为进风房间,厨房、卫生间应为排风房间。厨房、卫生间窗口的空气动力系数应小于其他房间窗口的空气动力系数。第五,利用穿堂风进行自然通风的建筑,其迎风面与夏季主导风向宜成 60°～90°夹角,且不应小于 45°。

b.无法采用穿堂风(即单侧通风)时,宜满足以下要求。第一,通风窗与主导风向的夹角宜为 40°～65°。第二,窗户设计应确保进风气流深入房间;应通过窗口及窗户设计,在同一窗口上形成面积相近的下部进风区和上部排风区,并宜通过增加窗口高度来增大进/排风区的空气动力系数差值。第三,窗口设计应防止其他房间的排气气流进入本房间;宜利用室外风驱散房间排气气流。

③风环境的模拟和优化。

在室外风环境评价方面,一般情况下,建筑周围人行区距地 1.5 m 高度处风速要求小于 5 m/s,以满足不影响人们正常室外活动的基本要求。可利用计算机对风环境进行数值模拟,其计算结果可以以形象、直观的方式展示,通过定性的流场图和动画了解小区内气流流动情况;也可通过定量分析对不同建筑布局方案进行比较,两种方式结合使用以优化区域内室外风环境和室内自然通风情况。

(9)绿色能源的利用与优化。

建设资源节约型的高舒适性、低能耗住宅,鼓励太阳能、地热能、生物质能等清洁、可再生能源在小区建设中的应用。较为成熟的绿色能源利用技术有:太阳能光热与光电技术、地源热泵中央空调技术、风力发电技术等。

①太阳能利用。太阳能是夏热冬冷地区建筑已经广泛利用的可再生能源，利用方式有被动式和主动式。

a. 被动式利用太阳能是指直接利用太阳辐射的能量使室内冬季最低温度升高，夏季则利用太阳辐射形成的热压进行自然通风。被动式利用太阳能最便捷的方式就是冬季使阳光透过窗户照入室内并在室内设置一定的贮热体，调整室内的温度。建筑设计时也可封闭南向阳台和在顶部的露台设置日光间，放置贮热体及保温板系统。被动式利用太阳能建筑因为被动系统本身不消耗能源，设计相对简单，是小区建筑利用太阳能的主要方式。它不需要依靠任何机械手段，而是通过建筑围护结构完成吸热、蓄热和放热过程，实现太阳能利用。

b. 主动式利用太阳能是指通过一定的装置将太阳能转化为人们日常生活所需的热能和电能。建筑设计时应采用太阳能与建筑的一体化设计，将太阳能系统作为建筑不可或缺的设计元素和建筑构件加以考虑，巧妙地将其融入建筑。

②其他可再生能源的利用。绿色建筑应合理利用地热能、风能、生物质能等绿色新能源。如采用户式中央空调的高档住宅，宜采用地源热泵系统。

2）夏热冬冷地区绿色建筑的单体设计

（1）建筑平面设计。

建筑平面设计应合理，应在满足传统生活习惯需要的基本功能的同时，积极组织夏季穿堂风，冬季被动式利用太阳能采暖以及自然采光。以居住建筑的户型规划设计为例，其注意要点如下。

①户型平面布局应实用、紧凑，采光、通风良好，空间利用充分、合理。

②主要使用房间在夏季应有流畅的穿堂风。进风房间一般为卧室、起居室，排风房间为厨房和卫生间，以满足不同空间的空气品质要求。

③住宅阳台能起到夏季遮阳和引导通风的作用。西面、南面的阳台如果封闭起来，可以形成室内外热交换的过渡空间，而将电梯、楼梯、管道井、设备房和辅助用房等布置在建筑的南侧或西侧，则可以有效阻挡夏季太阳辐射，与之相连的房间不仅可以减少冷消耗，同时可以减少大量的热量损失。

④计算机模拟技术对日照和区域风环境辅助设计、分析后，可以继续对具体的建筑、建筑的某个特定房间进行日照采光、自然通风的模拟分析，从而改进建筑平面及户型设计。

（2）体形系数控制。

体形系数是建筑接触室外大气的外表面积与其所包围的体积的比值。空间布局紧凑的建筑体形系数小；体形复杂、空间布局分散、凹面过多的"点式低、多

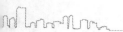

层住宅"及"塔式高层住宅"等外表面积和体形系数大。对于相同体积的建筑来说,其体形系数越大,说明单位建筑空间的热散失面积越大。因此,出于节能的考虑,应尽量减少立面不必要的凹凸变化。

一般控制体形系数的方法有:①加大建筑体量,增加长度与进深;②体形尽量工整,尽可能减少变化;③设置合理的层数和层高;④尽可能少用单独的点式建筑,尽量减少外墙面面积。

(3)日照与采光设计。

①日照应符合设计规范要求。不同类型的建筑,如住宅、医院、中小学校、幼儿园等设计规范都对日照有明确的规定,设计时应根据不同气候区的特点执行相应的规范。规划绿色建筑与设计单体建筑时,应满足现行国家标准《城市居住区规划设计标准》(GB 50180—2018)对日照的要求。

②日照间距及日照分析。控制建筑间距是为了保证建筑的日照时间,按计算,夏热冬冷地区建筑的最佳日照间距 L 是邻近南向建筑高度 H 的1.2倍,即 $L=1.2H$。应使用日照模拟软件模拟分析采光质量,包括亮度和采光的均匀度,并结合建筑设计进行优化调整。模拟分析采光质量既可以优化采光均匀度,又可以结合灯具的开启时间和使用习惯,以及照明的智能控制策略,实现整体节能。

③充分利用自然光。建筑应充分利用自然光,房间的有效采光面积和采光系数除应符合国家现行标准《民用建筑设计统一标准》(GB 50352—2019)和《建筑采光设计标准》(GB 50033—2013)的要求外,还应符合下列要求:a. 居住建筑的公共空间宜自然采光,其采光系数不宜低于0.5%;b. 办公、宾馆类建筑75%以上的主要功能空间室内采光系数不宜低于现行国家标准《建筑采光设计标准》(GB 50033—2013)的要求;c. 地下空间宜自然采光,其采光系数不宜低于0.5%;d. 利用自然采光时应避免产生眩光;e. 设置遮阳设施时应满足日照和采光标准的要求。

(4)围护结构节能设计。

建筑围护结构主要由外墙、屋面、外门窗、楼板、分户墙、楼梯间隔墙构成。建筑外围护结构与室外空气直接接触,如果其具有良好的保温隔热性能,便可减少室内、室外热量交换,从而减少所需要提供的采暖和制冷能量。

①建筑外墙节能设计。夏热冬冷地区面对冬季主导风向的外墙,表面冷空气流速大,单位面积散热量高于其他三个方向的外墙。因此,应采用合适的外墙保温构造或选用传热系数小且蓄热能力强的墙体材料,加强其保温隔热性能,提

高传热阻力。常用的建筑外墙保温构造为"外墙外保温"。外保温与内保温相比,保温隔热效果更好,也有利于保护主体结构。"自保温"能使围护结构的围护和保温功能合二为一,而且基本能与建筑同寿命。随着很多高性能的、本地化的新型墙体材料的出现,外墙采用自保温的设计越来越多。

②屋面节能设计。冬季在围护结构热量总损失中,屋面散热占有相当大的比例;夏季来自太阳的强烈辐射又会造成顶层房间过热,使制冷能耗加大。夏热冬冷地区,夏季防热是主要任务,对屋面隔热要求较高。提高屋面保温隔热性能,可综合采取以下措施:a.选用导热系数、热惰性指标满足相关标准要求的保温材料;b.采用架空保温屋面或倒置式屋面等;c.采用绿化屋面、蓄水屋面、浅色坡屋面等;d.采用通风屋顶、阁楼屋顶和吊顶屋顶。

③外门窗、玻璃幕墙节能设计。

外门窗、玻璃幕墙是外围护结构与外界热交换、热传导的关键部位。冬季,外门窗、玻璃幕墙的保温性能和气密性能对采暖能耗有重大影响;夏季,大量的热辐射直接进入室内,大大提高了制冷能耗。外门窗、玻璃幕墙的节能设计方法如下。

a.选择热工性能和气密性能良好的窗户。热工性能良好的型材的种类有隔热断桥铝型材、PVC(polyvinyl chloride,聚氯乙烯)塑料、铝木复合型材等;玻璃的种类有 Low-E(low emissivity,低辐射)玻璃、中空玻璃、真空玻璃等。其中,Low-E、中空玻璃可能会影响冬季日照采暖。一般而言,平开窗的气密性能优于推拉窗。

b.合理控制窗墙面积比,尽量少用飘窗。北墙的窗墙面积比应在满足采光和自然通风要求时适当减少,以降低冬季热损失;南墙的窗墙面积比在选择合适的玻璃层数及减少热耗的前提下,可适当增加,有利于冬季日照采暖。不能随意开设落地窗、飘窗、多角窗、低窗台等。

c.合理设置建筑遮阳设施。建筑遮阳设施可以降低太阳辐射、削弱眩光,提高室内视觉舒适性和热舒适性,降低制冷能耗。因此,夏热冬冷地区的南、东、西窗都应该进行遮阳设计。

5.2.3　夏热冬暖地区的绿色建筑

1.夏热冬暖地区的气候特征和建筑基本要求

夏热冬暖地区地处我国南岭以南,即海南、台湾全境,福建南部,广东、广西

大部以及云南西南部和元江河谷地区。夏热冬暖地区与建筑气候区划图中的Ⅳ区完全一致。夏热冬暖地区大多是热带和亚热带季风海洋性气候,长夏无冬,温度、湿度高。本节以夏热冬暖地区南区为例,夏热冬暖地区气候特征值见表5.3。

表5.3　夏热冬暖地区气候特征值

气候区		ⅣA 区	ⅣB 区
气温/℃	最冷月	10～21	11～17
	最热月	26～29	25～29
	年较差	7～19	10～17
	日较差	5～9	8～12
	极端最低	−2～3	−7～3
	极端最高	35～40	38～42
日平均气温不小于 25 ℃的时间/天		100～200	
相对湿度/(%)	最冷月	70～87	65～85
	最热月	77～84	72～82
年降水量/mm		1200～2450	800～1540
年太阳总辐射照度/(W/m²)		130～170	
年日照时间/h		1700～2500	1400～2000
年日照百分率/(%)		40～60	30～52
风速/(m/s)	冬季	1～7	0.4～3.5
	夏季	1～6	0.6～2.2
	全年	1～6	0.5～2.8

夏热冬暖地区建筑的基本要求如下。①建筑必须充分满足夏季防热、通风、防雨要求,冬季可不考虑防寒、保温。②总体规划、单体设计和构造处理宜开敞通透,充分利用自然通风;建筑应避免西晒,宜设置遮阳设施;应注意防暴雨、防洪、防潮、防雷击;夏季施工应有防高温和暴雨的措施。③ⅣA 区建筑尚应注意热带风暴、台风、暴雨袭击及盐雾侵蚀。④ⅣB 区内云南的元江河谷地区建筑应注意屋面及墙身抗裂。

2. 夏热冬暖地区绿色建筑的设计理念

绿色建筑的设计理念是被动技术与主动技术相结合。夏热冬暖地区应关注高温高湿的气候特点对各类建筑的影响,在建筑的平面布局、空间形体、围护结构等各个设计环节中,采用恰当的建筑节能技术措施,提高建筑的能源利用率,降低建筑能耗。应提倡因地制宜地降低建筑能耗,而不是简单、机械地叠加各种绿色技术和设备。

(1)尽量以自然的方式满足人们的舒适性要求。

人们对建筑的舒适性的基本需求应与气候、地域和人体舒适感相结合,出发点定位为以自然的方式而不是机械的方式满足人们的舒适性要求。事实上,人们具有随温度的冷暖而变化的生物属性,即具备对自然环境的适应性。空调设计依据的舒适标准过于敏感,恒定的温湿度并不是人们最舒适的感受。人们能接受的舒适温湿度处在一个区间中,完全依赖机械形成的"恒温恒湿"环境不仅不利于节能,而且也不利于满足人的舒适性要求。

(2)加强遮阳与通风设计。

夏热冬暖地区属于湿热气候,因此应尽量加强建筑的遮阳与通风设计。遮阳与通风设计在夏热冬暖地区的传统建筑中得到了大量运用。外遮阳装置是最有效的节能措施,适当的通风则是带走湿气的重要手段。对于当代的绿色建筑设计而言,这两种方法都值得重新借鉴与提升。

①居住建筑外窗的综合遮阳系数。

综合遮阳系数是衡量窗本身和窗口的建筑外遮阳装置综合遮阳效果的系数,其为窗本身的遮阳系数与窗口的建筑外遮阳系数的乘积。夏热冬暖地区居住建筑规定了不同窗墙面积比下的外窗的综合遮阳系数限值,见表 5.4。

表 5.4　夏热冬暖地区(南区)居住建筑外窗的综合遮阳系数限值

外墙外表面的太阳辐射吸收系数小于等于 0.8	$C_{MW} \leqslant 0.25$	$0.25 < C_{MW}$ $\leqslant 0.3$	$0.3 < C_{MW}$ $\leqslant 0.35$	$0.35 < C_{MW}$ $\leqslant 0.4$	$0.4 < C_{MW}$ $\leqslant 0.45$
$K \leqslant 2.5, D \geqslant 3.0$	$\leqslant 0.5$	$\leqslant 0.4$	$\leqslant 0.3$	$\leqslant 0.2$	—
$K \leqslant 2.0, D \geqslant 2.8$	$\leqslant 0.6$	$\leqslant 0.5$	$\leqslant 0.4$	$\leqslant 0.3$	$\leqslant 0.3$
$K \leqslant 1.5, D \geqslant 2.5$	$\leqslant 0.8$	$\leqslant 0.7$	$\leqslant 0.6$	$\leqslant 0.5$	$\leqslant 0.4$
$K < 1.0, D \geqslant 2.5$ 或 $K \leqslant 0.7$	$\leqslant 0.9$	$\leqslant 0.8$	$\leqslant 0.7$	$\leqslant 0.6$	$\leqslant 0.5$

注:K 为外墙传热系数,单位为 $W/(m^2 \cdot K)$;D 为热惰性指标;C_{MW} 为平均窗墙面积比。

②建筑通风设计。

夏热冬暖地区的湿热气候要求建筑单体和建筑群都要注意通风设计,通过门窗洞口的综合设计、建筑体型的控制和建筑群的组合,可以形成良好的通风效果。

建筑遮阳设计与自然通风相结合。建筑遮阳构件与窗户的采光和通风之间存在着一定的矛盾。遮阳板不仅会遮挡阳光,还可能导致建筑周围的局部风压出现较大变化,更可能影响建筑内部形成良好的自然通风效果。如果根据当地的夏季主导风向来设计遮阳板,使遮阳板兼作引风装置,就能增加建筑进风口风压,有效调节通风量,从而达到遮阳和自然通风的目的。

(3)重视空调设计。

高温高湿的气候特征使得夏热冬暖地区成为极为需要空调的区域,这意味着,这个地区的空调节能潜力巨大。实现空调节能,一方面要提高空调系统自身的使用效率;另一方面,合理的建筑体型与优化的外围护结构也是减少能耗的关键因素。

3. 夏热冬暖地区绿色建筑设计的技术策略

(1)被动技术策略。

①建筑选址及空间布局。

被动技术策略首先关注的是建筑选址及空间布局。建筑总体布局时应注意营造良好的室外热环境。

a.夏季通风和冬季防风。冬、夏两季主导风向不同,在规划设计时,建筑的选址及空间布局应在通风和防风之间取得平衡。不同地区的建筑最佳朝向不完全一致。

b.计算机辅助模拟设计。在传统的建筑规划设计中,外部环境设计主要从规划的硬性指标要求、建筑的功能空间需求以及景观绿化的布置等方面考虑,所以难以保证获得良好的室外热环境。计算机辅助的绿色建筑设计,可以在建筑规划阶段借助相应的模拟软件实时有效地指导设计,有效地解决这个问题。

②建筑外围护结构的优化。

建筑的围护结构是气候环境的过滤装置。在夏热冬暖地区的湿热气候下,建筑立面通过适当的开口获取自然通风,并结合合理的遮阳设计躲避强烈的日照,同时能有效防止雨水进入室内。这种建筑的外围护结构更像是一层可以呼吸、自我调节的生物表皮。但是,夏热冬暖地区的建筑窗墙面积比也非越大越好,大面积的开窗会使得更多的太阳辐射进入室内,造成热环境的不舒适。马来西亚著名生态建筑师杨经文根据自己的研究提出建筑的开窗面积不宜超过 50%。

③不同朝向及部位的遮阳措施。

在夏热冬暖地区,墙面、窗户与屋顶是建筑吸收热量的关键部位。

a.屋顶绿化及屋面遮阳。夏热冬暖地区雨量充沛,为在屋顶采用绿化遮阳提供了良好的天然条件。对屋面进行遮阳处理,不仅能够减少太阳辐射热量,而且能够减少屋面温度过高对室内热环境造成的不利影响。目前采用的种植屋面既能够遮阳隔热,还可以通过光合作用消耗或转化部分能量。

b.建筑围护结构遮阳。建筑各部分围护结构均可以通过构造手段,达到阻断部分直射阳光、防止阳光过分照射的目的。这既可以防止建筑围护结构和室内升温,也可以防止直射阳光造成的强烈眩光。运用遮阳板等材料做成与日照光线成某一有利角度的遮阳构件,纵横交错、形式多样的遮阳构件形成变化强烈的光影效果,使建筑呈现出相应的美学效果,气候特征赋予了夏热冬暖地区的建筑以独特的风格。

c.有效组织自然通风。在总体建筑群规划和单体建筑设计中,应根据功能要求和湿热的气候情况,改善建筑外环境,包括冬季防风、夏季及过渡季节促进自然通风以及夏季对室外热岛效应的控制。

d.采用立体绿化。绿化是夏热冬暖地区一种重要的设计元素,在各类建筑的立面、屋顶、地下和上部空间进行多层次、多功能的绿化,可以拓展城市绿化空间、美化城市景观,改善局部气候和生态服务功能。例如,杨经文坚持在高层建筑中引入绿化系统,在梅纳拉大厦空中庭院的一侧护坡种植植物,植物沿着高层建筑的外表面螺旋上升,形成了连续的立体绿化空间。

(2)主动技术策略。

①积极应用可再生能源。

夏热冬暖地区也应积极应用可再生能源,如水能、风能、太阳能、生物质能和海洋能等,如采用太阳能光伏发电系统、探索太阳能一体化建筑、在建筑中应用地热能与风能。我们应综合测算并因地制宜地使用这些可再生能源。

②有效降低空调能耗。

有效降低空调能耗的措施如下。

a.通过合理的节能设计,采取提升建筑围护结构隔热性能和提高空调、采暖设备能效比的节能措施。

b. 提升建筑围护结构(如外墙、屋顶和门窗)的保温隔热性能。

c. 在经济性、可行性允许的前提下采用新型节能材料。

d. 重视门窗的节能设计。

③综合水系统管理。

采取多种生态手段进行雨水管理,缓解城市热岛效应,减轻暴雨对市政排水管网的压力。结合景观湖进行雨水收集,所收集的雨水可用于人工湖补水。道路、停车场采用植草砖形成可渗透地面;步行道和单车道考虑采用透水材料铺设;针对不同性质的区域采取不同的雨水收集方式。雨水经处理达标后用于冲厕、灌溉绿化和喷洒道路等。应结合卫生、维护管理和使用寿命的要求选择节水器具。例如,感应节水龙头比一般的手动水龙头节水30%。

5.2.4 寒冷地区的绿色建筑

1. 寒冷地区的气候特征

寒冷地区位于我国长城以南,秦岭、淮河以北,新疆南部,青藏高原南部。

寒冷地区主要包括天津、山东、宁夏全境,北京、河北、山西、陕西大部,辽宁南部,甘肃中东部,河南、安徽、江苏北部,以及新疆南部、青藏高原南部、西藏东南部、青海南部、四川西部的部分地区。

寒冷地区冬季漫长而寒冷;夏季短暂而温暖,气温年较差特别大,以夏雨为主,因蒸发微弱,相对湿度很高。

寒冷地区气候特征值见表5.5。

表5.5 寒冷地区气候特征值

气候区		Ⅱ区	ⅦC区	ⅦD区
气温/℃	最冷月	−10～0	−10～0	−10～−5
	最热月	18～28	11～20	24～33
	年较差	26～34	14～20	31～42
	日较差	7～15	9～17	12～16
	极端最低	−35～−13	−30～−12	−32～−21
	极端最高	34～43	24～37	40～47
日平均气温不大于5℃的时间/天		90～145	116～207	112～130
日平均气温不小于25℃的时间/天		0～80	0	120

续表

气候区		Ⅱ区	ⅥC区	ⅦD区
相对湿度/（%）	最冷月	40～70	20～60	50～70
	最热月	50～90	50～80	30～60
	年平均	50～70	30～70	35～70
年降水量/mm		300～1000	290～880	20～140
年太阳总辐射照度/（W/m²）		150～190	180～260	170～230
年日照时间/h		2000～2800	1600～3000	2500～3500
年日照百分率/（%）		40～60	40～80	60～80
风速/（m/s）	冬季	1～5	1～3	1～4
	夏季	1～5	1～3	2～4
	全年	1～6	1～3	2～4

2. 寒冷地区绿色建筑的设计要点

从气候类型和建筑基本要求方面来看，寒冷地区与严寒地区的绿色建筑在设计要求和设计手法方面基本相同，一般情况下，寒冷地区可以直接套用严寒地区绿色建筑的设计手法。除满足传统建筑的一般要求，以及《绿色建筑技术导则》和《绿色建筑评价标准》（GB/T 50378—2019）的要求外，寒冷地区的绿色建筑还应考虑以下几个方面。

（1）寒冷地区建筑节能设计的内容与要求。

寒冷地区绿色建筑在节能设计方面应考虑的问题见表5.6。

表 5.6　寒冷地区绿色建筑在节能设计方面应考虑的问题

气候区	Ⅱ区	ⅥC区	ⅦD区
规划设计及平面布局	总体规划、单体设计应满足冬季日照及防御寒风的要求，主要房间宜避免西晒	总体规划、单体设计应注意防寒风与风沙	总体规划、单体设计应以防寒风、防风沙，争取冬季日照为主
体形系数要求	应减小体形系数	应减小体形系数	应减小体形系数
建筑冬季保温要求	应满足防寒、保温、防冻等要求	应充分满足防寒、保温、防冻要求	应充分满足防寒、保温、防冻要求

续表

气候区	Ⅱ区	ⅦC区	ⅦD区
建筑夏季防热要求	部分地区应兼顾防热，ⅡA区应考虑夏季防热，ⅡB区可不考虑夏季防热	无	应兼顾夏季防热要求，特别是吐鲁番盆地应注意隔热降温，外围护结构宜厚重
构造设计的热桥影响	应考虑	应考虑	应考虑
构造设计的防潮、防雨要求	注意防潮、防暴雨，沿海地区应注意防盐雾侵蚀	无	无
建筑的密闭性要求	加强冬季密闭性且兼顾夏季通风	加强冬季密闭性	加强冬季密闭性
太阳能利用	应考虑	应考虑	应考虑
气候因素对结构设计的影响	结构上应考虑气温年较差大以及大风的不利影响	结构上应注意大风的不利影响	结构上应考虑气温年较差大和日较差大以及大风等的不利影响
冻土影响	无	地基及地下管道应考虑冻土的影响	无
建筑防雷措施	宜有防冰雹和防雷措施	无	无
施工时的注意事项	应考虑冬季寒冷期较长和夏季多暴雨的特点	应注意冬季严寒的特点	应注意冬季低温、干燥、多风沙以及温差大的特点

（2）寒冷地区绿色建筑的总体布局。

在设计寒冷地区的绿色建筑时，应综合考虑场地内外建筑日照、自然通风、噪声等，处理好节能、省地、节材等问题。建筑体形设计应充分利用场地的自然条件，综合考虑建筑的朝向、间距、开窗位置和比例等因素，使建筑获得良好的日照、视野，具备良好的通风和采光条件。在规划与设计单体建筑时，宜通过场地日照、通风、噪声等模拟分析确定最佳的建筑体形。

①防风设计。

从节能角度考虑,防风设计应注意创造有利的建筑形态,以降低风速,减少热损失。常用的防风措施如下。

a.避免冬季季风侵入建筑。

b.减小风向与建筑长边的夹角。

c.在设计单体建筑时,在分析场地风环境的基础上,通过调整建筑的长、宽、高比例,使建筑迎风面压力分布合理,避免背风面形成旋涡区。

②建筑间距。

建筑的最小间距应保证室内具有一定的日照量。建筑的朝向对建筑节能也有很大影响。从节能角度考虑,建筑应首先选择长方形,南北朝向。同体积但不同体形的建筑获得的辐射量区别很大。朝向既与日照有关,也与当地的主导风向有关,因为主导风向直接影响冬季室内的热损耗与夏季室内的自然通风。设计绿色建筑时,应利用计算机软件模拟分析日照情况,以建筑周边场地及既有建筑为前提条件,确定满足建筑最低日照标准的最大体形系数和高度,并结合建筑节能效果和经济成本权衡分析。

③建筑朝向。

寒冷地区建筑朝向选择的总原则是:在节约用地的前提下,满足冬季能争取较多的日照,夏季避免过多的日照,并有利于自然通风的要求。建筑朝向应结合各种设计条件,确定合理的范围,以满足生产和生活的要求。我国部分寒冷地区建议的建筑朝向见表 5.7。

表 5.7　我国部分寒冷地区建议的建筑朝向

地区	最佳朝向	适宜朝向	不宜朝向
北京地区	南—南偏东 30°	南偏东 45°范围内、南偏西 35°范围内	北偏西 30°～60°
石家庄地区	南偏东 15°	南—南偏东 30°	西
太原地区	南偏东 15°	南—南偏东 30°	西
呼和浩特地区	南—南偏东、南—南偏西	东南、西南	北、西北
济南地区	南、南偏东 10°～15°	南偏东 30°	西偏北 5°～10°
郑州地区	南偏东 15°	南偏东 25°	西北

(3)寒冷地区绿色建筑的单体设计。

①控制体形系数。

体形系数对建筑能耗影响较大,寒冷地区的绿色建筑应在满足建筑功能与美观的基础上,尽可能降低体形系数。依据寒冷地区的气候条件,建筑体形系数在 0.3 的基础上每增加 0.01,该建筑能耗增加 2.4%～2.8%;每减少 0.01,能耗减少 2%～3%。一旦所设计的建筑超过规定的体形系数,应按要求提高建筑围护结构的保温性能,并对围护结构的热工性能进行权衡判断,审查建筑的采暖能耗是否能控制在规定的范围内。

②合理确定窗墙面积比,提高窗户热工性能。

普通窗户(包括阳台门的透明部分)的保温隔热性能比外墙差很多,窗墙面积比越大,采暖设备和空调能耗也越大。一般情况下,寒冷地区应以满足室内采光要求为确定窗墙面积比的基本原则。窗口面积过小,容易造成室内采光不足,增加室内照明用电能耗。因此,寒冷地区不宜过分减少窗墙面积比,重点是提高窗的热工性能。参考近年小康住宅区的调查情况和北京、天津等地的标准,窗墙面积比一般宜控制在 0.35 以内,若窗的热工性能好,窗墙面积比可适当提高。

③围护结构保温节能设计。

寒冷地区建筑的围护结构不仅要满足强度、防潮、防水、防火等基本要求,还应考虑防寒的要求。从节能的角度出发,居住建筑不宜设置凸窗。凸窗有潜在的热工缺陷,往往会破坏围护结构整体的保温性能。若设置凸窗,其潜在的热工缺陷及热桥部位,必须采取相关的技术措施加强保温,以保证最终的围护结构热工性能。

5.2.5 严寒地区的绿色建筑

1. 严寒地区的气候特征

我国严寒地区地处长城以北、新疆北部、青藏高原北部,包括我国建筑区划的Ⅰ区全部,Ⅵ区中的ⅥA、ⅥB和Ⅶ区中的ⅦA、ⅦB、ⅦC。严寒地区包括黑龙江、吉林全境,辽宁大部,内蒙古中部、西部、北部,陕西、山西、河北、北京北部的部分地区,青海大部,西藏大部,四川西部,甘肃大部,新疆南部部分地区。

严寒地区冬季漫长严寒,气温年较差大。极端最低气温很低,普遍低于-35 ℃,漠河曾有全国最低气温记录-52.3 ℃;极端最高气温区内各地差异很大。年降水量较少,多在 500 mm 以下。冻土深,最大冻土深度在 1 m 以上,个别地方最大冻土深度可达 4 m。积雪厚,最大积雪深度为 10～60 cm,个别地方最大积雪深度可达 90 cm。太阳辐射量大,日照丰富。每年 2 月西部地区多偏北风,北、东部多偏北风和偏西风,中南部多偏南风;6—8 月东部多偏东风和东北风,其余地区多为偏南风。严寒地区气候特征值见表5.8。

表 5.8　严寒地区气候特征值

气候区		Ⅰ区	ⅥA、ⅥB区	ⅦA、ⅦB、ⅦC区
气温/℃	最冷月	−31～−10	−17～−10	−22～−10
	最热月	8～25	7～18	21～28
	年较差	30～50	16～30	30～40
	日较差	10～16	12～16	10～18
	极端最低	−52～−27	−41～−26	−50～−21
	极端最高	19～43	22～35	37～44
日平均气温不大于 5 ℃的时间/天		148～294	162～284	144～180
日平均气温不小于 25 ℃的时间/天		0	0	20～70
相对湿度/(%)	最冷月	40～80	20～60	50～80
	最热月	50～90	30～80	30～60
	年平均	50～70	30～70	35～70
年降水量/mm		200～800	20～900	10～600
年日照时间/h		2100～3100	1600～3600	2600～3400
年日照百分率/(%)		50～70	40～80	60～70
风速/(m/s)	冬季	1～5	1～5	1～4
	夏季	2～4	2～5	2～7
	全年	2～5	2～5	2～6

2. 严寒地区绿色建筑的设计要点

严寒地区的绿色建筑设计除了满足建筑的一般要求,还应满足《绿色建筑技术导则》和《绿色建筑评价标准》(GB/T 50378—2019)的要求,且应注意结合严寒地区的气候特点、自然资源条件进行综合设计。

1)严寒地区绿色建筑总体布局的设计方法

(1)建筑朝向与太阳辐射得热。

建筑的朝向选择,应以当地气候条件为依据,同时考虑局部的气候特征。在

严寒地区,应使建筑在冬季最大限度地获得太阳辐射,夏季则尽量避免阳光直接射入室内。严寒地区的建筑冬季能耗值为围护结构传热失热加上通过门窗缝隙的空气渗透失热,再减去通过围护结构和窗户进入的太阳辐射得热。

太阳总辐射照度即水平或垂直面上单位时间内、单位面积上接受的太阳辐射量。其计算公式为:太阳总辐射照度=太阳直射辐射照度+散射辐射照度。

太阳辐射得热与建筑朝向有关。研究结果表明,层数、轮廓尺寸、围护结构、窗墙面积比都相同的多层住宅,东西向的建筑比南北向的建筑能耗要增加5.5%左右。各朝向墙面的太阳辐射得热取决于日照时间、日照面积、太阳照射角度和日照时间内的太阳辐射强度。日照时间的变化幅度很大,太阳直射辐射强度一般是上午低、下午高,所以无论冬夏,墙面上接受的太阳辐射热量都是偏西朝向比偏东朝向的稍高一些。以哈尔滨为例,冬季1月各朝向墙面接受的太阳辐射照度,以南向最高,为 3095 W/(m² · d),东西向则为 1193 W/(m² · d),北向为 673 W/(m² · d)。因此,为了冬季最大限度地获得太阳辐射,严寒地区的建筑朝向以选择南向、南偏西、南偏东为最佳。东北严寒地区建议朝向见表 5.9。

表 5.9　东北严寒地区建议朝向

地区	最佳朝向	适宜朝向	不宜朝向
哈尔滨	南偏东 15°～20°	南—南偏东 20°、南—南偏西 15°	西北、北
长春	南偏东 30°、南偏西 10°	南偏东 45°、南偏西 45°	北、东北、西北
沈阳	南、南偏东 20°	南偏东—东、南偏西—西	东东北—西西北

此外,确定建筑的朝向还应考虑利用当地地形、地貌等地理环境,充分考虑城市道路系统、小区规划结构、建筑组群的关系以及建筑用地条件,以利于节约建筑用地。从长期实践经验来看,南向是严寒地区较为适宜的建筑朝向。

(2)建筑间距。

决定建筑间距的因素很多,如日照、通风、视野等,建筑间距越大,越有利于满足这些要求。但我国土地资源紧张,过大的建筑间距不满足土地利用的经济性要求。严寒地区确定建筑间距,应以满足日照要求为基础,综合考虑采光、通风、消防、管线埋设与空间环境等要求。

(3)住宅区风环境设计,注重冬季防风,适当考虑夏季通风。

住宅区风环境是住宅区物理环境的重要组成部分。充分考虑建筑可能会造成的风环境问题并及时加以解决,有助于创造良好的户外活动空间,节省建筑能耗,获得舒适的住宅区。合理的风环境设计为:根据当地不同季节的风速、风向进行科学的规划布局,做到冬季防风和夏季通风;充分利用由于周围建筑物的遮挡作用在其内部形成的风速较高的加速区和风速较低的风影区;分析不同季节进行不同活动的人群对风速的要求,进行合理、科学的布置,创造舒适的室外活动环境;在严寒地区尤其要根据冬季风的走向与强度设置风屏障(如种植树木、建挡风墙等)。

夏季,自然风能加强热传导和对流,有利于夏季房间及围护结构的散热,改善室内空气品质;冬季,自然风能增加围护结构的散热量,增加建筑的采暖能耗。因此,对于严寒地区的建筑,做好冬季防风是非常有必要的,具体措施如下。

①选择建筑基地时,应避免不利地段。严寒地区的建筑基地不宜选在山顶、山脊等风速很大之处;应避开隘口地形,避免气流向隘口集中、流线密集、风速成倍增加而形成风口。

②减少建筑长边与冬季主导风向的夹角。建筑长边应避免与当地冬季主导风向正面相交,或尽量减少冬季主导风向与建筑长边的夹角,以避开冬季寒流风向,争取不使建筑大面积外表面朝向冬季主导风向。不同的建筑布置形式对风速有明显的影响。

a. 平行于主导风向的行列式布置:因狭管效应,风速比无建筑地区增加15%~30%。

b. 周边式布置(见图 5.7):在冬季风较强的地区,建筑围合的区域风速可减少 40%~60%,建筑布局合适的开口方向和位置,可避免形成局地疾风。这种近乎封闭的空间布置形式,组成的院落比较完整且具有一定的空地面积,便于组织公共绿化及休息场地,对于多风沙地区,还可阻挡风沙及减少院内积雪。周边式布置有利于减少冷风对建筑的作用,还有利于节约用地,但是这种布置会导致相当一部分房间的朝向较差。

(a) 单周边　　　　　　　　　　　　(b) 双周边

图 5.7　周边式布置

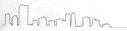

2)严寒地区绿色单体建筑的设计方法

(1)控制体形系数。

体形系数 S 即建筑与室外空气接触的外表面积 F_0 与建筑体积 V_0 的比值,即:

$$S = F_0/V_0 \tag{5.1}$$

体形系数的物理意义是单位建筑体积占有多少外表面积(散热面)。围护结构的传热量与传热面积成正比。显然,体形系数越大,单位建筑空间的热散失面积越大,能耗就越高;反之,体形系数较小的建筑,单位建筑空间的耗热量必然较小。当建筑各部分围护结构传热系数和窗墙面积比不变时,建筑耗热量指标随着建筑体形系数的增长而呈线性增长。可见,体形系数是影响建筑能耗的重要因素。从降低建筑能耗的角度出发,应该将体形系数控制在一个较低的水平。

(2)平面布局宜紧凑,平面形状宜规整。

严寒地区建筑的平面布局,应采用有利于防寒保温的集中式平面布置,各房间一般集中分布在走廊的两侧,平面进深大,形状较规整。平面形状对建筑能耗的影响很大,因为平面形状决定了相同建筑底面积下建筑外表面积,建筑外表面积的增加,意味着建筑散热面积的增加。

平面为正方形的建筑,周长最小、体形系数最小。如果不考虑太阳辐射且各面的平均传热系数相同,正方形是最佳的平面形状。但当各面的平均有效传热系数不同且考虑建筑白昼获得大量太阳能时,综合建筑的得热、散热分析,则传热系数相对较小、获得太阳辐射最多的一面应作为建筑的长边,此时正方形将不再是建筑节能的最佳平面形状。可见,平面凹凸过多、进深小的建筑,散热面积较大,对节能不利。因此,严寒地区的绿色建筑应在满足功能、美观等其他需求的基础上,尽可能使平面布局紧凑、形状规整、进深加大。

(3)功能分区兼顾热环境分区。

建筑空间布局在满足功能合理的前提下,应进行热环境的合理分区,即根据使用者热环境的需求将热环境水平要求相近的房间相对集中布置,这样既有利于对不同区域分别控制,又可将对热环境水平要求较低的房间(如楼梯间、卫生间、储藏间等)集中设于平面中温度相对较低的区域,把对热环境水平要求较高的主要使用房间集中设于温度较高的区域,从而获得对热能利用的最优化。

冬季,严寒地区的北向房间得不到日照,是建筑保温的不利房间;与此同时,南向房间因白昼可获得大量的太阳辐射,导致在同样的供暖条件下同一建筑产生不同的温度区间,即北向区间与南向区间。在空间布局中,应把主要活动房间布置于南向区间,而将阶段性使用的辅助房间布置于北向区间。这样,北向的辅助空间形成了建筑外部与主要使用房间之间的"缓冲区",从而构成南向主要使用房间的防寒空间,使南向主要使用房间在冬季能获得舒适的热环境。

(4)合理设计建筑入口。

建筑入口空间是指从建筑外部环境到达室内稳定热环境区域的过渡空间,是使用频率最高的部位。入口空间主要包括门斗、休憩区域、娱乐区域、交通区域等。当受到室外气候环境影响时,入口空间能够起到缓冲和阻挡作用,从而对室内物理环境产生调控作用,同时也可以阻止热量的流失,起到控制双重空间环境的作用。入口空间可以将建筑划分为低温区、过渡区和稳定区三个区域。

建筑入口位置是建筑围护结构的薄弱环节,针对建筑入口空间进行建筑节能研究,具有很现实的意义。

①入口的位置。入口位置应结合平面的总体布局,它是建筑的交通枢纽,也是室内外的过渡空间。建筑主入口通常处于建筑的功能中心,既是室内外空间相互渗透的节点,也是"进风口",其特殊的位置及功能决定了它在整个建筑节能设计中的地位。

②入口的朝向。严寒地区建筑入口的朝向应避开当地冬季的主导风向,应在满足功能要求的基础上,根据建筑周围的风速分布来布置建筑入口,减少建筑的冷风渗透,从而减少建筑能耗。

③入口的形式。从节能的角度出发,严寒地区建筑入口的设计应注意采取防止冷风渗透及保温的措施,具体可采取以下设计方法。

a.设门斗。门斗可以改善入口处的热工环境。第一,门斗本身形成室内外的过渡空间,其墙体与空间具有很好的保温功能;第二,它能避免冷风直接吹入室内,减少风压作用下因空气流动而损失的热量。由于门斗的设置大大减弱了风力,门斗外门的位置与开启方向对气流的流动有很大的影响。

b.选择合适的门的开启方向。门的开启方向与风的流向角度不同,所起的作用也不相同。例如,当风的流向与门扇的方向平行时,门具有导风作用;当风的流向与门扇垂直或成一定角度时,门具有挡风作用,此时的挡风作用最大。因此,设计门斗时应根据当地冬季主导风向,确定外门在门斗中的位置和朝向以及外门的开启方向,以达到使冷风渗透最少的目的。

c.设挡风门廊。挡风门廊适用于冬季主导风向与入口成一定角度的建筑,显然,其角度越小,效果越好。此外,在风速大的区域以及建筑的迎风面,建筑应做好防止冷风渗透的措施。例如,在迎风面上应尽量少开门窗和严格控制窗墙

面积比,以防止冷风通过门窗口或其他孔隙进入室内,形成冷风渗透。

(5)围护结构注重保温节能设计。

建筑围护结构的节能设计是建筑节能设计的主要环节,采用恰当的围护结构部件及合理的构造措施可以满足保温、隔热、采光、通风等各种要求,既保证了室内良好的物理环境,又降低了能耗,这是实现建筑节能的基本条件。围护结构的节能设计涉及的主要因素有外墙、屋顶、门窗、地面、玻璃幕墙及窗墙面积比等。

建筑保温是严寒地区绿色建筑设计十分重要的内容之一,建筑中空调和采暖设备的很大一部分负荷是围护结构传热造成的。围护结构保温隔热性能的好坏,直接影响到建筑能耗的多少。为提高围护结构的保温性能,通常采取以下 6 项措施。

①合理选材及确定构造形式。选择容重小、导热系数小的材料,如聚苯乙烯泡沫塑料、岩棉、玻璃棉、陶粒混凝土、膨胀珍珠岩及其制品、膨胀蛭石为骨料的轻混凝土等可以提高围护结构的保温性能。严寒地区建筑在保证围护结构安全的前提下,优先选用外保温结构,但是不排除内保温结构及夹心墙的应用。采用内保温结构时,应在围护结构内的适当位置设置隔气层,并保证结构墙体依靠自身的热工性能做到不结露。

②防潮防水。冬季由于外围护构件两侧存在温度差,室内高温一侧水蒸气分压力高于室外,水蒸气就向室外低温一侧渗透,遇冷达到露点温度时会凝结成水,构件受潮。此外,雨水、使用水、土壤潮气等也会侵入构件,使构件受潮、受水。围护结构表面受潮、受水时,室内装修会变质损坏,严重时会发生霉变,影响人体健康。围护构件内部受潮、受水会使多孔的保温材料充满水分,导热系数提高,减弱围护材料的保温效果。在低温下,水分在冰点以下结晶,并因冻融交替而形成冻害,严重影响建筑的安全性和耐久性。为防止构件受潮、受水,除应采取排水措施外,在靠近水、水蒸气和潮气的一侧应设置防水层、隔气层和防潮层。

③避免热桥现象。在外围护构件中,由于结构要求,经常设有导热系数较大的嵌入构件,如外墙中的钢筋混凝土梁和柱、过梁、圈梁、阳台板、雨篷板、挑檐板等。这些部位的保温性能都比主体部位差,且散热量大,其内表面温度也较低,当低于露点温度时易出现凝结水,这些部位通常称为围护构件的热桥现象。为了避免热桥现象,首先应避免嵌入的构件内外贯通,其次应对这些部位采取局部保温措施,如增设保温材料等,以切断热桥。

④防止冷风渗透。

当围护构件两侧空气存在压力差时,空气从高压一侧通过围护构件流向低压一侧,这种现象称为空气渗透。空气渗透可由室内外温度差("热压")引起,也可由"风压"引起。由热压引起的渗透,热空气由室内流向室外,室内热量损失。风压使冷空气向室内渗透,使室内变冷。为避免冷空气渗入和热空气直接散失,应尽量减少外围护构件之间的缝隙,例如,使墙体砌筑砂浆饱满,改进门窗加工和构造方式,提高安装质量,缝隙采取适当的构造措施等。提高门窗气密性的方法主要有两种。

a.采取密封和密闭措施。框和墙间的密封可用弹性软型材料(如毛毡)、聚乙烯泡沫、密封膏等。框与扇间的密闭可用橡胶条、橡塑条、泡沫密闭条,以及高低缝、回风槽等。扇与扇之间的密闭可用密闭条、高低缝及缝外压条等。窗扇与玻璃之间的密封可用密封膏、各种弹性压条等。

b.减少缝的长度。门窗缝隙是冷风渗透的根源,以严寒地区传统住宅窗户为例,一个 1.8 m×1.5 m 的窗,其各种接缝的总长度达 11 m。为了减少冷风渗透,可采用大窗扇、扩大单块玻璃面积以减少门窗缝隙;同时合理减少可开窗扇的面积,在满足夏季通风的条件下,扩大固定窗扇的面积。

⑤合理设计门窗洞口面积。

a.窗的洞口面积确定。窗的传热系数远远大于墙的传热系数。因此,窗户面积越大,建筑的传热、耗热量也越大。严寒地区的建筑设计应在满足室内采光和通风的前提下,合理限定窗面积。我国严寒地区传统民居南向开窗较大,北向往往开小窗或不开窗,这是利用太阳能改善冬季白天室内热环境与光环境及节省采暖燃料的有效方法。我国的窗墙面积比可按照《严寒和寒冷地区居住建筑节能设计标准》(JGJ 26—2018)进行选取。在一些欧美国家,为了让建筑师在决定窗口面积时有一定的灵活性,不直接硬性规定窗墙面积比,而是规定整幢建筑窗和墙的总耗热量。如果设计人员要开窗大一些,即窗户耗热量多一些,就必须以加大墙体的保温性能来补偿;若墙体无法补偿,就必须减小窗户面积,显然也是间接地限制窗的面积。

b.门的洞口面积确定。门洞的尺寸直接影响着外入口处的热工环境,门洞的尺寸越大,冷风的侵入量越大,就越不利于节能。但是,外入口的功能要求门洞应具有一定的尺寸,以满足消防疏散及人们日常使用和搬运家具等要求。所以,门洞的尺寸设计应该是在满足使用功能的前提下,尽可能地缩小尺寸,以达到节能要求。

⑥合理设计建筑的首层地面。

建筑的耗热量不仅与其围护结构的外墙和屋顶的构造做法有关,而且与其

门窗、楼梯间隔墙、首层地面等部位的构造做法有关。在建筑围护结构中，地面的热工性能对人体健康的影响较大。普通水泥地面具有坚固、耐久、整体性强、造价较低、施工方便等优点，但是其热工性能很差，存在着"凉"的缺点，地表面从人体吸收热量多。因此，对于严寒地区建筑的首层地面，还应进行保温与防潮设计。

在严寒地区的建筑外墙内侧0.5～1.0 m范围内，由于冬季受室外空气及建筑周围低温土壤的影响，将有大量的热量从该部位传递出去。因此，在外墙内侧0.5～1.0 m范围内应铺设保温层，地下室则需要根据用途确定是否设置保温层。当地下室作为车库时，其与土壤接触的外墙可不保温。当地下水位高于地下室地面时，地下室需要采取防水措施。

5.3 绿色建筑设计要素

绿色建筑设计是生态建筑设计，它是绿色节能建筑的基础和关键。在可持续发展和开放建筑的原则下，绿色建筑设计指导思想应遵循现代开放、端庄朴实、简洁流畅、动态亲民的建筑形象，从选址到格局，从朝向到风向，从平面到竖向，从间距到界面，从单体到群体，都应当充分体现出绿色的理念。

绿色建筑设计要素如下。

1. 节地与室外环境

①绿色建筑场地选址应无洪灾、泥石流及含氡土壤的威胁，建筑场地安全范围内无电子辐射危害和易燃、易爆、有毒物质等危险源。建筑选址是绿色建筑的基础部分。

②住区建筑分布应保证室内外的日照、采光和通风的要求。这样可以有效地利用自然能源，避免能源的浪费，使居住者感觉到舒适。

③绿化应种植适应当地气候和土壤条件的乡土植物，选用维护少、耐候性强、病虫害少，对人体无害的植物。虽然绿色建筑不等于绿化建筑，但是建筑的绿化是非常有必要的，在设计时一定要充分考虑绿化设计，保证达到规定的绿化率。

④选择在已开发且具城市改造潜力的土地或废弃场地上进行建设，如果是已被污染的废弃场地，需要对污染土地进行处理并达到标准后才能使用，这也是设计选址时要考虑的因素。

⑤公共服务设施应当按照有关规定进行配套建设,采用综合建筑并与周边地区共享,可以做到资源的充分利用。

⑥绿色建筑选址要注意周围的环境影响,环境噪声应该符合国家现行标准的规定。

⑦建筑的风环境应有利于冬季行走舒适及夏季的自然通风。这样可以有效地减少空调的使用时间,减少能源的消耗。

⑧选址和住区出入口的设置应方便居民,并充分利用公共交通网络,到达公共交通站点的步行距离一般不超过 500 m,这样可以促进人们减少乘坐汽车的次数,可以有效地减少汽车的尾气排放,有利于保护环境。

⑨科学开发利用地下空间。地下空间可以开发利用为公共活动场所、停车场或储藏室等。这种设计可以节省土地,最大化利用土地。

2. 节能与能源利用

①住宅围护结构热工性能指标,应当符合国家和地方居住建筑节能标准的规定。

②当设计采用中央空调系统时,所选用的冷水机组或单元式空调机组的性能系统应符合国家标准《公共建筑节能设计标准》(GB 50189—2015)中的有关规定。

③设置集中采暖或中央空调系统的住宅,应采用室温调节和热量计量设施。

④利用场地自然条件,合理设计建筑体型、朝向、楼距和窗墙面积比,采取有效的遮阳措施,充分利用自然通风和天然采光,这种设计可以大大地利用自然资源,保护环境。

⑤选用效率高的用能设备,如选用高效节能电梯。集中采暖系统热水循环水泵的耗电输热比,集中空调系统风机单位风量耗功率和冷热水输送能效比符合《公共建筑节能设计标准》(GB 50189—2015)的规定。

⑥当设计采用集中空调系统时,所选用的冷水机组或单元式空调机组的性能系数比《公共建筑节能设计标准》(GB 50189—2015)中的有关规定值高一个等级。

⑦公共场所和部位的照明采用高效光源和高效灯具,并采取其他节能控制措施,其照明功率密度符合《建筑照明设计标准》(GB 50034—2013)的规定。在自然采光的区域设定时或光电控制的照明系统。

⑧采用集中采暖和集中空调系统的住宅,应设置能量回收系统,做到能源再利用。

⑨根据当地的气候和自然资源条件,充分利用太阳能、地热能、风能等可再生能源。

3. 节水与水资源利用

①在规划阶段制定水系统规划时,应当统筹考虑传统水源与非传统水源的利用。

②设置完善的供水系统,水质达到现行国家或行业标准的要求,且水压稳定、可靠。

③设置完善的排水系统,采用建筑自身优质杂排水,杂排水作为再生水源的,实施分质排水。

④实行用水分户、分用途设置计量仪表制度,并采取有效措施避免管网漏损。

⑤《绿色建筑评价标准》(GB/T 50378—2019)中规定,绿色建筑不仅要设置完善的供水和排水系统,还要采用节水器具和设备,节水率不得低于 8%。

⑥合理规划地表与屋面雨水径流途径,减少地表径流,采用多种渗透措施增加雨水渗透量,以增加地下水资源的储存量。

⑦绿化用水、景观用水等非饮用水,应当采用非传统水源,以便科学利用水资源。

⑧绿化灌溉采取微灌、渗灌、低压管灌等节水高效的灌溉方式,以节省水资源。

⑨在缺水地区,优先利用附近集中再生水厂的再生水;附近没有集中再生水厂时,通过技术经济性比较,合理选择其他再生水水源和处理技术。

⑩在降雨量大的缺水地区,通过技术经济性比较,合理确定雨水处理及利用方案。

⑪当使用非传统水源时,应采取有效的用水安全保障措施,且不对人体健康与周围环境产生不良影响。

⑫当采用非传统水源作为一般项时,非传统水源利用率不小于 10%;当采用非传统水源作为优选项时,非传统水源利用率不低于 30%。

4. 节材与材料资源

①室内装饰装修材料应满足相应产品质量国家或行业标准;其中材料中有害物质含量应满足室内装饰装修材料 GB 18580～GB 18587 的系列标准和《建

筑材料放射性核素限量》(GB 6566—2010)的要求。

②采用集约化生产的建筑材料、构件和部品,减少现场加工。

③建筑材料就地取材,至少 20％(按价值计)的建筑材料产于距施工现场 500 km 范围内。

④使用耐久性好的建筑材料,如高强度钢、高性能混凝土、高性能混凝土外加剂等。

⑤将建筑施工、旧建筑拆除和场地清理时产生的固体废弃物中可循环利用、可再生利用的建筑材料分离回收和再利用。在保证安全和不污染环境的情况下,可再利用的材料(按价值计)占总建筑材料的 5％;可再循环的材料(按价值计)占所用总建筑材料的 10％。

⑥在保证建筑材料性能的前提下,优先使用利用工业或生活废弃物生产的建筑材料。

⑦绿色建筑应当使用可提高室内空气质量的功能性装饰装修材料。

⑧结构施工与装修工程施工一次到位,避免重复装修与浪费材料。

⑨采用性能高、材耗低、耐久性好的新型建筑结构体系。

5.4　绿色建筑设计内容

1. 绿色建筑室内外环境设计

绿色建筑不仅要能提供安全舒适的室内环境,同时应具有与自然环境相和谐的良好的建筑外部环境。

室内外环境设计是建筑设计的深化,是绿色建筑设计中的重要组成部分。具体的室内外环境设计主要包括对建造所用材料的控制、对室内有害物质的控制、对室内热环境的设计、对建筑室内隔声的设计、对室内采光与照明的设计、对室外绿地的设计等。

(1)对建造所用材料的控制。采用传统建筑材料,不仅耗费大量的自然资源,而且产生很多环境问题。例如,大量产生的建筑废料,装修材料引起的室内空气污染,会导致一系列的建筑综合征等。因此,可在材料的选择过程中进行寿命周期分析和常规标准(如费用、美观、性能、可获得性、规范和厂家的保证等)对比,尽量减少自然资源的消耗。绿色建筑提倡使用可再生和可循环的天然材料,同时尽量减少含甲醛、苯、重金属等有害物质的材料的使用;与人造材料相比,天然材料含有较少的有毒物质,并且更加节能。只有当大量使用无污染节能的环保材料时,我们建造的建筑才具有可持续性。同时,还应该大力发展高强高性能材料,进行垃圾分类收集、分类处理,进行有机物的生物处理,尽可能地减少建筑废弃物的产生和空气污染物的排放,实现资源的可持续发展。

(2)对室内有害物质的控制。室内环境质量受到多方面的影响和污染,污染种类很多,大致可以分为三大类:第一类为物理性污染,包括噪声、光辐射、电磁辐射、放射性污染等,主要来源于室外及室内的电器设备;第二类为化学性污染,包括建筑装饰装修材料及家具制品中释放的具有挥发性的化合物,数量多达几十种,其中以甲醛、苯、氡、氨等室内有害气体的危害尤为严重;第三类为生物性污染,主要有螨虫、白蚁及其他细菌等,主要来自地毯、毛毯、木制品及结构主体等。其中甲醛、氨气、氡气、苯和放射性物质等,不仅是目前室内环境污染物的主要来源,而且也是室内污染物控制的重点。绿色建筑在设计中对污染源要进行控制,尽量使用国家认证的环保型材料,提倡合理使用自然通风,这样不仅可以节省更多的能源,更有利于室内空气品质的提高。建筑在建成后应能通过环保验收,有条件的建筑可设置污染监控系统,确保建筑内空气质量达到人体所需要的健康标准。

(3)对室内热环境、室内隔声、室内采光与照明、室外绿地的设计可参见本书第4章。

2. 绿色建筑健康舒适性设计

发达国家的经验证明,真正的绿色建筑不仅要能提供舒适又安全的室内环境,同时应具有与自然环境相和谐的良好的建筑外部环境。在进行绿色建筑规划设计和施工时,不仅要考虑到当地气候、建筑形态、设施状况、营建过程、建筑材料、使用管理对外部环境的影响,以及是否具有舒适、健康的内部环境,同时还要考虑投资方、用户、设计方、安装方、运行方、维修方的利害关系。

换言之,可持久的设计、良好的环境及受益的用户三者之间应该有平衡的、良性的互动关系,达到最优的绿化效果。绿色建筑正是以这一观点为出发点,平衡及协调内外环境及用户之间不同的需求与不同的能源依赖程度,从而达成建筑与环境的自然融和。

随着我国经济的发展,绿色住宅建设也必将快速发展。随着居住品质的不断提高,人们更加注重住宅的舒适性和健康性。因此,若要提高住宅的居住品质,达到人们要求的舒适性和健康性,应从以下几个方面设计。

（1）建筑规划设计注重利用大环境资源。在绿色建筑的规划设计中，合理利用大环境资源和充分节约能源，是可持续发展战略的重要组成部分，是当代中国建筑和世界建筑的发展方向。真正的绿色建筑要实现资源的循环。要改变单向的灭失性的资源利用方式，尽量加以回收利用；要实现资源的合理配置，应该依靠梯度消费，减少空置资源，抑制过度消费，做到物显所值、物尽其用。

（2）具有完善的生活配套设施体系。回顾历史，住宅建筑已经发生了根本性的变化：第一代、第二代住宅解决基本的居住问题，更多的是追求生存空间的数量；第三代、第四代住宅已逐渐过渡到追求生活空间的质量和住宅产品的品质；第五代住宅已开始着眼于环境，追求生存空间的生态、文化环境。生态文化型住宅正是在满足人们物质生活的基础上，更加关注人们的精神需要，要求住宅具有完善的生活配套设施体系。

（3）绿色建筑应具有多样化住宅户型。根据我国城乡居民的基本情况，住宅应针对不同经济收入、结构类型、生活模式、不同职业、文化层次、社会地位的家庭提供相应的住宅套型。同时，从尊重人性的角度出发，对某些家庭（如老龄人和残疾人）还需提供特殊的套型，设计时应考虑无障碍设施等。当老龄人聚居时，还应提供医疗、文化活动、就餐以及急救等服务设施。

（4）建筑功能的多样化和适应性。建筑功能是指建筑在物质方面和精神方面的具体使用要求，也是人们设计和建造建筑的目的。不同的功能要求产生了不同的建筑类型，如工厂为了生产，住宅为了居住、生活和休息，学校为了学习，影剧院为了文化娱乐，商店为了商品交易等。随着社会的不断发展和物质文化生活水平的提高，建筑功能将日益复杂化、多样化。

（5）建筑室内空间的可改性。住宅方式、公共建筑规模、家庭人员和结构是不断变化的，生活水平和科学技术也在不断提高。因此，绿色住宅具有可改性是客观的需要，也符合可持续发展的原则。可改性首先需要有大空间的结构体系来保证，例如大柱网的框架结构和板柱结构、大开间的剪力墙结构。此外，应有可拆装的分隔体和可灵活布置的设备与管线。

3. 绿色建筑安全可靠性设计

绿色建筑工程作为一种特殊的产品，除了具有一般产品共有的质量特性，如性能、寿命、可靠性、安全性、经济性等满足社会需要的使用价值及属性，还具有特定的内涵，如与环境的协调性、节地、节水、节材等。而在其中，安全性和可靠性是绿色建筑工程的基本特征，其实质是以人为本，对人的安全和健康负责。

（1）确保选址安全。现行国家标准《绿色建筑评价标准》（GB/T 50378—2019）规定，绿色建筑建设地点的确定，是决定绿色建筑外部大环境是否安全的重要前提。建筑工程设计的首要条件是对绿色建筑的选址和危险源的避让提出要求。

（2）采取确保建筑安全的设计措施。建筑结构安全直接影响建筑的安全，结构不安全会导致墙体开裂、构件破坏、建筑倾斜等，严重时甚至发生倒塌事故。因此，在进行建筑工程设计时应注意采用以下确保建筑安全的设计措施：建筑设计必须与结构设计相结合；合理确定建筑工程的设计安全度；对建筑工程要进行防火防爆设计。

（3）考虑建筑结构的耐久性。完善建筑结构的耐久性与安全性，是建筑结构工程设计顺利健康发展的基本要求，充分体现在建筑结构的使用寿命和使用安全及建筑的整体经济性等方面。真正的建筑结构"安全"，应包括保证人员安全、财产不受损失，保证结构功能正常运行，以及保证结构有修复的可能，即所谓的强度、功能和可修复三原则。

（4）增加建筑施工安全生产执行力。安全生产执行力指的是贯彻战略意图，完成预定安全计划的操作能力，这是把企业安全规划转化成实践、成果的关键。安全生产执行力包含完成安全任务的意愿、完成安全任务的能力、完成安全任务的程度。

（5）建筑运营过程的可靠性保障措施。建筑工程在运营的过程中，不可避免地会出现建筑本体损害、线路老化及有害气体排放等问题，保证建筑工程在运营过程中的安全与绿色化，是绿色建筑工程的重要内容之一。

4. 绿色建筑耐久适用性设计

耐久适用性是对绿色建筑工程的基本要求之一。耐久性是材料抵抗自身和自然环境双重因素长期破坏作用的能力。绿色建筑工程的耐久性是指在正常运行维护和不需要进行大修的条件下，绿色建筑的使用寿命满足一定的设计使用年限要求，并且不发生严重的风化、老化、失真、腐蚀和锈蚀等。

将适用性运用于绿色建筑设计，是以一种顺应自然、与自然合作的友善态度和面向未来的超越精神，合理地协调建筑与人、建筑与社会、建筑与生物、建筑与自然环境的关系。在时代不停发展的过程中，建筑要适应人们陆续提出的使用需求，这在设计之初、使用以及经营管理中是必须注意的。保证建筑的耐久性和适用性，要做到以下两个方面：一方面，保证建筑的使用功能不与建筑形式绑定，不会因为建筑丧失原功能而被废弃;另一方面,不断运用新技术、新能源改造建筑,使之能不断地满足人们生活的新需求。

5. 绿色建筑节约环保性设计

节约环保是绿色建筑工程的基本特征之一。这是全方位、全过程节约环保的概念,主要包括土地、能源、水资源、材料等的节约与环境保护,这也是人、建筑与环境生态共存和节约环保型社会建设的基本要求。

6. 绿色建筑自然和谐性设计

绿色建筑的核心是实施建筑可持续发展战略,因此绿色建筑首先应该具有节能、环保和可循环三个特征,在实现资源合理配置和环境最低污染的条件下,强调建筑的人性化、舒适化、健康化。归纳起来,绿色建筑定义的核心就是人与自然的关系,即绿色建筑与自然和谐共生。

真正的绿色建筑自然和谐性设计是一个全方位的、立体环保设计,它兼备了节地、节水、节能、改善生态环境、减少环境污染、延长建筑寿命等优点。

7. 绿色建筑低耗高效性设计

建筑节能是绿色建筑的核心内容。建筑节能的主要内容是尽量减少能源、资源消耗,减少对环境的破坏,并尽可能采用有利于提高居住品质的新技术、新材料。

在绿色建筑低耗高效性设计方面可以采取如下措施。

(1)确定绿色建筑工程的合理建筑朝向。

(2)设计有利于节能的建筑平面和体形。

(3)重视建筑用能系统和设备优化选择。

(4)重视建筑日照调节和建筑照明节能。

(5)采用资源消耗和对环境影响小的建筑结构。

(6)按照国家规定充分利用可再生资源。

(7)物业公司采取严格的管理运营措施。

8. 绿色建筑绿色文明性设计

绿色文明是一种新型的社会文明,是人类可持续发展必然选择的文明形态,也是一种人文精神,体现着时代精神与文化。它是继黄色文明、黑色文明和蓝色

文明之后,人类对未来社会的新追求。绿色文明包括绿色生产、生活、工作和消费方式,其本质是一种社会需求。这种需求是全面的,不是单一的。它一方面要求在自然生态系统中获得物质和能量;另一方面要满足人的生理、生活和精神层面的生态需求与文化需求。绿色文明是一种经济、社会、自然协调发展的生态文明。

绿色建筑外部要强调与周边环境相融合,和谐一致,动静互补,做到保护自然生态环境。建筑内部不得使用对人体有害的建筑材料和装修材料。室内空气保持清新,温度和湿度适当,使居住者感觉良好,身心舒畅。倡导绿色文明建筑设计,不仅对中国自身发展有深远的影响,而且也是中华民族面对全球日益严峻的生态环境危机,向全世界做出的庄严承诺。绿色文明建筑设计的重点是注意保护生态环境和利用绿色能源。

9. 绿色建筑综合整体创新设计

绿色建筑综合整体创新设计是指将建筑科技创新、建筑概念创新、建筑材料创新与周边环境结合在一起进行设计,重点在于建筑科技创新,利用科学技术的手段,在可持续发展的前提下,满足人类日益发展的使用需求,同时与环境和谐共处,利用一切手法和技术,使建筑满足健康舒适、安全可靠、耐久适用、节约环保、自然和谐和低耗高效等特点。

5.5　绿色建筑要素设计的实践

1. 和若铁路车站工程项目基本情况

(1)概述。

和若铁路为国家重点铁路建设项目,东起格库铁路若羌站,向西沿昆仑山北麓和塔克拉玛干沙漠南缘经若羌、且末、民丰、于田、策勒、洛浦、和田 7 个县市及新疆生产建设兵团第二师 37 团、38 团,第十四师 225 团,终至喀和铁路和田站,线路全长 825.476 km,是南疆通往内地又一便捷通道的重要组成部分。2018 年12 月 20 日开工建设,2022 年 6 月 16 日开通运营。

铁路主要技术标准:Ⅰ级单线内燃铁路,设计速度 120 km/h。

(2)主要自然特征。

①极端的气候条件。

极端最高气温 43.8 ℃（若羌），极端最低气温－28.3 ℃（民丰），年平均降水量 55.4 mm（民丰），年平均蒸发量 3647.8 mm（民丰），最大瞬时风速 26.6 m/s（若羌）。

②严重的风沙危害。

和若铁路沿着世界第二大流动沙漠塔克拉玛干沙漠南缘由东向西走行，该区域风季长达 7 个月，加之塔里木盆地气候干燥、风速大、频率高，沿线风沙现象极为普遍。全线风沙段落分布长度达 538 km，占线路长度 65%，风沙危害是本项目要应对的主要问题。

2. 项目绿色低碳设计

1）生产力布局调整——房屋整合

（1）特色做法。

考虑铁路职工在各站点工作的舒适度，对全线基础设施维修机构予以优化调整，优化后全线设置和田、民丰、且末、若羌站四个综合检修车间（其中和田、若羌利用既有车间补强），于田、南屯、瓦石峡站设置值守点；取消且末机务折返段，提升既有若羌站机务折返段能力，提升内燃机整备能力。根据机构调整结果，对全线各站房屋整合优化。

各中间站站区生活、办公用房及信号楼与旅客站房合建成站区综合楼；站房同侧轨道车库与水电暖设备房屋、材料库、车库等合建为综合设备房屋。会让站按无人站设置，设备用房整合设置。

（2）取得的成效。

整合后全线定员由 1987 人核减至 1515 人，全线中间站及会让站建筑总面积由 126290 m² 核减至 113335 m²。

整合后，房屋用地规模及院落面积大幅缩减，核减约 55000 m²，变成预留发展用地，为远期发展留有空间。

房屋的集中设置大大提高了站区水暖电配套设备的利用率，降低了后续设备维养费用；将生活办公用房集中设置，推行房屋标准化、精细化设计，有效提升了铁路沿线职工生活、工作环境质量。

（3）典型经验。

尽可能地减少环境恶劣地区的房屋工点，降低施工难度，改善铁路维养环境。通过房屋整合，节约建筑规模及用地，降低后续维养费用。

2）站房工程

（1）特色做法。

①建筑设置大檐口。

②站房综合楼内宿舍区设置天井。

③外墙装饰采用干挂仿石装饰铝板。

（2）取得的成效。

①建筑设置大檐口，夏季减少阳光对幕墙的直接照射，降低空调能耗；冬季阳光照射玻璃幕墙，可减少约 30％室内供热。

②站房综合楼内宿舍区设置天井，有效提高室内舒适度，日间天井温度缓冲层效果明显，夜间天井热压通风作用明显。

③外墙装饰采用干挂仿石装饰铝板，相比石材幕墙，减少了钢龙骨用量，且可回收利用，利于节能减排。

（3）典型经验。

建筑应符合地域气候特征，利用空间形态降低建筑能耗。

3）装配式建筑

（1）特色做法。

①对于全线数量较多、尺寸统一的建筑单体，如通信基站，采用装配式建筑结构。主要构件采用工厂化加工，一定程度上降低了施工难度，提高施工效率。

②对于大库，采用钢边框保温隔热轻型板，减轻屋面荷载的同时缩短施工周期。

（2）取得的成效。

装配式建筑结构的运用，加快铁路房屋装配化进程，提高基站房屋抗震性能，减少施工过程对环境的破坏及材料等资源的浪费。全线通信基站采用装配式建筑结构，主要构件采用工厂化加工，一定程度上降低了施工难度，提高施工效率。经测算，房屋工程缩短施工周期的 25％～30％，节水约 50％，减少建筑垃圾 50％。

边框保温隔热轻型板的采用，避免二次保温的铺贴，做到了保温填料寿命与结构使用寿命一致。

（3）典型经验。

装配式结构建筑主要构件采用工厂化加工，减少了现场湿作业，对于条件艰苦的区间施工段落，能有效降低施工成本，并保障房屋质量。

4)防沙绿化灌溉工程

(1)特色做法。

灌溉系统结合现场地层、地形复杂的实际,因地制宜,首部房屋设备采用了集成式模块化设计,即将首部净水设备、施肥设备、集控设备集成在装配式箱体中,工厂生产装配完成后,运到现场吊装,现场进行平整场地、连接管道、引入电缆等,同时降低了砖混结构独立房屋的施工难度。

灌溉管道系统设计中,在每个主管分出的支管上设灌溉专用电磁阀,并配备灌溉阀门反馈管理器、区间灌溉管理通信站、区间灌溉管理通信模块、区间灌溉控制 RTU。人工智能自动化控制可实现在任何有网络的地方用手机控制和监测灌溉情况。

(2)取得的成效。

绿化灌溉管网采用人工智能自动化控制系统,在国内尚属首次。值班人员通过控制系统在值班室控制屏或手机上可以快速操作轮灌组阀门的开关,查看灌溉时间,准确及时地控制操作,做到每个分区灌溉均匀,保证植物需水量的同时节约用水。手机操作无地域限制,只要有网络就能实现控制,大大降低了劳动强度,提高了工作效率,节省了人工成本。

植物固沙灌溉系统中,泵房采用了集成式设计,降低了施工难度和成本。灌溉管网系统的集控设计使轮灌管理简单化,降低了劳动强度,节约了大量人工。灌溉系统的运行可以在电脑中监测,提高工作效率的同时,降低了生产成本及人工成本。

(3)典型经验。

沙漠段植物灌溉系统设计中,首部房屋设备采用集成式模块化设计,灌溉管网系统采用集控设计,使用变频调节外输泵施肥,采用压力补偿式毛管和滴头,保证了地形起伏较大地段的正常均匀供水,降低了运行成本。防沙固沙的成功也保证了铁路的安全运行。

5)采暖通风

(1)特色做法。

①冷热源:和田站的供暖热源利用市政热力,若羌站的供暖热源利用既有站区热源。瓦石峡、且末、金山、南屯、民丰、于田、玉泉镇、策勒、洛浦站设置集中供暖,供暖热源采用低温空气源热泵机组,热泵机组夏季供冷提供冷冻水,冬季供暖提供低温热水,室外供热/供冷管网采用二管制,室外热网采用直埋敷设。

②空调机组采用环保冷媒（R410A），能效等级为一级。

③站房综合楼。

a.站房候车厅采用一次回风的全空气空调系统，采用分层空调方式，侧喷口射流送风，上部排风。集中空气处理机组可调节新回风比，以适应空调负荷的变化，过渡期可增大新风量以降低空调用能。集中空气处理机组的送风机采用变频控制方式。

候车厅空调系统的自动控制纳入站房 BAS 系统，系统及设备运行参数、状态可远程控制或就地手动控制。

b.站房候车厅供暖采用低温地板辐射供暖系统，且系统独立。

c.站房候车厅的供暖、空调系统与办公区、生活区分开设置，为独立系统，便于运行调节。

d.站房综合楼的办公室、宿舍采用自然通风方式；站房综合楼生活区的内庭院采用自然通风方式，于屋面配置无动力通风器；站房候车厅的公共卫生间采用机械通风方式，通风系统独立设置，排风机设置于屋面；宿舍的卫生间采用机械通风方式；食堂的操作间设置机械通风，排风机设置于屋面，配置油烟净化机净化排放的油烟。

e.站房综合楼生活区的内庭院相邻的内走廊采用机械排烟方式，排烟风机设置于屋面机房内。站房综合楼的其他房间均采用自然排烟方式。

④监测、控制与计量。

a.热泵机房监测与控制。

空调冷热源及其水系统，对下列参数进行监测：热泵机房进出口水温、压力；水泵进出口压力；热泵机组、水泵等设备的启停状态。水泵采用变频控制。

热泵机组采用由冷热负荷优化控制运行台数的方式；系统中各相关设备及附件与热泵机组应进行电气连锁，顺序启停。

热泵机房的监测与控制纳入站区 BAS 系统，系统及设备运行参数、状态可远程控制或就地手动控制。

b.候车厅空调系统的控制。

室温的控制由送风温度及送风量的调节实现；送风温度的控制通过调节冷却器水路控制阀及新风、回风道调节风阀实现；过渡期采用加大新风比的方式运行。

c.供暖空调系统设置。

室温调控装置可分室控温、分室调节。

d. 计量。

热泵机房:计量耗电量;计量集中供热系统的供热量;计量补水量;计量集中空调系统的供冷量。

(2)取得的成效。

①站区供暖热源采用低温空气源热泵机组,为利用可再生能源的设备。

②供暖空调系统的设备采用高效能设备,供暖空调系统设置自动控制系统,可根据冷热负荷的变化调节设备运行参数、状态,以提高供暖空调系统的节能率。

(3)典型经验。

①站区供暖热源采用低温空气源热泵机组。

②站房综合楼的候车厅供暖空调系统与其他区域分开设置,便于运行管理。

③候车厅的空调系统及热泵机房的自动控制系统纳入站区 BAS 系统,便于运行管理。

④暖通专业与建筑专业配合,合理优化建筑平面布置,便于采用自然通风和自然防排烟。

⑤站房候车厅的公共卫生间、厨房操作间的排风机设置于屋面,避免公共卫生间、厨房的空气和污染物流通到室内其他空间或室外主要活动场所。

第6章 建筑环境规划与管理

建筑不仅需要具备足够的安全性,还需要维持健康、环保和美观的建筑环境,实现建筑的可持续发展。建筑环境规划与管理是实现上述要求的重要环节。建筑的安全性要求建筑要注意防灾减灾的建筑规划方法,以降低自然灾害和突发事件带来的安全风险;维持健康、环保和美观的建筑环境则要求做好建筑环境的维护管理;实现建筑的可持续发展要求做好建筑使用寿命的可持续发展规划。

6.1 防灾减灾的建筑规划方法

房屋作为人类进行各类活动的场所,安全是第一位的。直接影响安全的因素,除房屋结构外,当属各类灾害对其的破坏。在各类灾害中,发生频率最高的为火灾,破坏最大的为地震,此外还有爆炸、雷击、洪水等。

6.1.1 建筑与火灾

建筑起火的原因是多种多样的,起火原因包括使用明火不慎、化学或生物化学的作用、用电线短路和纵火等。在建筑设计中,除了要充分考虑建筑内部起火的可能性,还要注意到外部环境可能引起建筑起火的条件,不能留下隐患。此外,在建筑设计中考虑地震和战时火灾的特点,采取防范措施。

1.建筑防火分隔

防火分隔是针对火灾旺燃期所采取的防止其扩大蔓延的基本措施。

防火分区是指在建筑内部采用防火墙、耐火楼板及其他防火分隔设施分隔,能在一定时间内防止火灾向同一建筑的其余部分蔓延的局部空间。防火分区按其作用,又可分为水平防火分区和垂直防火分区。水平防火分区用以防止火灾在水平方向扩大蔓延,主要是按建筑面积划分的。垂直防火分区主要防止起火层火势向其他楼层蔓延,主要以每个楼层为基本防火单元。

（1）建筑平面防火设计。

①水平防火分区。民用建筑根据其建筑高度和层数可分为高层民用建筑和

单、多层民用建筑。高层民用建筑根据其建筑高度、使用功能和楼层的建筑面积可分为一类和二类。民用建筑的分类见表 6.1。

表 6.1　民用建筑的分类

名称	高层民用建筑		单、多层民用建筑
	一类	二类	
住宅建筑	建筑高度大于 54 m 的住宅建筑（包括设置商业服务网点的住宅建筑）	建筑高度大于 27 m，但不大于 54 m 的住宅建筑（包括设置商业服务网点的住宅建筑）	建筑高度不大于 27 m 的住宅建筑（包括设置商业服务网点的住宅建筑）
公共建筑	1. 建筑高度大于 50 m 的公共建筑； 2. 建筑高度 24 m 以上部分任一楼层建筑面积大于 1000 m² 的商店、展览、电信、邮政、财贸金融建筑和其他多种功能组合的建筑； 3. 医疗建筑、重要公共建筑、独立建造的老年人照料设施； 4. 省级及以上的广播电视和防灾指挥调度建筑、网局级和省级电力调度建筑； 5. 藏书超过 100 万册的图书馆、书库	除一类高层公共建筑外的其他高层公共建筑	1. 建筑高度大于 24 m 的单层公共建筑； 2. 建筑高度不大于 24 m 的其他公共建筑

注：(1)表中未列入的建筑，其类别应根据本表类比确定。(2)除本规范另有规定外，宿舍、公寓等非住宅类居住建筑的防火要求，应符合本规范有关公共建筑的规定。(3)除本规范另有规定外，裙房的防火要求应符合本规范有关高层民用建筑的规定。

除《建筑设计防火规范（2018 年版）》（GB 50016—2014）另有规定外，不同耐火等级民用建筑的允许建筑高度或层数、防火分区最大允许建筑面积应符合表 6.2 的规定❶。

---

❶　注：本章内容以《建筑设计防火规范（2018 年版）》（GB 50016—2014）为依据，国家后期已对此规范进行修订，详细参阅《建筑防火通用规范》（GB 55037—2022）。

表 6.2 不同耐火等级民用建筑的允许建筑高度或层数、防火分区最大允许建筑面积

名称	耐火等级	允许建筑高度或层数	防火分区最大允许建筑面积/m²	备注
高层民用建筑	一、二级	按表6.1确定	1500	对于体育馆、剧场的观众厅,防火分区最大允许建筑面积可适当增加
单、多层民用建筑	一、二级	按表6.1确定	2500	
	三级	5层	1200	—
	四级	2层	600	—
地下或半地下建筑(室)	一级	—	500	设备用房的防火分区最大允许建筑面积不应大于1000 m²

②防火分隔措施。要对建筑进行防火阻隔,就要通过分隔物耐火构件来实现。防火分隔物是指能在一定时间内阻止火灾蔓延,把整个建筑内部空间划分成若干较小的防火空间的物体。防火分隔物一般分为两类:一类是固定的;另一类是非固定的。固定的防火分隔物如建筑中的墙体、楼板等,非固定的防火分隔物如防火门、防火卷帘门、防火窗、防火阀、防火水幕等。

(2)建筑剖面防火设计。

火灾垂直蔓延主要以热对流方式进行,也有辐射和传导。

①垂直防火分区。垂直防火分区主要采用具有一定耐火能力的钢筋混凝土楼板作为分隔构件。

②防止火灾从外窗蔓延。火焰通过外墙窗口向上层蔓延,是建筑火灾竖向蔓延的一个重要途径。解决的办法是,要求上下层窗口之间的墙体(包括窗下墙及边梁)保证一定高度,一般高度 h 不应小于 1.5 m。也可以采取减小窗口面积,增加窗上口边梁的高度或设置挑檐、阳台等措施。

③竖井防火分隔措施。楼梯间、电梯井、通风管道井、电缆井、垃圾井因串通各层的楼板,形成竖向连通的井孔。竖井通常采用具有 1 h 以上(楼梯间及电梯井为 2 h)耐火极限的不燃烧体作为井壁,必要的开口部位应设防火门或防火卷帘加水幕保护。

④中庭的防火设计。中庭通常出现在高层建筑中。其最大的问题是发生火灾时,以楼层分隔的水平防火分区被上下贯通的大空间所破坏。因此,建筑中庭

防火分区面积应按上、下层连通的面积叠加计算,当超过一个防火区面积时,应符合如下规定。

a.房间与中庭回廊相通的门、窗应设自行关闭的乙级防火门、窗。

b.与中庭相连的过厅、通道处应设乙级防火门,或耐火极限大于 3 h 的防火卷帘分隔。

c.中庭每层回廊都要设自动喷水灭火设备,以增强初期火灾的扑救效果。喷头要求间距不小于 2 m,也不能大于 2.8 m,以增强灭火和隔火的效果。

d.中庭每层回廊应设火灾自动报警设备,以求早报警、早扑救,减少火灾损失。

e.按照要求设置排烟设施。

f.净空高度小于 12 m 的中庭,其可开启的天窗或高侧窗的面积不应小于该中庭面积的 50%。

g.中庭屋顶承重构件采用金属结构时,应包敷不燃烧材料或喷涂防火涂料,其耐火极限不应小于 1 h,或设置自动喷水灭火系统。

(3)建筑总平面布置。

建筑总平面布置主要指建筑之间的防火间距与消防车道的设计。防火间距是指防止着火建筑的辐射热在一定时间内引燃相邻建筑,且便于消防扑救的间隔距离。防火间距按相邻两建筑外墙的最近距离计算。

①防火间距。防火间距是一座建筑着火后,火灾不致蔓延到相邻建筑的最小间隔。《建筑设计防火规范(2018 年版)》(GB 50016—2014)规定,民用建筑之间的防火间距不应小于表 6.3 的规定。

表 6.3 民用建筑之间的防火间距

建筑类别		高层民用建筑/m	裙房和其他民用建筑/m		
		一、二级	一、二级	三级	四级
高层民用建筑/m	一、二级	13	9	11	14
裙房和其他民用建筑/m	一、二级	9	6	7	9
	三级	11	7	8	10
	四级	14	9	10	12

②消防车道。街区内的道路应考虑消防车通行。因此,设计总平面时,常将交通道路作为消防车道,并规定其道路中心线间距不宜超过 160 m。对于二次使用功能多、面积大、建筑长度大的建筑,应在适当位置设置穿过建筑的消防车

道。规模较大的封闭式商业街、购物中心、游乐场所等,进入院内的消防车道出入门不应少于 2 个,且院内道路宽度不应小于 6 m。厂房、库房,特别是一些大面积的工厂、仓库,应沿厂房、库房两侧长边设置消防车道或宽度不小于 6 m 的可供消防车通行的平坦空地。为了使消防车辆能迅速靠近高层建筑,展开有效的救助活动,高层建筑周围应设置环形消防车道。沿街的高层建筑,其街道的交通道路可作为环形车道的一部分。当设置环形车道有困难时,可沿高层建筑的两个长边设置消防车道。不能设置环形车道时,应设置尽头式消防车回车场。

2. 建筑防灭火技术

通过分析国内外火灾实例,按其特点,可将火灾发展的过程分为三个阶段。第一阶段是火灾初期阶段,当时的燃烧是局部的,火势不够稳定,室内的平均温度不高。第二阶段是火灾发展到猛烈燃烧的阶段,这时已经蔓延到整个房间,室内温度升高到 1000 ℃左右,燃烧稳定,难以扑灭。最后进入第三阶段,即衰减熄灭阶段,这时室内可以燃烧的物质已经基本烧光,燃烧向着自行熄灭的方向发展。

建筑防火主要是针对火灾发展过程的第一阶段和第二阶段进行的。需要针对火灾发展阶段的特点,采取限制火势或抵制火势直接威胁的保护措施。

建筑防灭火技术,即为建筑初期灭火。所谓初期灭火,就是针对起火点及火灾初期阶段的消防设计。火灾的早期发现和扑救具有极其重要的意义,它可能以最小的代价,将损失限制在最小范围之内,对防灾有特别重要的作用。火灾自动报警系统和自动喷水灭火系统是现代建筑最重要的初期灭火措施。

(1)火灾自动报警系统。

火灾自动报警系统在火灾发生时能够及时发现并报告火情,以便尽早扑灭火灾,提高火灾监测、报警和灭火控制技术以及消防系统的自动化水平。

民用建筑火灾自动报警系统的设置,应按国家现行有关规定执行。首先应按照建筑的使用性质、火灾危险性划分的保护等级选用不同的火灾自动报警系统。一般情况下,一级保护对象采用控制中心报警系统,并设有专用消防控制室。二级保护对象采用集中报警系统,消防控制室可兼用。三级保护对象宜用区域报警系统,可将其设在消防值班室或有人值班的场所。

①消防控制室。消防控制中心系统中,消防控制室是核心部位。根据《建筑设计防火规范(2018 年版)》(GB 50016—2014)的要求,凡是有消防联动控制要求的火灾自动报警系统,都应有消防控制室,设置消防控制盘。

②火灾探测器。火灾探测器是指用来响应其附近区域由火灾产生的物理和化学现象的探测器件。在工程设计中，应根据不同的火灾选择不同的类型，并且还要根据不同的场所选择适合该场所形式的火灾探测器，这样才能够使其有效地探测火灾。火灾探测器类型主要有感温式、烟感式、光电感烟式、感光式等。

③火灾报警控制器。火灾报警控制器(亦称火灾报警器)用来接收火灾探测器发出的火警电信号，将此火警信号转化为声、光信号，并显示其着火部位或报警区域，是一种电子电路组成的火灾自动报警和监视装置。

(2)自动喷水灭火系统。

自动喷水灭火系统是一种能自动打开喷头洒水灭火，同时发出火警信号的固定灭火装置。自动喷水灭火系统适用于各类民用与工业建筑，但不适用于生产、使用及储存下列物品的场所。

①遇水发生爆炸或加速燃烧的物品。

②遇水发生剧烈化学反应或产生有毒有害物质的物品。

③洒水将导致喷溅或沸溢的液体。

自动喷水灭火系统一般设置在下列部位和场所。

①容易着火的部位，如舞台、厨房、旅馆客房、汽车停车库、可燃物品库房等。这些部位可燃物品多，容易因自燃、灯光烤灼、吸烟不慎等产生起火点并引发火灾，因此必须予以迅速扑灭。

②人员密集的场所，如观众厅、展览厅、餐厅、商场营业厅、体育健身房等公共活动用房。人员密集场所一旦发生火灾，由于出口少、人员多，往往会因拥挤碰撞甚至跌倒践踏而造成疏散困难，因此在人员密集的场所也应设置喷头及时扑灭火灾。

③兼有以上两种特点的部位，如餐厅、展览厅等，均应设置自动喷水灭火系统。

④疏散通道，如门厅、电梯厅、走道、自动扶梯底部等。

⑤火灾蔓延途径，如玻璃幕墙、共享空间的中庭、自动扶梯开口部位等，也应设置自动喷水灭火系统。

⑥疏散和扑救难度大的场所。地下室一旦发生火灾，不仅疏散困难，也不容易扑救，应设置自动喷水灭火系统。

(3)室内消火栓灭火系统。

室内消火栓灭火系统是将室外给水系统提供的水量用于扑灭建筑内的火灾而设置的固定灭火设备，是建筑中最基本的灭火设施。

多层建筑内的室内消火栓灭火系统的任务主要是控制前 10 min 火灾，10 min 后由消防车扑救；高层建筑消防立足自救，室内消火栓灭火系统要在整个灭火过程中起主要作用。

（4）其他灭火系统。

其他灭火系统主要指气体灭火系统、泡沫灭火系统和干粉灭火系统。

①气体灭火系统。一般来讲，气体灭火系统只用于建（构）筑物内部不能将水作为灭火剂的场所。

气体灭火系统主要适用于大、中型电子计算机房，大、中型通信机房或电视发射塔微波室，贵重设备室，文物资料珍藏库，大、中型图书馆和档案库，发电机房、油浸变压器室、变电室、电缆隧道或电线夹层等电气危险场所。

常用气体灭火剂有卤代烷、二氧化碳、水蒸气、烟雾及混合气体。其中卤代烷因有破坏大气臭氧层的缺点，将被禁用，目前已研制出过渡性替代物。

②泡沫灭火系统。泡沫灭火系统采用泡沫灭火剂与水按比例混合而制得的泡沫混合液，泡沫混合液经泡沫发生设备与吸入的空气混合形成泡沫，分为低倍数（2～20 倍）、中倍数（21～200 倍）和高倍数（201～2000 倍）三种。泡沫可漂浮或黏附在可燃、易燃液体、固体表面，或者充满某一有着火物质的空间，使燃烧物质熄灭。泡沫能覆盖或淹没火源，同时可将可燃物与空气隔开，泡沫本身及从泡沫混合液中析出的水可起冷却作用（只有低倍数的泡沫才较为明显）。

③干粉灭火系统。干粉灭火系统所用灭火剂是干燥而易流动的细微粉末，喷射后呈粉雾状进入火焰区，抑制物料的燃烧。

灭火剂与火焰接触，在高温条件下，可使干粉颗粒爆裂成更多更小的颗粒，使干粉的比表面积剧增，增加了与火焰的接触面积，增强了吸附力，从而提高了干粉灭火的效能。

（5）灭火器。

灭火器是一种移动式应急的灭火器材，主要用于扑救初期火灾，对被保护物品起到初期防护作用。灭火器轻便灵活，使用广泛。虽然灭火器的灭火能力有限，但初期火灾范围小，火势弱，是扑灭火灾的最佳时机，如能配置得当，应用及时，灭火器可作为第一线灭火力量，对扑灭初期火灾具有显著效果。

灭火器应设于明显和便于取用的地方，而且不能影响安全疏散。当无法按此要求设置时，必须有明显的指示标志，指出灭火器的实际位置。灭火器应相对集中，适当分散设置，以便能够尽快就近取用。

灭火器最大保护距离是指灭火器配置场所内，任意着火点到最近灭火器设置点的行走距离,要求灭火器设置点到计算单元内任一点的距离都小于灭火器的最大保护距离。对不同危险等级的场所,要求有不同的保护距离。表 6.4 和表 6.5 分别为 A 类火灾场所的灭火器最大保护距离和 B、C 类火灾场所的灭火器最大保护距离。

表 6.4　A 类火灾场所的灭火器最大保护距离

危险等级	最大保护距离/m	
	手提式灭火器	推车式灭火器
严重危险级	15	30
中危险级	20	40
轻危险级	25	50

注:A 类火灾场所指的是固体物质火灾场所。这种物质场所往往具有有机物质性质,一般在燃烧时产生灼热的余烬,如干草、木材、煤、棉、毛、麻、纸张等引起的火灾。

表 6.5　B、C 类火灾场所的灭火器最大保护距离

危险等级	最大保护距离/m	
	手提式灭火器	推车式灭火器
严重危险级	9	18
中危险级	12	24
轻危险级	15	30

注:B 类火灾指液体火灾和可熔化的固体物质火灾,如汽油、煤油、柴油、原油、甲醇、乙醇、沥青、石蜡等引起的火灾。C 类火灾指气体火灾,如煤气、天然气、甲烷、乙烷、丙烷、氢气等引起的火灾。

3. 安全疏散

建筑发生火灾时,为了避免建筑内的人员因烟气中毒、火烧和房屋倒塌而受到伤害,必须尽快撤离失火建筑。同时,消防队员也要迅速对起火部位进行火灾扑救。因此,建筑需要完善的安全疏散设施。

安全疏散设计是建筑设计中重要的组成部分之一。因此,要根据建筑的使用性质、人们在火灾事故时的心理状态与行动特点、火灾危险性大小、容纳人数、面积大小,合理地布置疏散设施,为人员的安全疏散创造有利条件。

建筑内的人员能否安全地疏散,取决于人员所需的安全疏散时间(required safety egress time,简称 RSET)与火场可用的安全疏散时间(available safety egress time,简称 ASET)的比较,如图 6.1 所示。如果 RSET≤ASET,则人员

疏散是安全的,两者差值越大则安全度越高,反之则不安全。

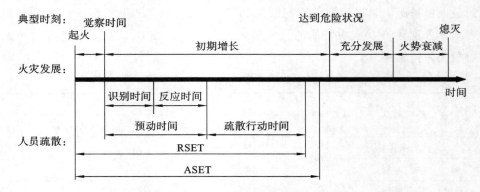

图 6.1　火灾发展与人员疏散的时间线

众多火灾事故警示人们,依据现行防火规范进行疏散出口设计、施工,在日常运营过程中保持疏散出口的畅通,对于公众聚集场所十分重要。

(1)安全分区与疏散路线。

①疏散安全分区。当建筑某一空间内发生火灾并达到轰燃时,沿走廊的门窗会被破坏,导致浓烟烈火扑向走道。若走道的吊顶、墙壁上未设有效的阻烟、排烟设施,或走道外墙未设有效的排烟窗,则烟气迟早会侵入前室,涌入楼梯间。另一方面,发生火灾时,人员的疏散行动路线也基本上和烟气的流动路线相同,即房间→走道→前室→楼梯间。因此,烟气的蔓延扩散,将对火灾层人员的安全疏散形成很大的威胁。

为保障人员疏散安全,最好能使上述疏散路线中各个空间的防烟、防火性能依序逐步提高,并使楼梯间的安全性达到最高。将各空间划分为不同的区间,称为疏散安全分区。以一类高层民用建筑及高度超过 32 m 的二类高层民用建筑及高层厂房为例,走道为第一安全分区,前室为第二安全分区,楼梯间为第三安全分区。除外部安全出口外,疏散楼梯是安全出口的主要形式。

②防烟分区。防烟分区通常是由设置隔烟和阻烟设施实现的,主要设施有防烟垂壁和挡烟梁等。

③疏散路线。烟在建筑内流动时,在不同燃烧阶段呈现不同特点。火灾初期,热烟密度小,烟带着火舌向上升腾,遇到顶棚即转为水平方向运动,其特点是呈层流状态流动。试验证明,这种层流状态可保持 40～50 m。烟在顶棚下向前运动时,如遇梁或挡烟垂壁,烟气受阻,此时烟会倒折回来,聚集在空间上空,直到烟的层流厚度超过梁高时,烟才会继续前进,并占满相邻空间。此阶段,烟的

扩散速度约为 0.3 m/s。轰燃前,烟的扩散速度为 0.5～0.8 m/s,烟占走廊高度一半。轰燃时,烟被喷出的速度高达 10 m/s。

烟在垂直方向的流动更快,一般可达 3～5 m/s。日本曾在东京海上大厦中进行火灾试验。火灾室设在大楼的第四层,点火 2 min 后,由室内喷出的烟就进入了相距 30 m 的楼梯间。3 min 后,烟已充满整个楼梯间,并进入各层走廊。5～7 min 后,上面三层走廊内烟的状态均对疏散构成威胁。

对于综合性高层建筑,应按照不同用途分区布置疏散路线,既利于平时管理,也便于火灾时有组织地疏散。

非高层民用建筑一般不需要设置防烟楼梯间,因此人可直接由走道进入楼梯间;多层民用建筑的疏散楼梯一般为敞开式,与走道相通,其安全分区不明确。

(2)房间内人员的安全疏散。

房间内人员的安全疏散主要考虑疏散门的数量、宽度及开启方向,疏散距离及疏散时间。

①一般无固定座椅的房间。较大房间的疏散门不应少于 2 个,两门之间的距离不宜小于 5 m。人员较多时,疏散门应外开,不应影响走道的有效宽度。歌舞娱乐放映游艺场所的疏散门不应少于 2 个,当建筑面积小于 50 m² 时,可设 1 个疏散门。单层公共建筑(托儿所、幼儿园除外)如面积不超过 200 m²,且人数不超过 50 人,可设一个直通室外的安全出口。

面积超过 100 m² 且经常有人停留或可燃物较多的房间应考虑排烟。这是指高层建筑内的房间。排烟方式可分为自然排烟方式和机械排烟方式两种。采用自然排烟的房间,设置的可开启外窗面积不小于该房间地面面积的 2%。

②有固定座椅的人员密集场所。剧院、电影院、礼堂建筑的观众厅安全出口(太平门)的数量均不应少于 2 个,且每个安全出口的平均疏散人数不应超过 250 人。观众厅席位超过 2000 座时,每个安全出口的平均疏散人数不应超过 400 人。体育馆观众厅安全出口的数量不应少于 2 个,且每个安全出口的平均疏散人数不宜超过 400 人。同时,应均匀布置疏散门(门宽一般为 1.4 m)。疏散门应向疏散方向开启。房间内人数不超过 60 人,且每樘门的平均通行人数不超过 30 人时,门的开启方向可以不限。疏散门不应采用转门。

高层建筑内的观众厅、展览厅、多功能厅、餐厅、营业厅、阅览室等,其室内任一点至最近安全出口的直线距离不宜超过 30 m,其他房间内最远点至房间门口的直线距离不宜超过 15 m。

在确定允许疏散时间时,首先要考虑火场烟气的问题,故疏散应在轰燃之前

完成,并适当考虑安全系数。

剧院、电影院、礼堂的观众厅容纳人员密度大,安全疏散更为重要,所以允许疏散时间要从严控制。一、二级耐火等级的剧院、电影院允许疏散时间为 2 min,三级耐火等级的允许疏散时间为 1.5 min。由于体育馆的规模一般比较大,观众厅容纳人数往往是剧院、电影院的几倍到几十倍,火灾时的烟层下降速度、温度上升速度、可燃装修材料、疏散条件等也不同于剧院、电影院,所需疏散时间一般比较长,所以对一、二级耐火等级的体育馆,其允许疏散时间为 3~4 min。

③地下建筑。一般的地下建筑必须有 2 个或 2 个以上的安全出口。安全出口宜直通室外。对于较大的地下建筑,有 2 个或 2 个以上的防火分区且相邻分区之间的防火墙上设有可作为第二安全出口的防火门时,每个防火分区可只设一个直通室外的安全出口。电影院、礼堂、商场、展览厅、大餐厅、旱冰场、体育馆、舞厅、电子游艺场直通地面的安全出口不少于 2 个。使用面积不超过 50 m² 的地下建筑,且经常停留的人数不超过 15 人时,可设一个直通地上的安全出口。为避免紧急疏散时人员拥挤或烟火封口,安全出口宜按不同方向分散均匀布置。直接通向地面的门,其总宽度应按其通过人数每 100 人不小于 1 m 计算。

安全疏散距离要满足以下要求。

a.房间内最远点到房间门口的距离与地上建筑相同,不能超过 15 m。

b.房间门至最近安全出口的距离不应超出表 6.6 的要求。

表 6.6　直通疏散走道的房间疏散门至最近安全出口的直线距离

名称			直线距离/m				
			位于两个安全出口之间的疏散门			位于袋形走道两侧或尽端的疏散门		
			一、二级	三级	四级	一、二级	三级	四级
托儿所、幼儿园、老年人照料设施			25	20	15	20	15	10
歌舞娱乐放映游艺场所			25	20	15	9		
医疗建筑	单、多层		35	30	25	20	15	10
	高层	病房部分	24	—	—	12	—	—
		其他部分	30	—	—	15	—	—
教学建筑	单、多层		35	30	25	22	20	10
	高层		30	—	—	15	—	—
高层旅馆、展览建筑			30	—	—	15	—	—

续表

名称		直线距离/m					
		位于两个安全出口之间的疏散门			位于袋形走道两侧或尽端的疏散门		
		一、二级	三级	四级	一、二级	三级	四级
其他建筑	单、多层	40	35	25	22	20	15
	高层	40	—	—	20	—	—

注:(1)建筑内开向敞开式外廊的房间疏散门至最近安全出口的直线距离可按本表的规定增加 5 m。
(2)直通疏散走道的房间疏散门至最近敞开楼梯间的直线距离,当房间位于两个楼梯间之间时,应按本表的规定减少 5 m;当房间位于袋形走道两侧或尽端时,应按本表的规定减少 2 m。(3)建筑内全部设置自动喷水灭火系统时,其安全疏散距离可按本表的规定增加 25%。

地下建筑烟热的危害性大,其疏散时间应严格控制。参考地面建筑的疏散时间及国外有关资料,同时考虑经济条件,我国地下建筑疏散时间应控制在 3 min 之内。

我国高层建筑地下室多设有人防地下室,人防地下室因防爆需要,人员出入口窄而不畅,所以火灾时疏散格外困难,无法满足疏散要求。因此,这种地下室不可改作其他用途,特别是不能改为大量集中人员使用的地下室。

对于地下建筑来说,如何控制烟气的扩散是防火问题的重点。地下建筑的防烟分区应与防火分区相同,其面积不应超过 500 m²,且不得跨越防火分区。在地下商业街等大型地下建筑的交叉道口处,两条街道的防烟分区不得混合。这样,不仅能提高相互交叉的地下街道的防烟安全性,而且防烟分区的形状简单,可以增强排烟效果。

(3)走道疏散。

走道疏散指的是从房门到达室外安全场所及多高层建筑从房门到达封闭楼梯间、防烟楼梯间及避难层的过渡空间的疏散。

①双向疏散。根据火灾事故中疏散人员的心理与行为特征,在进行建筑平面设计,尤其是布置疏散楼梯间时,原则上应使疏散的路线简洁,并使其能与地下安全出口自然排烟构造、人们日常的活动路线相结合,使人们通过平时活动了解疏散路线。

开向走道的每一个房间的外门处,最好都能向两个方向疏散,避免出现袋形走道。一字形、L 形建筑端部应设疏散楼梯,形成双向疏散。中心核式建筑应围绕交通核心布置环形走道。布置环形走道有困难时,也应使大部分走道有双向

疏散的功能。

②疏散距离。对一般民用建筑而言,根据建筑的使用性质、耐火等级,对房门到安全出口的疏散距离提出不同要求,如表6.6所示。

③走道防排烟。楼层水平通道作为第一安全区,是水平疏散路线中最重要的一段,分别连通各个房间和楼梯间。该走道应能较好地保障逃出房间的人员顺利地到达第二安全分区。因此,必须重视走廊内装修的防火问题,尽量减少使用可燃物装修。

(4)安全出口。

安全出口是指供人员安全疏散用的房间的门、楼梯间或直通室外安全区域的出口。在发生火灾时,为了能够迅速安全地疏散人员、减少人员伤亡,在建筑防火设计时,必须设置足够数量的安全出口。安全出口应分散布置,且易于寻找,并应有明显标志。

安全出口的宽度是由疏散宽度指标计算得来的。宽度指标是对允许疏散时间、人体宽度、人流在各种疏散条件下的通行能力等进行调查、实测、统计、研究的基础上建立起来的,工程设计中主要用百人宽度指标来计算安全出口宽度。

安全出口一般是指直通建筑首层的外门及门厅或楼层楼梯间的门;若为防烟楼梯间,则指走道通向前室的门。人们在前室既可暂时避难,也可由此沿楼梯向下层和楼外疏散。

安全出口还包括直通以下场所的门:避难层、有进一步逃生条件的屋顶或足够大的平台。这些场所的安全性相当于室外,一般通过疏散楼梯间到达。

疏散楼梯不应少于2个,且应与走道连通,形成双向疏散系统。中心核式高层建筑布置走道时,2个安全出口最近边缘之间的水平距离不应小于5 m。发生火灾时,人们首先会选择熟悉并经常使用的疏散路线,因此靠近电梯间设置疏散楼梯,即可将平常使用的路线和疏散路线结合起来,有利于快速疏散、安全疏散。对于设有多个疏散楼梯的大型空间,疏散楼梯应均匀分散布置,也就是说,同一建筑空间中的安全疏散距离不能太近。疏散楼梯的宽度应通过计算确定。

除《建筑设计防火规范(2018年版)》(GB 50016—2014)另有规定外,公共建筑内疏散门和安全出口的净宽度不应小于0.90 m,疏散走道和疏散楼梯的宽度不应小于1.10 m。

高层公共建筑内楼梯间的首层疏散门、首层疏散外门、疏散走道和疏散楼梯的最小净宽度应符合表6.7的规定。

表 6.7　高层公共建筑内楼梯间的首层疏散门、首层疏散外门、疏散走道和疏散楼梯的最小净宽度

建筑类别	最小净宽度/m			
	楼梯间的首层疏散门、首层疏散外门	走道		疏散楼梯
		单面布房	双面布房	
高层医疗建筑	1.30	1.40	1.50	1.30
其他高层公共建筑	1.20	1.30	1.40	1.20

一般情况下，梯段和休息平台的宽度不宜小于 1.2 m，踏步宽度不应小于 250 mm，踏步高度不应大于 180 mm。高层公共建筑的疏散楼梯两梯段间水平净距不小于 150 mm，目的是便于扑救时消防水龙带穿过。疏散楼梯不应采用扇形踏步，但踏步上下两级所形成的平面角不超过 10°，每级离扶手 250 mm 处的踏步宽度超过 220 mm 时可以例外。疏散楼梯不允许设计成旋转式，但在个别层间使用人数很有限时可予以考虑。

6.1.2　建筑与地震

1. 概述

地震俗称地动，是一种自然现象，即地下某处岩层突然破裂，或局部岩层坍塌、火山喷发等引起的振动以波的形式传到地表引起地面的颠簸和摇动，这种地面运动称为地震。地震是自然界中威胁人类安全的主要灾害之一。它具有突发性强、破坏性大和比较难预测的特点。

地震震级 M 是表示地震大小或强弱的指标，是地震释放能量多少的尺度，是地震的基本参数之一。它是以标准地震仪所记录的最大水平位移（即目前国际上比较通用的里氏震级）。小于 2 级的地震，一般人们感觉不到，只有仪器才能记录下来，称为微震；2~4 级为有感地震；5 级以上就会引起不同程度的破坏，称为破坏性地震；7 级以上则为强烈地震。

地震烈度是指某一地区的地面及房屋建筑等遭受一次地震影响的强弱程度。

基本烈度是指某一地区，在今后一定的时间内和一般的场地条件下，可能普遍遭遇到的最大地震烈度值。各个地区的基本烈度是根据当地的地质地形条件和历史地震情况等，由有关部门确定的。设计烈度是建筑抗震设计中实际采用的地震烈度，也称抗震设防烈度。设计烈度根据建筑的重要性，在基本烈度的基

础上按区别对待的原则确定。

特别重要的建筑是指具有重大政治经济意义和文化价值，以及次生灾害特别严重的少数建筑，必须保证这些建筑具有特殊的安全度。对于特别重要的建筑，经国家批准，设计烈度要按高于基本烈度一度采用。

对于重要建筑，设计烈度按基本烈度采用。重要建筑是指在使用上、生产上、政治经济上具有较大影响的，以及地震时容易产生次生灾害的，或一旦破坏后修复较困难的建筑，如医院、消防、供水、供电等建筑。

对于次要建筑，设计烈度可按低于基本烈度两度采用，如一般仓库、人员较少的辅助建筑等。此外，为了保证 7 度地区的建筑都具有一定的抗震能力，当基本烈度为 7 度时设计烈度不降低。对于临时性建筑，可不考虑设防。

2. 建筑抗震基本原则

（1）建筑抗震设防的依据。

抗震设防是指对建筑结构进行抗震设防，并采取一定的抗震构造措施，以达到结构抗震的效果和目的。抗震设防的依据是抗震设防烈度。抗震设防必须贯彻执行《中华人民共和国建筑法》和《中华人民共和国防震减灾法》，并实行以预防为主的方针，减轻建筑遭受的地震破坏，避免人员伤亡，减少经济损失。

（2）抗震设防的目标。

建筑结构的抗震设防目标，是对建筑结构应具有的抗震安全性能的要求，即建筑结构物受到不同水准地震影响时，结构、构件、使用功能、设备的损坏程度及人身安全的总要求，具体的要求如下。

①当遭受低于本地区抗震设防烈度的多遇地震（50 年内超越概率约为 63.2% 的地震烈度）时，一般不损坏或不需要修理可继续使用（通俗解释为"小震不坏"）。

②当遭受相当于本地区抗震设防烈度的影响（50 年内超越概率约为 10% 的地震烈度，即达到中国地震烈度区划图规定的地震基本烈度或新修订的中国地震动参数区划图规定的峰值加速度）时，可能损坏，一般修理或不需要修理仍可继续使用（通俗解释为"中震可修"）。

③当遭受高于本地区抗震设防烈度预估的罕遇地震影响（50 年内超越概率为 2%～3% 的地震烈度）时，不致倒塌或发生危及生命的严重破坏（通俗解释为"大震不倒"）。

3. 建筑抗震设防的分类标准

（1）抗震设防类别划分的依据。

建筑抗震设防类别划分，应根据下列因素综合确定。

①社会影响和直接、间接经济损失的大小。

②城市的大小和地位、行业的特点、工矿企业的规模。

③使用功能失效后对全局的影响范围大小。

④结构本身的抗震潜力大小、使用功能恢复的难易程度。

⑤建筑各单元的重要性有显著不同时，可根据局部的单元划分类别。

⑥在不同行业之间的相同建筑，由于所处地位及受地震破坏后产生后果及影响不同，其抗震设防类别可不相同。

（2）抗震设防类别划分的要求。

建筑抗震设防类别根据其使用功能的重要性可分为甲类、乙类、丙类、丁类四个类别，其划分应符合下列要求。

①甲类建筑。地震破坏后对社会有严重影响，造成国民经济巨大损失或有特殊要求的建筑。

②乙类建筑。主要指使用功能不能中断或需尽快设计，且地震破坏会造成社会重大影响和国民经济重大损失的建筑。

③丙类建筑。地震破坏后有一般影响及其他不属于甲、乙、丁类的建筑。

④丁类建筑。地震破坏或倒塌不会影响甲、乙、丙类建筑，且社会影响、经济损失轻微的建筑。一般为储存物品价值低、人员活动少的单层仓库等建筑。

（3）建筑抗震设防标准的要求。

各类建筑的抗震设防标准，应符合下列要求。

①甲类建筑。应按高于设防烈度一度设计（包括地震作用和抗震措施）。

②乙类建筑。应按本地区抗震设防烈度设计。设防烈度为 6～8 度时应按照高于设防烈度 1 度设计，当设防烈度为 9 度时，应加强抗震措施。对较小的乙类建筑，可采用抗震性能好、经济合理的结构体系，并按本地区的抗震设防烈度采取抗震措施。乙类建筑的地基基础可不加强抗震措施。

③丙类建筑。地震作用和抗震措施应按本地区设防烈度设计。

④丁类建筑。一般情况下，地震作用可不降低。当设防烈度为 7～9 度时，抗震措施可按低于本地区设防烈度 1 度设计，当为 6 度时可不降低。

6.1.3 建筑与爆炸

1. 概述

（1）爆炸及其分类。

①爆炸的定义及特征。

爆炸是指物质的状态和存在形式发生突变,在瞬间释放出大量的能量,形成空气冲击波,可使周围物质受到强烈的冲击,同时伴随响声或光效应的现象。

爆炸现象一般具有如下特征。

a. 爆炸过程进行得很快。

b. 爆炸点附近压力瞬间急剧上升。

c. 发出声响。

d. 周围建筑或装置发生振动或遭到破坏。

简言之,爆炸是系统的一种非常迅速的物理或化学的能量释放过程。

②爆炸的分类。

爆炸的分类方法主要有三种:第一种是按照爆炸的性质分类,分为物理爆炸、化学爆炸和核爆炸;第二种是按照爆炸的传播速度分类,分为轻爆、爆炸和爆轰;第三种是按照爆炸的反应物质分类,分为气相爆炸、液相爆炸、混合相爆炸。通常使用最多的分类方法是第一种,即将爆炸分为物理爆炸、化学爆炸和核爆炸。在研究化工、石油化工工厂防火防爆技术中,通常只研究物理爆炸和化学爆炸,故核爆炸在本书中不做讨论。

a. 物理爆炸。物理爆炸由物理变化所致,其特征是爆炸前后系统内物质的化学组成及化学性质均不发生变化。物理爆炸主要是指压缩气体、液化气体和过热液体在压力容器内,某种原因导致容器承受不住压力而破裂,内部物质迅速膨胀并释放大量能量的过程。

b. 化学爆炸。化学爆炸是由化学变化造成的,其特征是爆炸前后物质的化学组成及化学性质都发生了变化。化学爆炸按爆炸时所发生的化学变化的不同又可分为三类:简单分解爆炸、复杂分解爆炸、爆炸性混合物爆炸。

（2）爆炸的破坏作用。

爆炸常伴随发热、发光、高压、真空、电离等现象,爆炸的威力与爆炸物质的性质、数量,爆炸的条件有关,其破坏作用的大小还与爆炸的场所有关。爆炸的破坏及危害形式有以下四种。

①直接破坏作用。化工装置、机械设备、容器等爆炸后,不仅其本身断裂或变成碎片而损坏,碎片飞散出去也会在相当大的范围内造成危害。爆炸碎片的飞散距离一般可达 100～500 m 甚至更远,飞散的碎片或物体不仅对人造成巨大威胁,其能量对建筑物、生产设备、电力与通信线路等都能造成重大破坏作用。在化工生产爆炸事故中,爆炸碎片造成的伤亡占很大比例。

②冲击波的破坏作用。任何爆炸过程都伴随大量高压气体的产生或释放,高压气体以极高的速度膨胀,挤压周围空气的同时,压缩的空气层向四周传播。爆炸时由于气体等物质向外急速扩张,还在爆炸中心产生局部真空或低压,低压区也向外扩张,这样在爆炸中心附近的某一点受到压力,呈升降交替的波状气压向四周扩散,这就是冲击波。爆炸的主要破坏作用就是由冲击波造成的。在爆炸中心附近,冲击波波阵面上的超压可以达到数兆帕。在这样的高压下,建筑被摧毁,机械设备、管道等也会受到严重破坏。冲击波的另一个破坏作用是由高压与低压的交替作用造成的,交替作用可在作用区域内产生震荡作用,从而破坏建筑。

③造成火灾。爆炸气体扩散通常在爆炸的瞬间完成,对一般可燃物质不致造成火灾,而且爆炸冲击波有时能起灭火作用。但是爆炸的余热或余火会点燃从破损设备中不断泄漏出的可燃气体、可燃液体蒸气或其他可燃物质,从而造成火灾。爆炸过程的抛撒作用会造成大面积的火灾,引燃附近设备,储油罐、液化气罐或气瓶爆炸后最容易发生这种情况。事故中储存设施的破裂将导致液体泄漏,着火面积也将迅速扩大。

④造成中毒和严重环境污染。生产、使用的许多化学品不仅易燃,而且有毒。爆炸事故可能导致有害物质泄漏,对现场人员及周围居民都构成威胁,大气、土壤、地下水、地表水等都可能受到污染。

2. 建筑的分类设防

(1)厂房建筑分类设防。

按照形成化学性爆炸物质的分类,厂房建筑可分为火化工厂房和一般爆炸危险厂房两类。

①火化工厂房建筑防爆。火化工厂房专门制造或加工火药、炸药、雷管、导火索、子弹等爆炸性物品,发生爆炸事故时造成的危害特别大,建厂前应严格按照国家有关技术规范进行设计,并经过国家有关部门审批。

此类厂房应远离城市居民区、公共建筑、铁路、公路、桥梁、港口、飞机场等人员较集中的地方。因受条件限制不得不与其他建筑场地相邻建厂时，应保持足够的安全距离。

②一般爆炸危险厂房建筑防爆。一般爆炸危险厂房生产加工石油、化工、轻工、有色金属等物品，它们在一定的条件下会引发爆炸，而且遇到火源才能发生爆炸，一旦发生爆炸事故，造成的危害也较大。因此，建厂前也应按照国家有关技术规范进行设计，同时必须经国家有关部门审批。

此类厂房建筑防爆设计应根据生产过程中使用、产生的物质和产品的特点、闪点、爆炸极限，按照一般厂房生产的火灾危险性分类。

（2）仓库建筑分类设防。

按照形成化学性爆炸物质的分类，仓库建筑可分为爆炸性物品仓库建筑和化学危险物品仓库建筑两类。

①爆炸性物品仓库建筑防爆。爆炸性物品仓库专门储存火药、炸药、雷管、子弹等爆炸性物品。物品集中是仓库的特点，仓库内储存大量的爆炸性物品，一旦发生爆炸事故，将会造成严重的危害。因此，建库时必须严格按照国家有关技术规范进行设计，并由国家有关部门进行审批。

此类仓库应该远离城市居民区、公共建筑、铁路、桥梁、港口、机场等人员较集中的地方。因受条件限制不得不与其他建筑相邻建库时，必须保证足够的距离。

此类仓库防爆设计应根据储存的爆炸性物品特性，按国家有关技术规定，分类、分库、分间储存。每一座仓库的最大储存量或最大占地面积不得超过有关技术规定。建筑设计应采取防爆措施，库房室外四周还应砌筑防爆围堤。山洞设库、靠山设库可将自然环境作为屏障，既安全，又可以节约投资。

②化学危险物品仓库建筑防爆。化学危险物品仓库专门储存桶装易燃液体、瓶装可燃气体、瓶装化学试剂等危险物品，简称危险物品仓库。剧毒物品、腐蚀性物品、放射性物品等属于化学危险品。大多数化学危险品在一定的条件下均能发生爆炸事故。

此类物品的一个特点是容易着火燃烧，一旦发生爆炸，往往造成火灾。由于着火燃烧快，来不及灭火抢救，容易造成严重后果。如果仓库与相邻建筑没有足够的防火间距，大火还会蔓延到相邻建筑，造成更大的危害。

此类仓库防爆设计，应根据储存物品的特性、闪点、爆炸极限，按照储存物品的火灾危险性分类进行设防。

3. 建筑的防爆设计

(1)厂房建筑的防爆设计。

厂房建筑防爆设计应包括以下几点。

①有爆炸危险的厂房宜采用单层建筑。

②有爆炸危险的厂房不应设在建筑地下室或半地下室。

③有爆炸危险的厂房,其耐火等级不应低于二级。

④有爆炸危险的厂房内防火墙间距不宜过大。

⑤有爆炸危险的厂房宜采用开敞式或半开敞式建筑。

(2)仓库建筑的防爆设计。

仓库建筑防爆设计应包括以下几点。

①有爆炸危险的仓库应采用单层建筑。

②有爆炸危险的物品应分类分库储存。

③有爆炸危险的仓库占地面积不应过大,并应设防火墙分隔小间储存。

④有爆炸危险的物品不应储存在地下室、半地下室的仓库中。

⑤有爆炸危险的仓库不应设在有火源的辅助房间。

⑥有爆炸危险的仓库必须根据不同情况采取自然通风和隔热降温的措施。

(3)露天生产场所建筑的防爆设计。

露天生产不需要建筑厂房,但按照生产工艺的要求,尚需要建造控制室、电视监视室、电子计算机室、配电室、分析室、办公室、生活室等。工人、技术员除每班一至两次巡视露天生产设备机器工作的情况外,大部分时间都在这些建筑内工作。因此,这些建筑易燃面积小,但是用途十分重要,万一发生爆炸,这些建筑遭受破坏,会造成工人、技术员伤亡,各种设备会失灵,生产运转中断,而且往往引起火灾,甚至蔓延至整个工厂。国内外已经有这方面事故的教训,因此设计应引起重视,采取防爆措施。

这些建筑在使用过程中有各种火源,如果不是生产工艺过程的限制,就不要布置在有爆炸危险的场所内,因受生产工艺过程或总平面用地的限制,需要布置在有爆炸危险的场所内时,设计必须采取下列防爆措施。

①采用机械送风。

②选用耐爆结构形式。

③外墙开设耐爆固定窗。

④外墙开设双门斗。

⑤室内地面高出露天生产区域地面。

⑥外墙穿管道必须密封。

6.1.4　建筑与雷击

1.雷电防护基础知识

(1)雷击的危害。

雷击是指雷云与大地之间的一次或多次放电,即对地闪击。其危害主要体现在雷电流导致的热效应、机械效应和电效应三个方面。雷击危害及影响见表6.8。

表6.8　雷击危害及影响

雷击对象		危害及影响
建筑	住宅	击穿电气装置;损害通常限于暴露于雷击点或雷电流通道的对象;装设的电气、电子设备等系统失效(如电视机、计算机、电话等)
	剧院、宾馆、学校、商店	电气装置损坏(如电灯照明)很可能导致恐慌;火警失效使消防延迟
	银行、保险公司、商业公司	电气装置损坏(如电灯照明)很可能导致恐慌;火警失效使消防延迟;导致通信不畅、计算机失效和数据丢失
	医院、疗养院、监狱	电气装置损坏(如电灯照明)很可能导致恐慌;火警失效使消防延迟;特护人员、行动不便人员的救援困难等
	电厂	当雷电直接击中电力设备时,会产生剧烈的电弧和火花,导致设备短路、烧毁甚至爆炸;干扰电力系统,可能导致电力系统的不稳定,影响电力供应的连续性和稳定性
	烟花厂、军火厂	危及工厂和周边
	化工厂、核工厂	工厂发生火灾和故障可能给当地甚至全球环境带来不利影响
常用服务设施	电信线路	线路的机械损伤,屏蔽层和导体的熔化;电缆和设备绝缘击穿导致线路直接失效
	电力线路	低压架空线路绝缘损坏,电缆绝缘层击穿,线路设备和变压器绝缘击穿,造成服务功能丧失
	煤气管、燃料管	非金属法兰盘衬垫的穿孔有可能造成火灾和爆炸;电气和电子控制设备受损有可能造成服务功能丢失

（2）建筑的防雷分类。

建筑应根据其重要性、使用性质、发生雷电事故的可能性和后果，按防雷要求分为三类。

①第一类防雷建筑。

a.凡制造、使用或储存火炸药及其制品的危险建筑，电火花引起爆炸、爆轰，会造成巨大破坏和人身伤亡者。

b.具有 0 区或 20 区爆炸危险场所的建筑。

c.具有 1 区或 21 区爆炸危险场所的建筑，电火花引起爆炸，会造成巨大破坏和人身伤亡者。

②第二类防雷建筑。

a.列入国家级重点文物保护的建筑。

b.国家级的会堂、办公建筑、大型展览和博览建筑、大型火车站和飞机场（不含停放飞机的露天场所和跑道）、国家级档案馆、大型城市的重要给水泵房等特别重要的建筑。

c.国家级计算中心、国际通信枢纽等对国民经济有重要意义的建筑。

d.国家特级和甲级大型体育馆。

e.制造、使用或储存火炸药及其制品的危险建筑，且电火花不易引起爆炸或不致造成巨大破坏和人身伤亡者。

f.具有 1 区或 21 区爆炸危险场所的建筑，且电火花不易引起爆炸或不致造成巨大破坏和人身伤亡者。

g.具有 2 区或 22 区爆炸危险场所的建筑。

h.有爆炸危险的露天钢质封闭气罐。

i.预计雷击次数大于 0.05 次/年的部、省级办公建筑，其他重要或人员密集的公共建筑以及火灾危险场所。

j.预计雷击次数大于 0.25 次/年的住宅、办公楼等一般性民用建筑或一般性工业建筑。

③第三类防雷建筑。

a.省级重点文物保护的建筑及省级档案馆。

b.预计雷击次数大于或等于 0.01 次/年，且小于或等于 0.05 次/年的部、省级办公建筑，其他重要或人员密集的公共建筑，以及火灾危险场所。

c.预计雷击次数大于或等于 0.05 次/年，且小于或等于 0.25 次/年的住宅、办公楼等一般性民用建筑或一般性工业建筑。

d.在平均雷暴日大于 15 日/年的地区,高度在 15 m 及以上的烟囱、水塔等孤立的高耸建筑;在平均雷暴日小于或等于 15 日/年的地区,高度在 20 m 及以上的烟囱、水塔等孤立的高耸建筑。

2. 雷电防护系统

雷电防护系统是指用以减少雷击造成的物理损害和人身伤亡的系统,由外部防雷装置和内部防雷装置两部分组成。

(1)外部防雷装置。

外部防雷就是防直击雷。外部防雷装置由接闪器、引下线和接地装置构成,利用接闪器拦截建筑的直击雷(包括建筑侧面的闪络),利用引下线安全引导雷电流入地,利用接地装置使雷电流入地消散,避免产生热效应、机械损坏以及危险电火花。

(2)内部防雷装置。

内部防雷包括防闪电感应、防反击、防闪电电涌侵入以及提供人身安全等所有附加措施。内部防雷装置通过进行防雷等电位连接或与外部防雷装置部件保持间隔距离(达到电气绝缘)来防止建筑内部出现危险火花。安装电涌保护器可以防止雷击电磁脉冲对电子设备的损坏。

3. 建筑的防雷设计

对于不同类型的建筑,宜采取不同的防雷措施,具体如下。

(1)一般规定。

①各类防雷建筑应采取防直击雷和防雷电波侵入的措施。

②装有防雷装置的建筑,在防雷装置与其他设施和建筑内人员无法隔离的情况下,应采取等电位连接。

(2)第一类防雷建筑的防雷措施。

第一类防雷建筑的防直击雷的措施应符合下列要求。

①应装设独立避雷针或架空避雷线(网),使被保护的建筑及风帽、放射管等突出屋面的物体均处于接闪器的保护范围内。架空避雷网的网格尺寸不应大于 5 m×5 m 或 6 m×4 m。

②排放爆炸危险气体、蒸气或粉尘的放散管、呼吸阀、排风管等管口外以下空间应处于接闪器的保护范围内。当有管帽时,应按表 6.9 确定;当无管帽时,应为管口上方半径 5 m 的半球体。接闪器与雷闪的接触点应设在上述空间之外。

表 6.9　有管帽的管口外处于接闪器保护范围内的空间

装置内的压力与周围空气压力的压力差/Pa	排放物的密度	管帽以上的垂直高度/m	与管口处的水平距离/m
<5	重于空气	1	2
5～25	重于空气	2.5	5
≤25	轻于空气	2.5	5
>25	重于或轻于空气	5	5

③排放爆炸危险气体、蒸气或粉尘的放散管、呼吸阀、排风管等,当其排放物达不到爆炸浓度、长期点火燃烧、一排放就点火燃烧时,即发生事故时排放物才达到爆炸浓度的通风管、安全阀,接闪器可仅保护到管帽,无管帽时可仅保护到管口。

④独立避雷针的杆塔、架空避雷线的端部和架空避雷网的各支柱处应至少设一根引下线。对用金属制成或有焊接、绑扎连接钢筋的杆塔、支柱,宜将其作为引下线。

⑤独立避雷针和架空避雷线(网)的支柱及其接地装置与被保护建筑及与避雷装置有联系的管道、电缆等金属物之间的距离不得小于 3 m。

⑥架空避雷线和架空避雷网与屋面和各种突出屋面的风帽、放散管等物体之间的距离应不小于 3 m。

⑦独立避雷针和架空避雷线(网)应有独立的接地装置,每一引下线的冲击接地电阻不宜大于 10 Ω。在土壤电阻率高的地区,可适当增大冲击接地电阻。

第一类防雷建筑防雷电波侵入的措施应符合下列要求。

①低压线路宜全线采用电缆直接埋地敷设,在入户端应将电缆的金属外皮、钢管接到防雷电感应的接地装置上。当全线采用电缆有困难时,可采用钢筋混凝土杆和铁横担的架空线,并应使用一段金属铠装电缆或护套电缆穿钢管直接埋地引入,其埋地长度不应小于 15 m。

在电缆与架空线连接处,应装设避雷器。避雷器、电缆金属外皮、钢管和绝缘子铁脚、金具等应连在一起接地,其冲击接地电阻不应大于 10 Ω。

②架空金属管道,在进出建筑处,应与防雷电感应的接地装置相连。距离建筑 100 m 的管道,应每隔 25 m 接地一次,其冲击接地电阻不应大于 20 Ω,并宜将金属支架或钢筋混凝土支架的焊接、绑扎钢筋网作为引下线,其钢筋混凝土基础宜作为接地装置。

埋地或地沟内的金属管道,在进出建筑处亦应与防雷电感应的接地装置相连。

（3）第二类防雷建筑的防雷措施。

①第二类防雷建筑防直击雷的措施，宜采用装设在建筑上的避雷网（带）、避雷针或由其混合组成的接闪器。避雷网（带）应沿屋角、屋脊、屋檐和檐角等易受雷击的部位敷设，并应在整个屋面组成不大于 10 m×10 m 或 12 m×8 m 的网格。

②引下线不应少于两根，并应沿建筑四周均匀或对称布置，其间距不应大于 18 m。当仅将建筑四周的钢柱或柱子钢筋作为引下线时，可按跨度设引下线，但引下线的平均间距不应大于 18 m。

③每根引下线的冲击接地电阻不应大于 10 Ω。防直击雷接地宜和防雷电感应、电气设备、信息系统等接地共用同一接地装置，并宜与埋地金属管道相连。在共用接地装置与埋地金属管道相连的情况下，接地装置宜围绕建筑敷设成环形接地体。

④高度超过 45 m 的钢筋混凝土结构、钢结构建筑，尚应采取防侧击和等电位的保护措施。

⑤有爆炸危险的露天钢质封闭气罐，当其壁厚不少于 4 mm 时，可不装设接闪器，但应接地，且接地点不应少于两处；两接地点间距离不宜大于 30 m，冲击接地电阻不应大于 30 Ω。

（4）第三类防雷建筑的防雷措施。

①第三类防雷建筑防直击雷的措施，宜采用装设在建筑上的避雷网（带）、避雷针或由其混合组成的接闪器。避雷网（带）应沿屋角、屋脊、屋檐和檐角等易受雷击的部位敷设，并应在整个屋面组成不大于 20 m×20 m 或 24 m×16 m 的网格。

②宜在砖烟囱、钢筋混凝土烟囱上装设避雷针或避雷环保护。多支避雷针应连接在闭合环上。当非金属烟囱无法采用单支或双支避雷针保护时，应在烟囱口装设环形避雷带，并应对称布置三支高出烟囱口至少 0.5 m 的避雷针。钢筋混凝土烟囱的钢筋应在其顶部和底部与引下线和贯通连接的金属爬梯相连。

③引下线不应少于两根，但周长不超过 25 m 且高度不超过 40 m 的建筑可只设一根引下线。引下线应沿建筑四周均匀或对称布置，其间距不应大于 25 m。

（5）其他防雷措施。

当一组建筑兼有第一、二、三类防雷建筑时，其防雷分类和防雷措施宜符合下列规定。

①当第一类防雷建筑的面积占建筑总面积的 30% 及以上时，该建筑宜确定为第一类防雷建筑。

②当第一类防雷建筑的面积占建筑总面积的 30％以下,且第二类防雷建筑的面积占建筑总面积的 30％及以上时,或当这两类防雷建筑的面积均小于建筑总面积的 30％,但其面积之和又大于建筑总面积的 30％时,该建筑宜确定为第二类防雷建筑。但对第一类防雷建筑的防雷电感应和防雷电波侵入,应采取第一类防雷建筑的保护措施。

③当第一、二类防雷建筑的面积之和小于建筑总面积的 30％,且不可能遭直接雷击时,该建筑可确定为第三类防雷建筑;但对第一、二类防雷建筑的防雷电感应和防雷电波侵入,应采取与各自类别对应的保护措施;当可能遭直接雷击时,宜按各自类别采取防雷措施。

当一组建筑中仅有一部分为第一、二、三类防雷建筑时,其防雷措施宜符合下列规定。

①当防雷建筑可能遭直接雷击时,宜按各自类别采取防雷措施。

②当防雷建筑不可能遭直接雷击时,可不采取防直击雷措施,可仅按各自类别采取防雷电感应和防雷电波侵入的措施。

③当防雷建筑的面积占建筑总面积的 50％以上时,该建筑宜按上述第一部分规定采取防雷措施。

6.1.5　建筑与洪水

洪涝灾害对建筑的破坏已引起人们的高度重视。江汉平原一带处于“两江”(长江、汉江)和“四湖”(长湖、洪湖、三湖、白鹭湖)流域之中,古为云梦泽,地势低洼,多年来受长江洪水威胁频繁,内垸时患涝灾。探索洪涝灾害对建筑的影响,采取相应的防灾对策,是一项十分紧迫的任务。除了加固堤防,疏通河道,从大的方面消除洪水危害,对洪水多发区的建筑采取必要的防洪防涝措施,也是必不可少的。

1.洪涝灾害对建筑的破坏

(1)洪水冲刷。

洪水对建筑的破坏最严重的莫过于直接冲刷水流以其巨大的能量以排山倒海之势作用于建筑,极易造成整体性差、构件强度不高的建筑倒塌。有些上部结构虽然比较坚固,若地基受到冲刷,也易造成上部结构破坏。

洪水漫流,也会在较大范围内造成破坏。位于地表的道路被冲,管线、桥梁破坏也是极常见的。如 1998 年长江中下游特大洪水造成洪湖市市政涵管冲破

1500 m，城区三座桥梁损坏，建筑预制厂被冲毁。松滋市道路被毁 250 m，供水管被毁 2500 m，排水管道被冲 1000 m。据湖北省住房和城乡建设厅统计，这次洪水造成的城镇城市基础设施损失达 14 亿元。

（2）洪水浸泡。

洪水浸泡（或涝灾）对建筑的破坏主要有以下三个方面。

①对地基土扰动引起的结构破坏。

由于洪涝灾害，地表积水，地下水位上升，某些地基土（如膨胀土）对水的作用十分敏感，随着含水量的不同而发生较大变形，基础位移使建筑和地坪开裂、变形并破坏。

②对建筑材料侵蚀引起的结构破坏。

洪涝灾害引起的地表积水含有各种化学成分，当某些成分含量过高时，对混凝土、可溶性石料以及钢材存在侵蚀作用，导致结构材料破坏。其中对混凝土的侵蚀作用有结晶性侵蚀和分解性侵蚀两种基本类型。前者主要是指硫酸根离子（SO_4^{2-}）在水中含量过高时，会与混凝土中的氢氧化钙[$Ca(OH)_2$]作用生成石膏结晶二水合硫酸钙（$CaSO_4 \cdot 2H_2O$），体积增大，使混凝土严重破坏。后者指水中氢离子、重碳酸根离子及游离二氧化碳等对混凝土的分解作用。

③退水效应引起的破坏。

随着洪涝灾害的缓解，地面上层滞水减少，地下水位随之降低。地下水位下降直接导致土自重应力增加，使土体本身产生压缩变形，从而使建筑开裂、倾斜。这一现象常在洪涝灾害多发区发生并引起了人们的关注。

（3）洪涝次生灾害。

由洪涝灾害引发的其他相关灾害也是不可忽视的。从天而降的暴雨对地表的冲刷和水平方向的洪水的漫流会诱发山体滑坡、泥石流并对建筑造成危害。洪涝造成的泥沙淤积、环境破坏更是显而易见的。

2. 建筑防洪防涝设计要点

防洪防涝是人与自然相互协调的大课题，是一项综合防灾系统工程。从战略上讲，应该变"keep the flood away"（阻挡洪水）为"give the flood way"（给洪水让路），即由重"堵"到重"疏"或"堵""疏"并重。1998 年长江大洪灾发生后，大家都在反思，许多有识之士提出了保护各大河流域的生态植被、退田还湖等有益建议。各级政府也在加固堤防、建立防护林等方面做出了安排并逐年付诸实施。大江沿岸的军民通过抗洪积累了经验，增强了抗洪防灾意识。这些对抵御洪涝灾害都是十分有益的。加强洪涝灾害多发区的建筑防洪防涝设计工作,也是必不可少的。

(1)合理选择建筑场地。

选择建筑建造场地时应有防御洪涝灾害的意识,场地应满足抗洪要求。建筑不能建造在低洼地段,以防积水造成涝灾,给房屋带来隐患。同时应该避开易产生滑坡和泥石流的地带。建造湖边、河边的房屋前应进行调查,使基础坐落在多年洪水线以上,并与堤防有一定的安全距离。

(2)掌握地质条件,做好地基处理。

进行水文地质勘察,掌握建筑场地的岩土工程地质、水文地质特性,并对不利于防洪防涝的地基进行处理。对膨胀土地基,应充分考虑其遇水膨胀、失水收缩的特性。在大面积处理有困难但选择膨胀土作为建筑地基的情况下,应在选择基础埋深时,以膨胀土的下卧层为持力层,或在加强排水、扩大散水宽度、加大上部结构刚度等方面采取必要的防范措施。对淤泥质土的软弱地基也应实施相应的处理方案。

(3)选择合理的基础和上部结构方案。

基础和上部结构都应采用对防洪防涝有利的方案。如基础埋置深度内可能受到洪水影响,应尽量采用深埋。实在不可避免时,应加强基础的刚性和整体性。

上部结构也应加强整体性。抗震设防区的砌体结构使用圈梁和构造柱,对抗洪抗涝也是有效的。有的洪涝灾害多发区采用钢筋混凝土框架轻板结构,也是一种较好的方案。但对广大农村而言,其造价原因导致推广起来可能有一定难度。寻求防洪性能好、造价低、易于推广的结构与基础方案,重视广大洪涝灾害多发区农村建筑抗涝设计,是广大建筑工作者需要解决的问题。

除了上面提到的这些,建筑材料的选择也是一个重要方面。防水性能好、防腐性能好、耐浸泡的建筑材料,对防洪防涝是有利的。另外砖砌体应有饰面材料,用以保护墙面,防止洪水侵蚀、剥蚀。

6.2　建筑环境的维护管理

6.2.1　建筑受污染的原因

雨水、尘埃、粉煤灰、化学反应、盐化、生物侵蚀(鸽子、昆虫、霉菌)等是建筑外墙受污染的原因。污染的程度与材料、形状、部位、方位、构造等关系密切。例

如露在外面的横梁的垂直部位,栏杆和窗台下部,瓷砖和石墙接缝处,预制板接缝处的封堵部位,外墙面较大凹凸区域的下部,外墙窗框下部,通风口周围,鸽子停留处等部位非常容易被污染。建筑的帽檐、窗台、基座、散水等原有功能基本被忽视,防水处理大部分依靠封口处理方法,多使用耐久性、耐候性较差的新材料,存在外墙污染突出、加速退化等问题。建筑形状与外墙设计必须将清扫和维护方便、容易控制污染的产生、选择耐污染的材料作为设计重点。

6.2.2　建筑外观设计与清洁

在建筑设计阶段考虑好日后的清扫、修补、检查、替换和成本等因素,使建筑在较长时期内保持良好的状态。

10 层以内的建筑可以采用人工清扫的方法,10 层以上的高层建筑需要使用可垂直、水平移动的屋顶吊轨轿厢。对于超高层建筑,为了防止吊轨轿厢晃动,在玻璃幕墙的接缝处附加设置固定导轨。形状单一的建筑预备一个吊轨轿厢即可满足需求。对于具有斜面、曲面、球面、复杂的凹凸面、大挑台等复杂形状的建筑,则需要多个吊轨轿厢或者维护专用梯。维护专用梯体量较大,比较显眼,需要在设计上进行隐蔽处理。

阳台和帽檐防风遮雨、防热、防紫外线的作用很大,可以延缓外墙、窗户的老化。此外还有防日照、减轻空调负荷和节能的功效,便于清扫和维护替换,保护建筑的效果很显著,设计中应该积极采纳。

总的来说,建筑规划设计必须考虑维护成本和清扫作业的安全性,在与清扫设备厂家密切配合和征求清扫人员意见的基础上,完成相关设计内容。

6.2.3　建筑日常清洁

1. 建筑外墙面的清洁

日光长期暴晒、四季温差等造成建筑表面材料老化,失去光泽,易受污染。风沙雨雪除损坏材料外,在建筑表面必然留下痕迹。工业现代化也加重了大气污染。尤其是在大都市中,汽车尾气和工业废气的排放使空气中的二氧化碳和二氧化硫增多,城市酸雨对建筑外表造成局部侵蚀,展现在大众面前的建筑锈迹斑斑。

建筑外墙清洗的技术要求如下:洗净污垢而不造成外墙材质损伤,不留下痕迹;清洗剂对外墙玻璃应有一定的洗涤作用,不对门、窗材料和玻璃造成损伤;清洗后周围环境未受污染,清洗废液不用处理即可达到排放标准。

要达到上述要求,一般采用由表面活性剂和助剂配制而成的水基清洗剂,使用时将其稀释到一定浓度(临界胶束浓度附近)。清洗外墙上的特殊污垢时,应在建筑整体清洗前先进行局部清洗,可考虑在清洗剂中加入有机或无机溶剂或者配成酸性洗涤剂,用来擦洗沥青污斑、污垢和局部锈蚀等。

2. 文物建筑的清洁

文物建筑的清洁必须要明白各材料的特性和质地。木雕门窗的清洁要用纯棉布加软毛笔,并且定期更换,而且要七分干三分湿。清洁时自上而下,顺着轮廓,清洁力度要恰到好处,做到"心中有画"。

应尽量保持文物建筑的沧桑感,其建筑本体不需要大规模清洗,一些石头风化后反而更具有历史感。对于部分石块已经开始脱落的外墙,可给外墙注入一种修复剂,对外墙进行加固,再在表面涂上一层透明、很薄的风化保护剂。文物建筑清洁不能滥用化学清洁剂,原则上只用清水。采用含有碱性或者酸性的清洁剂会对建筑材料造成腐蚀。文物建筑材料基本源于自然,大多经历了上百年的风雨,清洁频率不需要过高。日常做好除尘、除杂草,进行定期清洁,让文物建筑展现出应有的面貌,就是最好的清洁。

3. 建筑室内装饰的清洁

建筑室内装饰的清洁包括对软性装潢、摆设、音响等的清洁。若用水和清洁剂进行常规清洁,稍有不慎就会使建筑内的木质家具发霉、生虫,使音响效果变差。更可怕的是,潮气会扩散至整个建筑,水分与空气中的某些气体发生化学反应,最终会腐蚀建筑本身。

较为理想的方法是采用蒸气清洗机。由蒸汽机引出数条大型蒸气管,末端再接上各式蒸气清洗枪,对室内装饰进行清洁。该方法的优势是能够连续进行洗涤、漂洗、真空快速脱水等环节,蒸气喷出、带走灰尘后就会立即被重新吸入喷枪,再冷却转化成废水,沿排水管排出。

4. 通风管道的清洁

公共场所的空调通风设备日益增多,保持送风清洁成为高层建筑维护管理的突出问题。中央空调通风系统的温度和湿度非常适宜某些微生物、细菌的生长和繁殖,通风管道成了滋生细菌的温床。通风管道终年不见阳光,阴暗潮湿,加上清洁不当(如过滤网不及时清洗和更换)等原因,可能造成几十种人体疾病,如呼吸道疾病、过敏症等。

对于通风管道的清洁,采用人工清洁的方式危险性大、劳动量大、工作效率低,而且清理期间产生的粉尘极易对工人身体造成危害。采用管道清洁机器人,运用电动机器除尘设备替代人工,是成功解决该问题的有效途径,便于管理人员对管道内的污染情况进行观察和对污染物进行清洁,能够有效地清理通风管道中难以清除的污垢。

6.3 建筑使用寿命的可持续发展规划

我国城市建筑的平均使用寿命只有 30～40 年,农村自建房的平均使用寿命只有 15 年左右。据统计,相当一部分城市中建于 20 世纪 60～80 年代的房屋大部分已经被拆除,而建于 20 世纪 90 年代的许多建筑正在被拆除。

6.3.1 影响建筑使用寿命的因素

从城市建设、规划政策到对建筑的功能性、美观性要求,及人民日益增长的需求等都与已建建筑产生了诸多矛盾,而这些矛盾是国内建筑使用寿命普遍过短的原因,主要有以下四类。

1. 建筑选址建设与城市发展规划的矛盾

由于国家对各大城市建设、规划方向的指导不同,建于城市环境敏感区(如道路两侧、十字交叉路口周边、自然风景名胜区等)的建筑常常成为拆迁改造的对象。有些城市未能正确规划城市建设的发展方向,盲目地新建建筑,导致部分新建建筑在不到 10 年的时间内均被陆续强行拆除。这与我国坚持的可持续发展之路是相背离的。

2. 建筑功能及适用性方面的影响

建筑功能及适用性通常与社会经济增长关系密切。随着物质生活水平不断提高,人们对建筑功能及舒适度方面的要求越来越高。建筑的功能及适用性往往体现在空间布局、水电、采暖、保温、隔热、通风采光等方面。一些建筑的功能及适用性逐渐无法满足人的需求,建筑的使用价值降低,这种变化最终会导致建筑使用寿命的终结。

3. 建筑质量及持久性方面的影响

一座建筑应该具有良好的质量、坚固的结构,并且能够抗风、抗地震、抵御火灾。有些建筑用材耐久性偏弱、结构不够稳固,导致建筑整体性能差。此外,随着建筑使用时间的增加,功能设备逐渐老化、淘汰,无法及时更新与修缮导致安全隐患日益增加,部分建筑被过早拆除。

4. 建筑周边环境因素对建筑使用寿命的影响

建筑周边环境对建筑使用寿命的影响是多重的。坚持建设可持续发展建筑,就要做到对土地资源的合理利用,减少建筑污染,尽可能避免建筑对周围环境场所的破坏,保持建筑及其周围的良好环境。在新建建筑时,充分考虑建筑形态、造型与已有建筑环境、城市空间及文化特色的相互协调,使建筑能有效地避免空气、水体、噪声、电磁辐射等污染,从而延长建筑使用寿命。

6.3.2　延长建筑使用寿命的规划设计

建筑使用寿命受到诸多因素的影响,单一考虑某一方面的因素并不能有效改善建筑使用寿命过短的状况,因此需要建立系统观念,具体如下。

1. 合理使用土地与城市规划政策相结合

建筑是土地使用过程中最显著的外在表现形式,将远未达到使用年限的建筑拆除是因为这些建筑的使用不能发挥土地更大的价值,因此采用一切能延长建筑使用寿命的可持续性措施,对与土地所要求价值不匹配的建筑进行改造。合理使用土地、科学预见城市发展最新动态,是延长建筑使用寿命,坚持可持续发展之路的重要保障。

2. 使用可持续性材料

建筑材料分为可再生和不可再生两类。不可再生材料需要数千年才能降解循环,例如石材、煤炭、石油、金属矿物。而可再生材料只需要几十年甚至更短的时间就可以完成循环,例如木材、亚麻、软木等。应在制定适当监管措施的情况下优先使用可再生材料。

例如,铝因其高存储量、耐用性强、耐高温、低维护性及可回收性成为可持续发展的绿色建筑材料。生产可回收的铝减少了污染物排放量。此外,建筑中铝

的使用只排放较少的一氧化碳。使用可持续性材料,设计更耐久、使用寿命更长的建筑,有助于减少对环境的污染。

3. 提高建筑空间布局的可变更性

如果建筑的功能随着人的需求变化而进行适当变更,建筑的使用寿命将会延长。英国大型公共建筑往往有着数百年的历史,并且能够满足不同时期的功能需求,这与建筑空间布局良好的可变更性是分不开的。例如,由英国一座维多利亚时代陶制品厂所改造的 FCB(Feilden Clegg Bradley)事务所,既使得这座维多利亚时代建筑的历史价值得以延续,又不必消耗过多物质资源。建筑空间布局的可变更性是赋予建筑适应性的主要手段,其主要依赖于建筑内部非承重墙的易拆性,在拆除内墙的情况下,建筑结构仍然完整。可变更性强的建筑将获得更长的使用寿命。

4. 重复利用建筑构件

建筑构件是指构成建筑的各个要素。如果把建筑看成一个产品,那建筑构件就是这个产品当中的零件。建筑的老化通常是从建筑构件开始的,定时定期的检修、更换能够延缓建筑老化。这也就要求之后的更新中能够使用简单固定件和耐用材料,并制定统一的构件尺寸及标准,从而便于更换新构件。重复利用建筑构件是再循环的一种途径,不但可以简化建筑维护、升级和翻新过程,大大降低建筑维护费用,还可以延长建筑使用寿命,更有利于可持续发展。

第7章 民用建筑环境规划与设计

《"十四五"建筑节能与绿色建筑发展规划》明确,到 2025 年,城镇新建建筑全面建成绿色建筑。"绿色""低碳"成为建筑设计与环境规划发展的新趋势、新要求。本章以绿色生态住宅区景观环境规划与设计及基于系统环境观的低碳型铁路枢纽规划设计为例,阐述在新的发展要求下如何进行民用建筑环境规划与设计。

7.1 绿色生态住宅区景观环境规划与设计

7.1.1 绿色生态住宅区景观环境规划与设计的要求

1. 人居环境舒适性

人居环境的优化是社会发展的需要,是人们思维进步的具体体现。绿色生态住宅区景观环境规划与设计方案需要充分考虑社区所在地的自然环境情况,融合当地文化特色,全方位提高人居环境舒适性。

参考马斯洛需求理论(生理需求、安全需求、情感和归属需求、尊重需求、自我实现需求)和西方城市舒适性内涵(自然舒适性、人工舒适性和社会氛围舒适性),客观对比我国与西方国家在经济发展阶段、城市发展阶段和传统文化上存在的差异,结合我国实际情况,列出中国城市舒适性概念框架构建,见图 7.1。当一种以景观为载体的生态体系,以景观基础设施为社区发展框架时,就为理解和规划处于动态发展中的人居环境提供了新的设计模式。

人是城市住宅空间设计和景观空间设计的主体,任何空间环境设计都应该以人的诉求为出发点,健康、自我发展、休闲以及社会价值等都是其组成部分,对其的细分会因地区、个人、社会资源而随时变动和调整。当人居环境舒适性的指标权重发生波动时,其指标数值或会产生浮动,但人居空间内的舒适性总量始终是绿色生态环境艺术设计中价值评价的首选项。

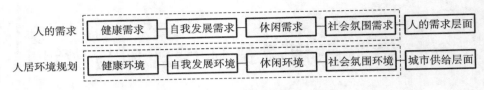

图 7.1 中国城市舒适性概念框架构建

2.环境建设低碳化

在环境建设的每个环节都坚持低碳方针,设计采用新型技术的同时,也密切关注提高建设能源的利用效率,增加可再生能源在建设中的使用比重。"环境设计归根到底以保护自然生态环境为初心",以低碳建设的方式实践环境设计,构建低碳的绿色生态住宅景观艺术。需注意充分发挥项目所在地形地貌的最大特点和优势,以营造良好的生态绿色人居环境为最终目标。环境建设低碳化可拆分为三个部分:技术材料低碳化、运营管理低碳化、后期维护低碳化。

如图 7.2 所示,技术材料低碳化又可细分为水资源处理低碳化、植株配置低碳化、景观和环境低碳融合;运营管理低碳化可通过就地取材、资源整合两种方式相结合来实现;后期维护低碳化包括全生命周期项目的应用、创建生态微循环两个方面。

以上海安亭新镇的生态居住区为例,该项目地处上海市的西北部,属于卫星城市中的工业加工产业聚集地,距离上海市市中心大约 32 km,需将该地块转型成宜居的生态人居社区。上海安亭新镇的生态居住区项目针对改善工业污水,引进了独立水循环系统,兼顾了"景观和环境低碳融合"和"资源整合"两个环境建设低碳要素,再根据项目所在地的具体位置,提出有利于环境建设低碳化的生态景观设计方案。

上海安亭新镇的生态居住区项目的低碳方案,根据上海旧工业区的具体场地情况,针对水体进行了生态低碳系统处理,利用微生物化学净化技术,将工业废水处理过程改造为地埋式的水平衡系统,模拟生态湿地,大大减少了社区内的二氧化碳排放总量。上海安亭新镇的生态居住区项目的改造对象是城市中的人口稠密区,用最低碳的方式对该生态居住区进行科学规划,使之成为城市内部集中生态景观和社交人文的承载实体。

3.经济成本合理化

针对建设项目的经济成本的计算、审核及审批,环保相关验收和审批部门已

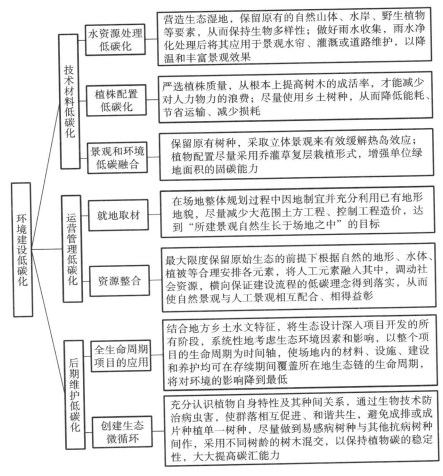

图 7.2　环境建设低碳化分类说明

制订出完整的审核制度和系统规则,即环境管理体系认证,又名 ISO 14001。该管理体系认证也督促设计建设单位从规划、材料、人力成本、节电节水等方面进行计算,同时针对项目所在地理位置、所使用材料及人居环境设施等提出翔实的成本控制方案,以完成对人居环境设计项目的成本评估。贝丁顿零能源(零石油类消耗)低碳发展社区(以下简称贝丁顿社区),是体现住区景观项目的经济成本合理化要求的优秀案例。

贝丁顿社区采用"碳中和"的经济成本内控方式,完全依靠自身的产出能源供给整个社区生活的能源所需,使社区内部完全达到碳能量的自我平衡,以此彻底将能源经济成本压缩为零,故名为"碳中和"生态社区。

贝丁顿社区拥有 100 个实验房屋、与之配套的各类社区生活设施和可容纳 100 人的工作空间（共计约 1600 m²），每一间房屋都装有房屋即时能耗显示，以便居民随时了解。每一户分别配置了独立花园，在独立花园中业主或租户可以自由种植任何他们想要的作物。社区部分房屋屋顶的雨水吸收能力为 28 L/m²，在轻度到中度的降雨强度下，所有的降雨都可以被吸收，如房屋屋顶的雨水吸收效率达到全部降雨的 75%，那么贝丁顿社区的雨水收集产量就可以替代相同体积的自来水，将社区内的水资源使用成本也压缩至最低。除了雨水收集处理系统，贝丁顿社区实现零成本的低碳策略还包括采用高度绝缘的隔热层、可再生建材、创新的空间供暖系统、热电联产系统、低碳物资输送计划，实行材料内源缩减以及居民教育就业计划。这样一个精心打造的内生态循环的零能耗碳中和社区，旨在将成本压缩至最低、在未来能适应多样极端情况。

4. 人文表达多元化

（1）载体多元化。

以人的体验、人与环境的沟通为切入点，利用新技术、新材料创造出不同寻常的环境艺术与人文多元化的人居生活空间。

对于许多历史文化背景深厚的城市来说，其景观文化的生态系统经过多年沉淀和打磨，地域文化的生命力已非常旺盛。在这样的文旅景观型城市中，如需搭建或者改造具有文化内涵的构筑物，就要到其固有的生态文化系统中重新寻找当地文脉的源头。荷兰贝尔维德博物馆景观设计项目图如图 7.3 所示。该博物馆总建筑面积为 1250 m²，其人文历史可追溯至 19 世纪。原本用于给贵族居住的大庄园在 1813 年全部拆除重建，又在 1950 年前后由四位艺术家联手改造成现代艺术博物馆，同时还展出本地和外国名贵烈酒，继而在 2004 年 11 月由荷兰贝娅特丽克丝女王宣布对外开放参观，同年由 Michael van Gessel 进行修复重建工作。

（2）形态表达多元化。

Michael van Gessel 对庄园整体范围进行规划之后，将博物馆设在改造的大型庄园景观花园中。博物馆跨越了 18 世纪由建筑师和园林设计师 Daniel Marot 建造的大运河，由贯通庄园的运河自然引导动线，以水为轴指引参观者直接抵达大门。该设计以运河为主要结构，意在表达荷兰地区的运河在文化符号中的重要性，将博物馆本身定义成一座意象的桥梁。

图 7.3　荷兰贝尔维德博物馆景观设计项目图

（3）内涵表达多元化。

荷兰贝尔维德博物馆景观设计项目所在场地原址是一座古老的庄园。庄园作为欧洲当地最古老的人居群落方式之一，代表一种文化氛围承载，有着其厚重的传统和景观设计渊源。在博物馆的设计内涵表达上，考虑到庄园内历史悠久的葡萄酒酿造传统，博物馆主体跨水而建，玻璃地板的采用同样受到红酒杯的启发。生态内涵表达就是运用生态学的思想，将其融入当地历史文脉，从人和自然所构成的整体环境出发，使人与环境成为一个有机结合体。贝尔维德博物馆景观设计项目将人居环境作为一个有机个体，并为这个有机个体注入多元化的文化内涵。艺术表达载体可以通过形成一个与自然生态相平衡的良性循环体系，也可以通过一种景观设计规划表现节奏，甚至是通过生态环境修复的手段和多元化感官效果来实现。

5. 生态技术审美

（1）与科技俱进。

从视觉审美的角度出发，利用观赏性景观或植株，嫁接最新的生态技术，整合为生态住区的功能型景观设计创造，增加居民与自然环境的良好互动。例如，瑞典哈默比湖城的社区景观项目开发了全球闻名的恩华特封闭式垃圾自动收集系统，以一种最为朴实却又"隐形"的社区参与者形象，在众多的环保科技当中脱颖而出。恩华特封闭式垃圾自动收集系统投放使用之后，可以最小的噪声全自动化地收集和处理整个社区的生活垃圾（见图 7.4），将人居环境内的听觉、视觉和嗅觉感官愉悦度提升到新的高度，并使该社区的碳排放总量远远低于当地平均水平。

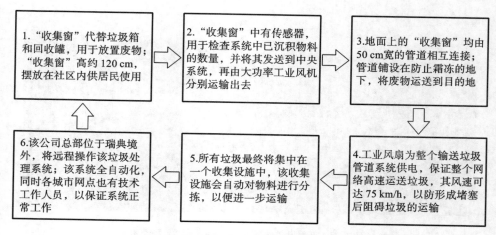

1. "收集窗"代替垃圾箱和回收罐,用于放置废物;"收集窗"高约120 cm,摆放在社区内供居民使用

2. "收集窗"中有传感器,用于检查系统中已沉积物料的数量,并将其发送到中央系统,再由大功率工业风机分别运输出去

3. 地面上的"收集窗"均由50 cm宽的管道相互连接;管道铺设在防止霜冻的地下,将废物运送到目的地

4. 工业风扇为整个输送垃圾管道系统供电,保证整个网络高速运送垃圾,其风速可达75 km/h,以防形成堵塞后阻碍垃圾的运输

5. 所有垃圾最终将集中在一个收集设施中,该收集设施会自动对物料进行分拣,以便进一步运输

6. 该公司总部位于瑞典境外,将远程操作该垃圾处理系统;该系统全自动化,同时各城市网点也有技术工作人员,以保证系统正常工作

图 7.4　恩华特封闭式垃圾自动收集系统流程

该系统的生态技术突破带来了革命性的改变,使用该系统的社区每年仅需花费 177 h 收集垃圾,而使用传统技术手动收集垃圾则需要 3718 h。这种垃圾收集方式一来可以大大降低社区运行和维护成本,还可以有效减轻环卫工人的负担。对于市政工作来说,还可以将垃圾处理站和储存处改造成社区周边的附属设施,比如咖啡馆、超市、菜场、游乐场等其他商用店铺,丰富社区的居住功能和视觉层次美。

(2)保持愉悦感。

听觉、视觉、触觉甚至嗅觉都会影响景观艺术设计的舒适友好性。"作为令人放松和愉悦的人居休闲空间,尤其应该具备一定的趣味性与参与性",通过技术提升吸引居民在社区空间内停留后,采用景观艺术设计手法,令居民不会因环境中的景观和设施感到单调或疲劳。在技术升级的过程中,同步升级景观艺术设计的交互参与程度,令居民能够可持续性地体会观赏或参与的愉悦。

(3)继承文脉和传统。

构建生态型的景观文化显得尤为重要,它将直接决定这种文化生命力的强弱。对于历史文化背景深厚的城市,其景观文化的生态系统蕴涵了丰富的地域文化,当地的景观艺术设计思路主要是进行借鉴和筛选。而对于新兴发展城市的文旅景观创建,可从搭建或者改造具有文化内涵的构筑物入手,研究当地生态文化系统,寻找新的设计灵感,运用绿色生态的理念,以住宅或者景观为载体,继承人文景观精神。

7.1.2　绿色生态住宅区景观设计要点

1. 满足生态住宅区居住功能诉求

生态住宅区居住功能诉求如下。

（1）交通动线诉求。生态人居环境内的动线需要有合理的功能导向和景观导向。

（2）互动诉求。从宜居功能出发，保证居民之间的社交互动诉求、居民和环境之间的自然互动诉求和自然环境中生物群落之间的生态互动诉求，从而满足整体人居环境内的互动诉求。

（3）生态系统诉求。一个良性循环的生态住宅区，需要建立起一个完整而丰富的生态系统。

（4）社会效应诉求。成功的景观设计可以带来巨大的聚集效应，再通过聚集效应的影响力，切实为住户带来自然、政治、文化、经济上的益处。

"城市生态旋律"景观设计项目以细致务实为设计指导方针，以生态和功能的融合为设计目标，荣获了 2016 年度美国风景园林师协会（American Society of Landscape Architects，ASLA）景观设计优秀学生大奖。项目位于美国建市最早、历史古老的城市——普罗维登斯市（Providence），当地历史文化氛围浓厚。项目针对废弃码头进行生态环境修复和景观设计改造。废弃码头位于湾畔河口，属于温带大陆性湿润气候，全年气候温暖多雨，河口地貌平坦，港口与住区紧邻。该项目利用河滩自然地形，重新规划设计了景观动线，增强了附近居民和海岸之间的可达性，将生态住宅区的功能和听觉、视觉、休闲娱乐、社会人文、自然生态等因素充分融合，形成了人居环境的立体多重交互。下面对项目详情进行介绍和分析。

（1）交通动线诉求。待改造的工业废弃码头位于普罗维登斯市中心以南 1600 m 处，项目场地旁的 I-95 高速公路（美国 95 号州际公路）形成物理上的天然屏障，隔断了码头与周边住宅区，也隔断了码头与市区。I-95 高速公路上的巨大车流噪声致使该码头因为交通不畅和噪声污染被逐渐废弃。"城市生态旋律"项目顺应了居民的交通动线诉求，重新设计了畅通的交通动线，令码头成为连接海滨、住宅区和市中心的枢纽，并沿交通动线设置生态景观，对噪声进行消减处理和有效利用。

（2）互动诉求。针对高速公路上的巨大车流噪声，设计团队反其道而行之，

将解决方案由"堵"转为"疏",将噪声作为一种声音资源加以利用——通过景观装置收集并重新处理交通噪声,在音量无法减弱的前提下,将噪声转化为可吸引新生物种聚集栖息的全新音质,重新构建码头区域的生态系统,形成景观场地内物种之间的良性生态互动,促进附近居民和自然生态环境之间的积极互动。

(3)生态系统诉求。"城市生态旋律"项目通过建造一个完整的景观场景,重建废弃码头的自然生态系统,大量引进适宜在当地生长的桦木,再结合当地虫害少的绿化品种,既节省了运输费用和管养成本,又有利于提高景观区域内的生物群落存活率。在项目场地内移栽和种植当地生态树种,不仅能够提高审美价值,更能为当地鸟类提供食物和庇护所。根据海滨沿岸的特色地势,采用多层次的抛物线作为景观边缘,吸引拥有高亮音色的特色鸟类后,利用墙壁和台阶的错落,形成扬声器的物理效果,再将特色鸟类的鸣叫声扩散出去,吸引周边青蛙、蝉虫等栖居,丰富景观内生物群落的种类。这种多功能的抛物线结构还可以用于引流和收集雨污,调节雨旱两季的场地湿度,更有利于生物群落的长期栖居。

(4)社会效应诉求。原本动线封闭的工业码头现已成为附近居民聚集的户外休闲场所。场地内特别设计的墙壁既能扩音也能成为座椅,为居民交流和休息带来了便利。小朋友可以对小动物进行观察,居民也有机会加深彼此的社会交往。"城市生态旋律"项目也成为普罗维登斯市的地标性景观,形成了良好的社会推广效应。

在近年来涌现的大量优秀生态住宅景观设计中,"城市生态旋律"项目回归生态初心,以最简单有效的表现形式,以最前沿的设计,回应人居环境的功能诉求,搭建人居生态景观环境。

2. 住宅景观的生态美

生态美是以生态设计为载体的美学传达。通过设计可以呈现丰富的绿化层次,达到人和自然环境相融合的艺术效果。生态美包括材料美、工艺美、可持续的美、自由发展的美、生活美和心理感受的美。

(1)材料美。材料美由材料的质感、纹路、生物属性和外观形状等因素共同决定。其所传达的生态美往往不是由单一因素构成的,而是和其他景观形式进行搭配。在不同地域、不同风格的景观环境中,材料会呈现出不同特质的美感。

(2)工艺美。工艺美的解读分为"工""艺"两个组成部分。顾名思义,"工艺美"融合了"工匠之美"和"美学审美"两个部分。在现代人居住宅景观的语境下,匠心和美的融合强调的是科技施工管养方式和自然生态之美的有机结合,在不破坏自然环境的前提下,达到人居功能和自然美景的生态平衡。

霍克设计集团凭借索诺玛山住宅在 2019 年度摘得 ASLA 住宅设计类杰出奖。该项目既充分满足了多功能的社区居住诉求,也实现了人工景观设计和生态自然景观的和谐共存。

该项目位于美国索诺玛山占地约 39 hm² 的生态保护区内,项目占地约 1.6 hm²,毗邻杰克·伦敦州立公园。该项目将景观设计作为美学依托,传达了化繁为简的美学理念,营造了开阔而隐秘、大气而精巧的视觉冲突美。项目设计充分发挥了材料的反差美,为视觉和触觉感官都带来了强烈的美学冲击。同时,生态景观作为设计主题,也贯穿项目始终。项目在游泳池景观区域设计了独特的泳池盖板系统,采用特殊的生态地板材料并将其固定在泳池边缘,使其漂浮在水面上方。该安全盖板有助于保持水温。硬质铺装选用了当地未经加工的天然石材,配合风化钢材和板状混凝土,安放在美不胜收的生态保护区中,将其作为分割住宅区与野生动物领地的物理边界。该项目将材料的物理特点和视觉美感发挥到极致,同时辅以新颖的科技施工方式,实现了工艺美的传达。

(3)可持续的美。在生态人居景观的设计表现形式上,可持续的美必须要满足时间的条件,即随着时间的流逝,美学感受并不减弱或消失。可持续的美需要丰富的设计内涵作为支撑。项目自身具备完善和优化功能,随着时间的推移丰富景观内涵,可持续性地展现生态景观之美。

(4)自由发展的美。自由发展的美由人居环境中的“人”和“景”两部分共同决定:“人”在环境中自由活动和成长,散发活力;“景”代表自然生态环境的良性循环。

该项目中的景观植物选择十分谨慎。户外场地和果园周边选择种植适合当地气候的橄榄树、苹果树、龙舌兰、矮羊茅和当地迷迭香。这些自由生长的本地生产型植物多产而少虫害,无运输和养护成本,在其成熟后进行贩卖还能为居民带来经济效益。周边的生态景观区域选择的植株品种则以白茅和当地野花为主,白茅和野花生命力极强,可以作为保护区内野生动物的天然食材。白茅和野花在增加景观野趣的同时,还能有效防止野生动物踩踏果园、偷食作物。项目选取的所有植物物种都可以被居民进行回收再利用,从而杜绝季节性的野火蔓延。

项目高度重视住宅区生态平衡,所以形成了人、动物、植株三方共赢的生态景观布局。随着时间推移,场地内的野生动植物群落会更加丰富,该地区的景观更加美不胜收,满足了可持续的美、自由发展的美的双重美学要求。

(5)生活美。生活美主要通过功能性和趣味性两方面来传达——通过景观

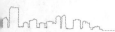

的功能植入来提高宜居性,同时通过景观美学植入为人居空间带来趣味性和感官愉悦。生活美带来的愉悦感可以来自视觉,同样也可以来自听觉、味觉、嗅觉等多重感官感受。

(6)心理感受的美。在自然生态景观中,生活是景观设计需要达成的设计目标。场地内人与人互相交往产生的愉悦心情、人与自然环境和谐互动产生的满足感、聚集效应带给附近居民的社会收益等都为景观设计带来正面情绪价值。这些都属于心理感受的美。

项目将在生态保护区内搜集来的大量野生动物遗骨加工后,铺设成休息区地面、庭院花园小径(见图7.5)。这种方式既避免了焚烧保护区内的动物残骸带来的环境污染,又解决了主要动线上的雨污渗透难题。采用高效低碳的生态铺装材料保证了人居空间的宜居性,满足了生活美的设计需求,形成了独特的景观设计特色。

图 7.5　项目实景图

项目充分整合利用了当地的自然生态资源,利用反差来体现住宅景观和自然生态共生的冲突美感,加上景观设计营造的高低落差和动线,整体景观视野层次丰富、疏密有致,给居民带来了极致的审美享受,满足了"精致的野趣"这一生态景观设计目标。整片索诺玛谷地区因为该项目受到了广泛的社会关注。该项目促进了当地环境保护、交通改造、文旅资源、教育就业等方面的发展,鼓舞了当地居民保护环境和生态开发的热情。

3. 满足人居生态环境需要

(1)人居生态环境的必要性。有些历史悠久的城市追求现代化的玻璃幕墙或钢架结构等现代工业元素,破坏了景观文化的生态平衡。在高密度人居环境中,将立体绿量用于抵消项目全周期内的碳排放量,可以使绿色生态回归人居环境。同时,垂直立体绿量也能起到弱化景观线条的设计效果。

(2)人居生态环境的重要性。将当地人文精神、艺术美感注入人居生态环境,改善人居生态环境的艺术效果,能够增强这一地域空间的集聚效应,引起经济、文旅、教育等一系列社会关注,为人居生态环境注入更多的社会资源,达到生态和社会效应的双重良性循环。

(3)人居生态环境的积极影响。以碧桂园广州总部的人居空间立体景观设计项目为例,项目采用了各类垂直景观小品,如藤廊、拱门、篱笆、棚架、吊篮等,使环境富有立体感,增加了生态环境内的整体绿量,并通过调节局部环境温度和湿度,有效提高空气质量和相对湿度,减少人居生态环境内的热负荷和碳排放量,缓解城市居住空间的热岛效应,阻隔工业噪声。

(4)人居生态环境的生态需要。城市空气中的污染微粒可以被绿色景观转化为养料或无害物;依赖景观植物生存的昆虫和微生物也能丰富微生物种类;垂直景观设计中,可以整合低能耗的风扇设施,将生态景观置换出的新鲜空气和微生物通过风力向人居空间扩散,满足人居生态环境生态平衡的多重需要。

4. 鼓励生态设计

生态设计战略不仅是实现可持续发展的内在要求,还可以通过长期坚持生态保护,倒逼技术转型升级,实现生态景观设计的市场诉求。鼓励生态设计是我国现阶段的主要政策方向,同时生态设计也符合我国广大人民的期待和要求。

图7.6是由"人类居住"官方公众号发布的江苏"三位一体"联动塑造城市人居环境空间特色图,图中显示江苏地区的政策方针加强了对人居空间的品质提升要求,并给予适当的优惠政策作为产业引导,为生态景观设计的发展指明方向。

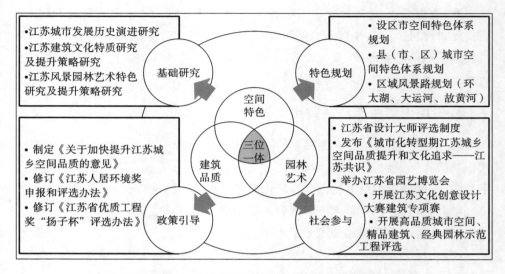

图 7.6　江苏"三位一体"联动塑造城市人居环境空间特色

我国现阶段的生态设计趋势有 5 个具体方向：低管养、低投入、地域文化特色、利用当地材料和融入当地文化。

（1）低管养。景观园林设计在植株保护、景观维护和综合管理方面，需要投入大量人力、物力和财力，通过降低时间成本、材料损耗、人工工时和施工费用，就可以保证"管养"这一项成本的低支出。

"乡愁"景观设计项目是中国建筑设计研究院在生态住区景观设计领域的成功案例。"乡愁"景观设计项目位于北京近郊名为长辛店的古老小镇，当地富有人文特色的自然环境，高度契合了当地居民对住区生态景观设计的需要。该生态景观设计方案采用了大量土生土长的草生植物，结合场地内的原有自然生态条件，形成了具有当地特色的低管养景观。

（2）低投入。低投入并不代表着低体验和低功能，低投入是保证生态住宅使用寿命的设计理论基础——当低投入从理论落地到项目实践中，生态住宅设计的高效能才能得到最大限度的发挥。例如"乡愁"景观设计项目中对于草和竹的大量引入，满足了低管养的景观设计要求，又利用最适合当地气候的植物，保证了景观效果和景观材料生命周期的高度同步。

（3）地域文化特色。景观设计中传达的地域文化特色，与当地生活习惯、历史文化事件等密切相关。以人的文明为中心，以景观设计场地为地域文化传达的载体，以景观本身为叙事载体，或者以景观效果为艺术表达形式，体现人居所在地的地域文化特色。

（4）利用当地材料。利用当地材料不仅是利用建筑材料，如木材、石材等常用且常见的天然材料，还可以是对当地资源的创新整合。水、电、气、天然能源、自然景观，甚至当地特色生态物种，都可以被利用为场地中的"生态材料"。在"乡愁"景观设计项目全部采用了北京近郊的常见植株种类，结合当地水文特质，形成了依山傍水的特色人居生态景观设计效果。

（5）融入当地文化。文化景观属于当地居民的共同生态遗产。人文历史体现了民族的起源和发展，记录了居民与自然不断磨合的生态关系，体现了当地自然风景、民生经济、社会发展、娱乐方式、就业和教育等方面的发展水平。融入了当地文化的景观设计，有助于当地居民加深对自身的认识和了解。

"乡愁"景观设计项目兼顾了生态设计趋势的 5 个方面：低管养、低投入、地域文化特色、利用当地材料和融入当地文化。项目中"与自然环境的融合诉求""与历史文脉的呼应诉求""与社区群体的居住诉求"，都通过策划和落地来达成整体统一，构建出具有自我更迭功能的生态设计体系，并在生态景观设计中注入人文精神，加深当地居民的身份认同感。

5. 新型生态材料的应用

新型生态材料的应用需要覆盖生态产品的完整"生命周期"，最大限度地多级利用能源和材料使用价值，以环境性能为重要的考量标准，在满足使用价值的前提下，通过生态材料在设计中的广泛应用，来使生态设计项目与自然环境承载力保持高度同步。

生态人居环境景观设计，可以通过设计统筹，来有效减少甚至避免使用长生命周期的建筑材料。充分运用生态材料替换原则，整合当地可利用的自然资源，包括无污染的工、农业副产品等，互相置换和转化为可利用的生产资源，用于景观设计产业。下面分别列举了三种新型生态材料。

（1）全球建设项目材料中，制作混凝土所产生的废气（如二氧化碳）约占了全球总废气排放量的 5%，在建设量较大的历史年份中，排放量更是高达 10%，同时混凝土制作产生的废气，仍在以 2%～4% 的增长率逐年递增。BacillaFilla 是借助转基因技术开发的一种能使混凝土裂缝完全"愈合"的工程细菌，是一种改良基因的枯草杆菌。其被英国纽卡索大学的大学生发现并投入生产。这种改良菌种与混凝土结合之后形成可替换混凝土的新型材料，名为"自愈混凝土"。

自愈混凝土作为新型生态材料，凭借其高强度的承重特色、可再生的绿色性能和零污染的生产过程,已在世界各地投入使用。自愈混凝土的市场反响,反映了在人居环境建设领域,人们对生态材料的高度需求和欢迎。生态材料的受欢迎程度令新型生态材料的概念远远超越了构筑景观和居住空间结构本身。

(2)生态砖又名模块化砖(modular brick),由水泥、土壤和水的混合物制成,采用特殊模块放置,再进行高强度的机械加压后即可成型。生态砖在制造过程中,最高可承受高达 58.8 kN 的压力,再采用绿色生态谷物黏合剂,即可制成,不需要高能耗的窑炉燃烧过程。生态砖的物理结构稳定,外观柔和,质感厚重。生态砖通过减少生产过程中所需的劳动力和生产流程,最大限度地压缩成本。生态砖特有的光滑的表面,与设计美学的施工要求精准配合,为景观设计线条美的实践带来了全新可能。生态砖还具有良好的隔热和隔声性能,因为表面光滑还同时降低了管养成本,在建造中,甚至不需要通过水泥来加固砖块,就可以轻松制造立柱和横梁,减少碎屑和材料损失。

(3)麻纤维混凝土也是一种相当理想的新型承重材料。麻纤维混凝土属于一种生物复合材料,由大麻植物的木本芯与石灰基黏合剂混合而成。作为一种轻质的水泥绝缘材料,其重量只有同体积混凝土重量的 1/8。大麻本身是一种有益的农作物,具有不易受害虫侵蚀、更不容易受霉菌侵害的生物特性,所以种植过程中不需要使用肥料、除草剂、杀虫剂或杀真菌剂,成熟后生长稠密且无杂草。作为景观设计的建筑材料,麻纤维不会释放有害挥发性的有机化合物,是无毒、无害的生态可再生材料。

麻纤维混凝土作为生态材料的优越性,还体现在性能上——麻纤维混凝土在建筑材料中的耐火性较好,可以保护墙壁的内部结构免受火灾破坏,甚至可以用于建造专业用途的防火墙。麻纤维混凝土还拥有非常优秀的吸水性,通过生产模具的调整,改动它的外部形态之后,可以将其作为一种雨水吸收材料,用作地面排水和蓄水的铺装材料。这种吸附性强的特质还可以被应用在人居景观设计项目中。麻纤维混凝土可作为吸声材质来使用。

7.1.3　绿色生态住宅区景观设计的技术支撑

1. 住宅区设计信息化

住区设计的信息化使居住区形成一个更开放、紧凑、小规模的多中心环境,而不仅仅是建筑的放大或道路的延伸。高速城市住宅区建设方式已被时代和现实证明,是对国土资源和自然资源的浪费,同时也使得我国部分城市风貌过于相似,技术和工艺上也都缺乏可调整性和可替换性。在"青山绿水"政策背景下,随着科技的创新更迭,住宅区景观设计在功能上需要一个全新的信息体系,从封闭的形式转向开放的大数据,从城市与自然互为二元的对立面,转向"人工中孕育着自然"(住宅区的景观)和"自然中蕴含着人工"(景观化的住宅区)的复合型住宅区设计,打开一扇通往未来的大门。

图 7.7 体现了人居环境对信息化全面纵深覆盖的强烈需求。线上支付的全面普及和规范化统一管理,可以加速住宅区设计信息化的推广和普及。传统住宅区设计及其设计信息化对比见图 7.8。

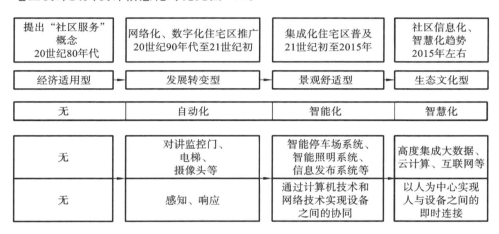

图 7.7　住宅区设计信息化发展历史和未来趋势说明

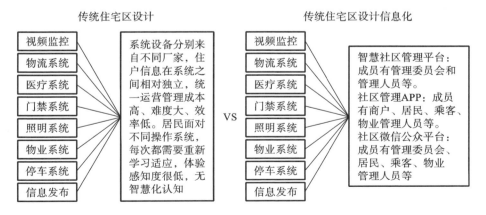

图 7.8　传统住宅区设计及其设计信息化对比

生态住宅区信息化设计相对比传统住宅区景观设计,在物业管理上具有很大优势:可以通过信息集中化大大减少从前需要挨家挨户进行的烦琐工作,提高社区物业管理的效率。信息化平台既能搜集社区住户的真实反馈,也能更高效地整合社区资源,在充分沟通的前提下,真正做到住宅区内人人都可以参与设计反馈,形成"自然中蕴含人工"的社区生态。

2. 住宅区设施数字化

图 7.9 列举了住宅区设施数字化分类说明:左侧部分对数字化景观设施做了分类,列举了不同设施的类型,以及它们的建设标准和功能,加深人们对景观设施分类的理解;右侧部分归纳总结了住宅区景观设施数字化的使用体会和影响。数字化设施在住宅区的应用,不仅是电动窗帘、遥控空调的简单操作。随着各大厂商平台的技术成熟,已经可以通过操作一个平台来兼容社区范围内的不同功能设施,实现景观设施数字化的人居社区,可以将安防系统以全新的数字化方式在住宅区内与其余相关生活设施进行无死角联动,并通过自动报警程序拨打报警电话予以施救,用数字化的跨系统联动设施保证社区内的人防安全。

数字化景观设施类型	数字化景观设施建设标准和功能	住宅区景观设施数字化的使用体会和影响
数字社区	• 以国家数字社区示范工程项目的标准建设 • 进行精密设计、优化集成,精心建设国内一流水平的数字化及智能化系统工程	• 从数字化社区系统功能的融合出发,使社区内每一个家庭都能够体会到这些功能所带来的益处和保障
门窗等建筑材料	• 全方位采用节能建筑门窗、节能建筑材料、节能建筑配件等,并规范标识出节能标识 • 规范市场秩序,促进节能材料的技术进步,同时积极有效提高景观建设能源利用效率	• 感受到在数字社区环境下,独立家庭与网络、信息和自动化功能之间存在着密切的联系和相关性
社区服务系统	• 完善的社区综合信息服务(购物、家政、缴费、物业等)、信息发布、家居设备自动化控制和智能联动、三网融合的网络接入、光纤应用、智能化三表抄送、社区一卡通、基于可视对讲的安防和住户报警、自动化电子巡更和出入口控制、基于RFID的社区电子标签应用等	• 建立以数字社区智能化管理和服务为目标的平台,体现数字社区智能化功能以"家"为本的设计与工程实施的指导思想

图 7.9 住宅区设施数字化分类说明

住宅区景观设计项目不只是单一的景观设计,因含有大面积的人居用地,需要有便捷安全的全套生活设施。同时参考不同地区住户的消费水平和生活习惯,通过景观设施系统的数字化改造升级,不断提高现代住宅的宜居程度。现代绿色生态住宅景观艺术设计项目中,景观设施的数字化也要能够更好地体现出人居环境的自然生态美感,智能又美观,便捷又不突兀,在为住宅区住户提供安全和便利的同时,兼顾美化人居整体环境的目的。

3. 景观功能智能化

俞孔坚认为:"我们拥抱人工智能,是因为它启发了人们将现实景观视作寄托人类生活理想的载体。"在全球范围内,景观功能智能化实践经验丰富的国家中,日本因国土资源有限,日本居民对居住空间有着高度需求,这使得市场不断改良和升级人居空间的分布和规划方式。同时源于对自然环境的热爱和对景观美感的精益求精,日本人对美学的极致追求都体现在当地优秀的生态智能景观设计作品上。以坐落于东京的著名丰岛智能景观设计为例,其建筑外体采用了一种命名为生态面纱的创新立体景观模式,这种由景观构成的生态面纱,结合了最新技术的太阳能电池板和多角度自适应日光的百叶型遮挡装置,在低能耗、低排放、低养护的前提下,还能很好地为整体环境增色。这种在智能中融入设计感的匠心,令丰岛智能景观设计项目成为东京的生态智能地标景观。

针对我国生态人居景观现状,结合丰岛智能景观设计项目经验,深入分析和对比两国国情、人文、历史、技术、社会背景等差异,归纳出日本智能景观的可借鉴优势(图 7.10)。

(1)日本对跨界资源进行整合。

(2)日本市场对智能景观设计应用丰富。

(3)市场倒逼政府改善管理。

针对图 7.10 中的日本智能景观优势,结合中国国情做出调整方案。

(1)充分利用我国较为发达的互联网商务优势,以及线上支付和物流的便利性,将互联网商务优势发挥在智能出行、娱乐休闲、便民支付、保险医疗等各个方面,与社区智能紧密互联。

(2)以社区为单位进行技术和应用推广。这种全新的兼具美观性和功能性的智能社区形式,将更好地满足我国国内人居空间社会需求。

(3)因我国国土面积较大,所以以社区为单位的生态智能景观形式,在普及效率和统一管理上,都需要依托政府的宏观调控,为智能人居生态景观市场打开局面。

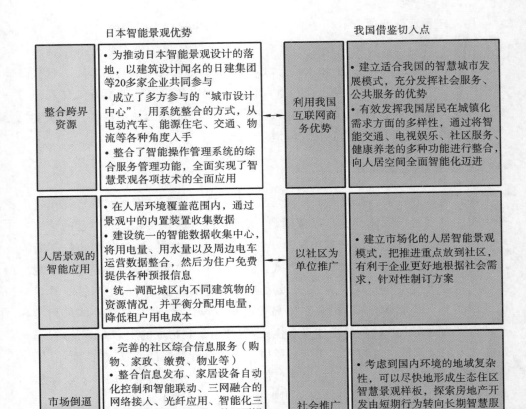

图 7.10　日本智能景观优势对比我国借鉴切入分析

4. 生态功能共享化

　　人居环境共享空间是功能性的公用区域。最初的人居环境共享空间多指城市绿地、居民休闲广场、街头绿地等一系列公益性休闲场地，现在随着生态人居理念的深入人心，住户在生态住区内的活动内容日益丰富，精神诉求也更加的细致和明确。图 7.11 对生态功能的共享化进行了说明。

　　人居环境中的生态功能共享趋势，可分为两个方面：第一类为生态共享，其中又包含自然环境共享和感官美学共享两部分——功能齐备的生态人居环境

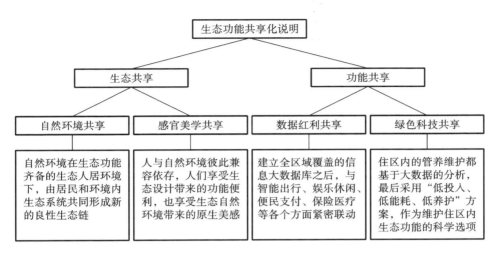

图 7.11　生态功能共享化说明

下,居民和环境内生态系统共同形成新的良性生态链,彼此兼容依存,人们既享受生态设计带来的功能便利,也享受生态自然环境带来的原生美感;第二类为功能共享,包括数据红利共享、绿色科技共享,绿色生态住区通过功能性设施收集人居环境内的相关信息,对这些信息进行分析汇总之后,再由终端平台将住区信息与智能出行、娱乐休闲、便民支付、保险医疗等各个方面紧密联动,住区内的管养维护都基于大数据分析出合理方案,用于维护住区内的相关生态功能。

　　下面以南京珍珠泉生态住宅景观设计项目为例,对生态功能共享化进行讲解。

　　(1)自然环境共享。

　　珍珠泉住宅景观在自然环境共享的基础上,采用了生态人工鸟舍设计。这种生态人工鸟舍多处放置在珍珠泉住宅区景观区域中,使住户在室内和户外都可以随时通过观赏鸟类来接触自然环境。景观设施吸引鸟类来社区栖息之后,鸟类也会吸引其他本地生物,从而逐渐形成珍珠泉住宅区的微生物良性生态链,营造一个生态物种和谐群居的栖息地。

　　(2)感官美学共享。

　　生态人工鸟舍丰富了珍珠泉住宅景观设计项目区域内的物种数量,吸引了项目所在地南京地区的鸟类、昆虫类、两栖类等物种,以珍珠泉住宅区的景观场地为栖居地。在珍珠泉亲子自然观察小径以及景观生态走廊中引进南京当地植株和花卉品种,可营造符合当地气候条件的绿化环境,促进不同物种共同生长栖

居。住宅区居民可以在珍珠泉住宅区的生态环境中,对孩子进行自然环境知识的感性教育,通过观察和感受、共享和传播,提升住宅区居民的生活方式和审美意趣。

绿色生态住宅景观艺术设计是自然生态环境对人的召唤,在历史的某个高速发展阶段,自然环境的变化促使人们停下脚步,反思自身和环境的生态关系。面对自然环境的污染和破坏现状,需要合理运用生态科技手段,缓解并修复人对自然环境已产生的破坏,实现人和自然居住环境共赢的理想目标。

(3)数据红利共享。

各大平台数字化技术日趋成熟,通过一个平台来兼容和操作居住设施,已发展到实践推广阶段。景观设施数字化更加迫切的需求是将住宅区的安防系统直接与生活和娱乐设施联动。当有紧急情况出现时,智能数字系统通过自动报警的方式,在最短时间内拨打报警电话,并联动物业保安部门予以施救,将人防安全的高度保障作为景观数字化的重要红利来惠及社区居民。

(4)绿色科技共享。

将珍珠泉住宅景观设计项目所在地较为发达的互联网优势,充分发挥在生态亮化技术相关的社区智能系统中,并将生态型的智能亮化理念确定为珍珠泉住宅景观设计项目亮化技术的指导原则,增设智能节约型照明设备、智能型公共阅读亭照明设施、人景交互配套照明设施、节能型智能设施以及智能照明配套设施等,为珍珠泉生态住宅区提供全新的、丰富多样的共享智能照明方式。

生态功能共享化必须满足社区宜居功能,同时要与周边自然景观整体风格相符合,并能为夜晚整体项目视觉效果增光添彩。为使灯光照明设计同时满足视觉感官和审美心理的需要,将环保节能的照明设施作为媒介,来达到使用功能和审美功能的统一。不合理的照明设计方案,会造成电力能源的无谓浪费,还会造成环境光污染,对住宅区居民的身体健康以及生态环境都会造成不同程度的危害。

珍珠泉住宅景观设计项目在生态功能共享化上,力求做到以社区为单位,从规划、设计、施工、推广到养护,都与项目周边居民密切合作——生态景观设计的科技共享不光体现在技术升级上,还体现在紧密联系起当地居民和实践单位上,项目参与者以不同形式参与设计,最终形成生态共享型的社区景观,丰富景观生态环境,创建具有自然生态风情的住宅区景观。

7.2　基于系统环境观的低碳型铁路枢纽规划设计

7.2.1　系统环境观的内涵和基本原则

1. 系统环境观的内涵

进入当代社会,随着可持续理念的不断深入发展,环境观也产生了巨大的变革。20 世纪 60 年代以前,人们认为生态环境仅仅是适应自然、与自然和谐相处,在随后的环境运动的推动下,人们开始认识到全球性污染问题和资源的有限性。进入 20 世纪 90 年代,人们对环境的理解从单一的节能、节地、与自然协调走向系统、综合的环境平衡。

我们反对伪生态的概念,在浅绿色的环境观下,低碳的概念缺少整体性,仅仅是对单一问题的解决:单纯追求节能技术的运用;不考虑经济性,生态成为笼罩在建筑上的一个光环;牺牲生活的品质,为了生态而生态,而不是以人与自然和谐相处为目的。

系统环境观认为低碳是一个系统,不是单纯的"自然生态"或狭义上的生物学概念,而是社会、经济、自然复合的大系统,涵盖了城市、建筑及建筑群、经济、环境各个方面,是对人工环境的优化或者整合,而不仅仅是节能或者与自然环境相协调,强调建筑或地区规划对环境的适应性、灵活性。节能减排的概念应该贯穿建筑的全生命周期:选址、布局、材料选择、施工,建筑的使用、维护、拆除。

刘先觉认为:"要在城市总体规划与群体设计中奠定生态观念,它不仅能改善城市物理环境,而且可以在景观与美化方面取得宜人的效果。"

用系统环境观来引导铁路枢纽的规划设计,从站场的选址到规划布局、功能组织、交通组织,各方面都始终贯彻系统环境观,从而使低碳型铁路枢纽能灵活适应环境并与环境形成动态平衡,在使用过程中能够带来舒适、便利的乘车环境,而不仅仅以降低能耗为最终目的。总体而言,系统环境观涉及两个方面:系统性的环保理念和系统性的节能理念。

(1)系统性的环保理念。

系统性的环保理念要求我们从城市的宏观尺度出发,考量环境保护策略的实施,综合考量城市的整体生态系统和空间结构。系统性的环保理念一方面强

调减少建筑有害气体的排放量,减少污染以达到保护环境的目的;另一方面,还强调对环境的修复和再创造,如通过土地的集约化利用开发更多的公共用地,构建地块内的绿地生态系统,补充和完善地区或城市的整体生态结构,达到改善城市环境的目的。当然,环境并不局限于自然环境,对于铁路枢纽这种公共性的交通建筑而言,更为重要的是找到人工环境和自然环境之间的平衡。

(2)系统性的节能理念。

首先,对于系统性的节能理念,"能"是系统性的概念,并不是只包括传统能源,还包括社会资源、土地资源、环境资源等各个方面。要综合考量各种资源和能源之间的利用平衡,达到社会资源的公平分配、土地资源的集约利用、环境资源的合理开发、传统能源的节制利用。同时,可再生能源的利用也是节能理念中的重要一环,在场址选择、规划布局阶段就应该充分考虑到这一点,如对太阳能的利用要求建筑具有良好的朝向和适宜的体形系数。

其次,节能并不意味着尽可能地减少对能源的利用,应该在节约和使用需求之间找到平衡点。技术是实现节能的有力保证,但技术也应该为实现舒适环境而存在,而不是为了节能而节能。

2. 系统环境观的基本原则

(1)系统性。

从城市环境的角度,将建筑群、城市、经济、环境、交通、能源、排放纳入一个系统内综合考虑,而不仅仅运用建筑单体生态技术。其根本目的是解决城市交通及城市环境问题,关键手段是对枢纽地区规划及设计的生态化考量。铁路枢纽不是独立于城市环境之外的,也不是从属于城市环境之下的,而是在大系统中的一个子系统。

(2)综合性。

综合性是指环境所涵盖的范围广泛,其组成是综合的而非单一的,既包括对自然环境的保护和再创造,也涵盖人工环境的构建。综合性还意味着我们在进行低碳型铁路枢纽规划设计的过程中,必须要综合考虑各方面的影响因素,只有各方面的影响因素都低碳化才可能真正实现整体枢纽的低碳化,从而实现构建绿色交通体系的目标。

(3)灵活性。

一方面,灵活性指的是空间使用的灵活性,既包括枢纽范围内空间的灵活使用,也包括建筑内部功能布局的灵活性。这种灵活性会给建筑群带来对周围环境的动态适应性,建筑及区域是动态的,而非静止的。

另一方面,灵活性还指低碳策略运用的灵活性。综合来讲,低碳策略可以以技术为核心,也可以将政策作为主导手段,同时也可以是多种策略的综合运用。低碳策略应该是灵活的,而非固定的,可以根据铁路枢纽所处区域的不同地域及城市背景进行选择。

(4)经济性。

低碳并不意味着要以牺牲地区或建筑群的经济效益为前提,经济性必须与低碳策略并重。"如果在整个预算中考虑能源与经济的合理性,高技生态建筑实践是最具可持续意义的,因为它几乎能达到人在极低消耗下控制气候,使自己舒适健康,而同时对自然影响极小的目的。"

7.2.2　系统环境观引导铁路枢纽规划布局

低碳型铁路枢纽规划设计必须与城市环境建立一种动态平衡,这与系统环境观的内涵契合。以系统环境观为导向就是通过系统性的环保理念来引导场址的选择,以系统性的节能理念来引导交通组织,以综合的系统环境观来引导铁路枢纽的规划布局,通过由始至终的生态策略的介入和引导,实现系统化的低碳策略。

铁路枢纽规划布局涉及环境保护和能源节约两大方面,规划布局的模式在一定程度上决定了铁路枢纽对城市环境的介入是改善还是破坏。以系统环境观来引导铁路枢纽的规划布局意味着环保和节能是规划布局模式的指导要素,也是规划布局最终要实现的最优化的目标。

1. 铁路枢纽的功能组成要素

铁路枢纽交通功能的定位及所包含的交通方式能够确定其设施的构成要素,从而确定其功能组成要素。总体而言,铁路枢纽的功能组成要素涵盖三大部分:交通设施功能、管理辅助功能、商业办公功能。

交通设施功能是铁路枢纽的主要功能要素,涉及各种交通方式的进出站以及交通方式之间的转换。铁路枢纽内涵盖的交通方式决定其规模。上海虹桥高铁枢纽的功能定位包括对内、对外交通,其涵盖的交通方式有公交、轨道交通、出租等,其服务的地域覆盖全国。该枢纽主要设施有机场航站楼、高速铁路枢纽站等。

管理辅助功能可以根据枢纽规模以及交通组织的需求确定,包括枢纽内部的管理服务功能、枢纽后勤功能。

根据铁路枢纽在城市空间中的作用和地位,铁路枢纽还承担商业办公功能,设有城市层面的商业、办公、娱乐、餐饮等服务性的职能空间,是对城市职能的补充和完善。

2. 影响规划布局的环境要素

(1)城市空间结构。

铁路枢纽规划布局受城市已有空间环境的影响,如城市已存在的空间轴线、城市周边的自然环境。城市的空间轴线一旦形成,对新地区的规划和建设有着重要的指导意义。新地区的规划布局应该加强这种轴线关系。必须尊重城市周边的自然环境,坚持可持续发展的原则,尽量减少对自然的破坏。

(2)土地利用规划。

铁路枢纽的布局模式还受到所在地区土地利用规划的影响,土地开发的规模、强度、性质的不同都会导致铁路枢纽规划布局发生变化。土地利用规划是对城市功能的分区,而铁路枢纽承担的城市职能促使其规划布局必须结合城市整体的土地利用规划,与周边土地联合开发,提升铁路枢纽的经济竞争力,提高铁路枢纽的社会效益和经济效益。

(3)换乘模式的选择。

换乘模式的选择影响着铁路枢纽的规划布局。从目前来看,换乘模式通常有分散式、集中式及半集中式。

分散式的换乘模式带来的是分散式的规划布局。这种模式的流线组织相对较为简单,技术难度小,但土地利用率低,流线较长,不利于低碳型铁路枢纽的节能减排。

集中式的换乘模式是将多种换乘方式集中在一个综合体内,通过立体的复合组织多种换乘流线。这种模式流线复杂,技术难度较大,但土地利用率非常高,内部可达性高,是一种高效、低碳的组织方式。但这种模式资金投入量大,建设过程中要耗费大量的财力、物力,因此要在铁路枢纽的生命周期内综合考量前期投入与运行效率之间的关系,一般用于用地非常紧张的城市中心区域。

半集中式的换乘模式则综合上述两者的优势,能降低铁路枢纽建设的复杂性,减少工程投资,适当占用社会资源和自然能源,适合于拥有可拓展土地资源的城市新建区或待开发区。

以系统环境观为引导的低碳型铁路枢纽的换乘模式的选择要尽量以集中为原则,在满足使用需求的前提下将更多的土地资源释放出来,使其成为城市开放空间。

（4）出入口位置的确定。

对于铁路枢纽而言，出入口位置的确定是进行规划设计的先行步骤，尤其是对于处于密集市区的铁路枢纽而言，由于其位置的特殊性和交通的复杂性，决定其出入口位置的因素众多，一旦确定下来会对周围地区的交通、环境、业态产生巨大的影响。影响出入口位置确定的因素如下。

①交通需求量及各方向客流量的比例。这是确定出入口位置的出发点，必须对来自各个方向的客流量及所占比例做出详细的推算和预测，并以此为基础进行多方案比较。

②土地使用模式。出入口位置的选择还与周边土地使用模式相关。如果周边是大型住宅区，客流具有典型的高峰时段，出入口位置要考虑通勤需求。如果周边是大型商业区，出入口位置则要考虑客流量的持续性。

③可识别性需求。作为区域性的节点，铁路枢纽在城市建筑环境中应该具有强烈的标志性，而入口则更要体现出可识别性。同时还要考量入口与城市建筑环境之间的关系，其风格、尺度都应该尊重周边环境。

④建造成本考量。建造成本的考量是确定出入口位置的重要参考要素，要考虑到技术的可实施性。例如，日本的铁路枢纽一般考虑多个出入口，与城市其他功能体直接衔接，如日本新宿站设立的出入口通达各个方向，这与日本的高速铁路技术和先进的管理经验有关。

3. 铁路枢纽的规划布局模式

铁路枢纽的规划布局模式与换乘模式具有对应关系。一般而言，规划布局模式分为分散式、集中式、混合式。

（1）分散式。

分散式是指将铁路枢纽的各部分功能独立布置，通过广场进行衔接。这种模式流线简单、技术难度小，但换乘流线较长，土地利用率低。

（2）集中式。

集中式是指将所有的功能集中布置在一个大型综合体内，通过立体的复合形成"巨无霸"式的城市综合体。这种模式功能强大，交通网络呈立体型，并且结构复杂，技术难度大。这种模式最大的优点就是土地利用率非常高，适用于城市中心区。

（3）混合式。

混合式综合以上两种方式，将主要的交通换乘功能集中布置在站房建筑内，

而一些辅助功能则分散布置在站房建筑的周围。这种模式将枢纽地区作为一个整体进行考虑,通过地面、地上、地下的立体化交通网络衔接。这种模式的交通组织方式相对简单,结构复杂性低,土地利用率相对较低。

规划布局模式的选择与铁路枢纽的规模、定位,城市发展进程,城市公共交通网络的发达程度都有关系。一般而言,对于城市化程度高,处于城市复兴或更新阶段,城市的公共交通网络(尤其是轨道交通网络)发展成熟的地区而言,铁路枢纽往往建在城市中心区并采用集中式的规划布局模式,此时的铁路枢纽成为一个具有快速流动性的交通节点。而对于一些处于城市扩张进程中,尤其是处于公共交通网络建设进程中的地区,铁路枢纽则一般建设在城市边缘较为空旷的区域,在没有土地利用强度压力的条件下,采用分散式或混合式的规划布局模式,此时的铁路枢纽成为一个交通转换中心,强调城市间的交流与辐射,以此拓展城市发展的空间。

4. 以环境为导向的规划布局原则

(1)功能布局的复合性。

面对铁路枢纽的交通需求及城市职能的需求,铁路枢纽的功能布局要强调复合性。这种复合性不仅体现在功能性质(交通功能、商业功能、办公功能)的复合,还体现在空间形态的复合和空间层次的复合。如果铁路枢纽地区的土地利用政策走向单一化,将会给城市带来更多的无效交通,从而使得城市发展偏离节能减排的目标。

(2)功能空间的可达性。

当代的铁路枢纽强调对地区发展的激发作用,要达到这一目的则必须加强铁路枢纽的活力。因此,如何增强其功能空间的可达性是必须要考虑的。该原则主要体现在对出入口位置的选择、对外部公共空间的限定和位置的选择。

(3)土地利用的集约化。

对于城市中心区而言,土地利用的集约化意味着通过高效的土地利用政策达到节能减排的目的。集约化的规划布局涉及以下两个层面。

①加大土地开发强度。加大土地开发强度并不意味着加大建筑密度,而是通过紧凑的布局模式释放更多的城市公共空间,创造符合低碳理念的空间体系。

②功能的复合化、多样化。只有功能完善的区域才是吸引人的区域,才能更好地发挥铁路枢纽对城市地区的辐射作用。

7.2.3　与城市协调、共生的外部空间规划设计

外部空间形态主要指的是与建筑相关的环境、场所,以及对空间进行围合、限定的相关要素。芦原义信将外部空间划分为消极空间和积极空间;何丽等认为积极的外部空间具有将混乱的城市活动整合为有机运动的能力。一般而言,外部空间由建筑及建筑所限定的室外空间环境共同组成,而对于铁路枢纽而言,其空间体系不仅包含铁路枢纽建筑及其所限定的外部空间环境,还包括为枢纽服务的交通组织系统。对于低碳型铁路枢纽而言,其外部空间既满足内部功能的需求,也为城市提供公共活动空间,与城市空间直接发生关系,属于与城市居民具有紧密联系的积极的外部空间形态。美国著名景观大师西蒙兹认为,人们规划的不是场所,不是空间,也不是物体,而是一种体验。

1. 协调、共生是低碳型铁路枢纽外部空间的核心要素

协调、共生是指铁路枢纽的外部空间与城市整体空间结构的发展态势之间的关系。低碳型铁路枢纽的外部空间形态与城市关系密切,互相影响,铁路枢纽的外部空间是城市整体空间的一个细胞单元。在绿色交通的理念下,整个城市是以绿色交通体系为骨架、以低碳为目标构建的各个功能单元的组合整体。因此,低碳型铁路枢纽的外部空间与城市的发展息息相关,其只有与城市发展协调、共生才能促进城市发展。

(1)外部空间形态产生变革的影响因素。

铁路枢纽功能的变化和规划、设计理念的更新必然带来空间形态的变革。新型功能特点和绿色交通理念的介入是低碳型铁路枢纽外部空间形态产生变革的主导因素,主要体现在以下几个方面。

①功能结构的更新。

a.铁路枢纽承担了更多的城市职能。传统客运站的外部空间主要为旅客聚集和疏散的场地,而当代铁路枢纽的外部空间则承担了更多的城市职能,并且由于交通的发展,铁路枢纽与外部道路系统的联系也日益复杂。

b.铁路枢纽涵盖了多种交通方式。高速铁路在交通运输系统中的地位日益凸显,铁路枢纽往往成为联系城际交通与市区交通的重要节点。铁路枢纽往往包含了多种交通方式,如位于德国法兰克福-莱茵-美因国际机场铁路综合枢纽中,包含了飞机、火车、地铁、汽车等多种交通方式。

c.铁路枢纽外部空间走向公共化。传统客运站的外部空间在形式上是开放

的,但由于内部功能和服务人群的单一性(仅针对进出站的旅客),空间对于城市而言是封闭的。而铁路枢纽随着功能的多样化发展,其空间成为城市公共空间的一部分。

②组织模式的改变。

传统客运站的外部空间基本以平面流线为骨架进行组织,但随着客运站所涵盖的交通体系日益复杂,这种二维的组织模式显然不能满足建筑发展的需求。考虑与城市绿色交通之间的接驳要遵循"高速化、人性化、可持续发展"的原则,出现了多层次、立体化的组织模式。这从本质上对铁路枢纽外部空间形态的构建产生了巨大的影响。

③设计理念的变革。

审美理念及社会观念的变革会引发设计理念的更新。在当代人性化原则的指导下,外部空间设计更具有人性化的特点,交通流线的设计更注重旅客的使用感受。对城市设计的重视使得当代建筑师进行规划设计时,都将城市空间及城市环境的塑造作为设计的出发点。

在能源危机与环境恶化的社会背景下,规划及设计都必须以环境为导向,以人为本不再仅仅意味着满足人的出行和生活的需求,而是要在人的需求和环境之间寻求一个平衡点,达到人与环境的和谐共处,实现人类的可持续发展。在这种设计理念的指导下,铁路枢纽的外部空间形态必然发生巨大的变革,空间形态的规划、设计策略都必须从城市环境系统出发进行考虑,而不仅仅是满足铁路枢纽内部的需求。

(2)低碳型铁路枢纽外部空间的组成要素。

一般而言,影响人们对空间的认识的主体要素包括空间的尺度、人眼的视觉范围、空间界定与地域文化等。当代铁路枢纽外部空间的组成要素主要有与城市交通的衔接方式、广场的设置、建筑出入口空间的设计以及建筑形态的选择等。当然,技术的发展会对建筑的各方面产生巨大的影响,对于低碳型铁路枢纽外部空间而言,低碳技术的运用更是不可缺少的关键要素。

①集约化、高效性的道路系统。

a. 道路系统走向多维度立体组织。

空间首先是为解决功能问题而限定的,即使是外部空间也不例外。铁路枢纽外部空间的主体功能是为内部交通流线与城市道路系统提供衔接空间。随着铁路枢纽内部综合的交通系统日益复杂,高速铁路客流量的日益增加,如何尽快地将密集的客流疏散到城市交通系统内是大型铁路枢纽设计的重要一环,必须保证疏散系统各自通畅且互不干扰。同时,如何解决铁路枢纽内部流线与城市道路系统的衔接问题成为影响其外部空间形态非常重要的一点。因此,保证内外交通衔接的顺畅、高效是进行外部空间设计的基本原则。

交通流线设计的基本原则是互不交叉、便捷合理、明确清晰。要做到这一点,首先要分清铁路枢纽的交通流线。总体而言,铁路枢纽与城市道路系统的衔接主要体现在客流的引入与疏散两方面。在旅客进入铁路枢纽的交通方式中,与外部空间设计有关的主要有城市公交车、出租车、社会机动车。客流的引入与疏散有着各自的流线特点。具体来说,客流的引入是持续、缓慢的,而客流的疏散则具有间隔性、时间短、密度大、速度快等特点。

为了合理组织流线,在很长一段时间内,传统客运站都通过广场对进、出站人流实现前后分流、左右分流,从而确保流线的独立性。传统客运站往往只引入普速列车,并且与城市交通系统的交换比较单一,因此,尽管设置广场会造成旅客进、出站流线加长,但在当时这种流线组织方式是有效的。在这种背景下,其外部空间一般为完整、单一的大型广场空间。

随着高速铁路的不断发展,铁路枢纽成为集多种交通系统于一体的综合体,要在一个平面内解决交通系统的衔接问题几乎是不可能的,即使解决了,也会造成流线过长、过于复杂、不利于快速疏散等问题。此外,高速铁路线路的重新铺设也给交通系统衔接方式带来了新的发展方向,许多新建站场采用了铁路高架或者地下铺设的方式,增加了外部空间组织的灵活性。因此,当代许多铁路枢纽都采取了"高架＋地面＋地下"的多维度立体组织方式。

b. 高架道路系统成为空间的限定要素。

铁路枢纽交通流线日益复杂,内部道路系统可以通过高架的方式形成独立的循环,而高架桥就成为当代铁路枢纽建筑外部空间形态最具有时代特征的一个元素。

我国目前新建的铁路枢纽建筑中,基本都采用了高架候车室的模式。为了尽量缩短旅客流线,基地条件允许的情况下一般采用围绕站房建筑的环形高架道路系统,这种系统与城市道路系统有多个连接口。这些高架桥在站房建筑的外围形成了交通建筑独有的空间形态。

例如,南京南站通过建设内部循环的快速进站道路,形成了立体化交通体系,具有多方向、多层次的快速分流交通通道,不仅能使城市空间不被打断,南北向通道的建立还加强了南北广场之间的衔接,使车站更趋于整体化。高架道路系统对空间的穿插、围合也使得外部空间形态具有多样化的特征。高架道路与

站房建筑共同成为外部空间形态的有力限定要素。

c. 广场空间与城市空间的融合。

低碳型铁路枢纽的广场与传统客运站的广场相比产生了巨大的变化。传统客运站的广场多是为了满足大规模人群聚集的需求而设置的室外开放性空间，随着客运站功能的改变，广场的功能逐渐转变为组织交通的室外空间。低碳型铁路枢纽的广场从传统的大尺度空间走向城市街道空间，通过立体交通解决车行问题，广场又重新成为城市生活空间的一部分，对广场空间的设计也更注重其景观效果，注重其对城市空间的引入和延续。

对于处于新建区的铁路枢纽而言，由于用地环境较为宽松，绿地系统的构建既增强了环境的舒适性，又可以吸收温室气体。而处于城市中心的铁路枢纽用地较为紧张，广场的尺度较小，因此应该更多地引入城市功能，比如将广场作为防灾空间，使其成为城市公共空间系统的一部分。同时，引入更多的城市公共活动可以增强广场的活力和凝聚力。

②与城市环境呼应的建筑形态。

建筑形态作为建筑外部空间的界定要素，其形式、风格、体量以及对空间的界定方式都会对外部空间产生决定性的影响。建筑形态的变化催生着外部空间的形式变化和全新的环境体验。同时，建筑形态还影响到城市既有环境，应与城市整体形态相呼应。

a. 建筑形体。

铁路枢纽功能复杂，建筑体量巨大，并且与城市的关系非常紧密，因此，其建筑形体对外部空间的构成有着巨大的影响。

当代一些铁路枢纽建筑形体摆脱了传统的三维形体，借助计算机技术及材料技术，形成流动、连续的建筑界面，由此形成的外部空间具有流动性和不确定性。连续表面内部包含各种复杂环境因素，并且蕴涵着流动的空间逻辑，拓展了建筑与城市之间的空间联系。这种动态的外部空间形态与周边快速交通影响下的城市空间共同构成了一种动态的平衡。

同时，恰当的建筑形体还能整合城市整体空间形态。如北京南站采用椭圆形这种无特定方向的形状来化解站场与城市结构之间的夹角；伦敦滑铁卢车站采用长条形适应城市的狭窄空间。

b. 建筑界面的连续性和完整性。

现代主义时期，建筑师们对建筑的轮廓及城市的天际线缺乏关注。"现代建筑师最大的失策之一就是漠视建筑的天际线，我怀疑是否有人写过诗文来赞美夕阳西下时平屋顶建筑的轮廓的美。"随着人们对城市空间景观的塑造日益重视，人们对城市建筑界面的连续性和完整性也日益关注。整体来讲，建筑界面的连续性和完整性包含以下两方面的内容。

一方面，建筑界面的连续性和完整性指与周边城市建筑形成延续。当然这种延续既可以是铁路枢纽对周边环境的适应，也可以是铁路枢纽统领周边建筑形态的发展。另一方面，铁路枢纽本身也应该保持界面的连续性和完整性，对外部空间起到限定作用。

③地域性、人性化的细节设计。

细节对空间最终的整体效果有着巨大的影响。"在视觉艺术中，直接影响效果的因素从大的方面讲无非有三个方面，即形、色、质。"传统的客运站广场上，经常可以看到旅客席地而坐的情形，旅客没有得到良好服务的同时也影响城市景观。造成铁路枢纽外部空间凌乱、破碎的原因有很多，但对外部空间细节考虑的缺失也是非常重要的原因之一。细节设计主要包括以下几个方面。

a. 色彩、材质。

色彩、材质决定了整体外部空间的风格走向。当代铁路枢纽多采用玻璃和钢作为主要的材料，色调多采用冷色调，因此，铁路枢纽的外部空间形态也多为现代、简洁的。如果选用具有地域性的色彩或材质，整体外部空间形态则表现出强烈的地方特色。如苏州站的站房建筑采用了大量传统建筑的符号、色彩，体现了苏州悠久山水名城的地域特色，也使得建筑的外部空间形态呈现出强烈的地域特征。

广场作为外部空间的重要组成元素，也需要建筑师进行详细而深入的考虑。如广场地砖颜色的选择、铺设的方式既可以丰富空间感受，也可以引导人流的行进方向或限定停留的区域。广场上绿植的配置更为重要，这是人性化设计的需求，可以为旅客提供更为舒适宜人的站内环境，同时也为城市提供富于趣味的公共空间。广场上的座椅、垃圾桶、小品的数量、位置以及形式都是公共空间环境设计中不可或缺的部分。如福州站通过对外部空间的地面材质及铺设方式进行设计使得整体外部空间形态更为完整、统一。

座椅的设置要兼顾旅客及市民休闲的需求，符合不同人群的行为特征，多样化布置，同时也要注意不能对行进中的人流造成阻碍。此外还要考虑到座椅周围环境的围合，使用绿篱、树木、小品等限定空间，满足人的心理需求。

室外空间的照明也要仔细考虑。铁路枢纽是一个 24 h 使用的场所，光环境太差容易引发安全问题，广场的夜间照明要与城市的照明形成体系，要局部呈现高亮度。同时,灯具形式对空间环境的品质也有影响,应该与整体空间环境风格相协调。

b. 无障碍设施。

人性化设计非常重要的一点就是对社会弱势群体的关注。对于铁路枢纽而言,实现无障碍设施布置的系统化尤其重要。

c. 标识系统。

人在一个陌生的环境中要迅速到达自己的目的地必须依靠清晰明确的标识系统的指引。铁路枢纽建筑规模大、功能空间复杂,旅客通过标识系统可获得方向感,从而准确并迅速地抵达站台乘车。标识系统能够提高旅客的出行效率,减少因方向不明确而造成的无效交通。

标识系要以平面、立体、文字、图像等多种形式形成全方位的方向指引。一般而言,设计原则可以概括为:层次性、视认性、连续性、指示性。

总之,铁路枢纽站区内有着一系列的交通流线,也有内部的道路系统。人们在运动的过程中需要一些联系和抉择的关键点,如果这些关键点能够"形象清晰,自动构成生动的意象,道路之间的相互位置关系表达清楚,观察者就能因此构造令人满意的意象骨架"。站房建筑作为空间底景,其体形与体量应进行仔细推敲。此外,还应该对环境细节做出周详的设计和安排。

一般而言,铁路枢纽的规划布局包括场址选择、功能布局、枢纽交通组织以及枢纽空间形态的组织。高速铁路自身新的特征给铁路枢纽本身的定位、功能需求都带来了新的规划布局原则和方式。

2. 协调、共生理念下的外部空间设计策略

(1)强调与城市空间的融合。

在高速铁路的通过性日益加强的背景下,随着城市轨道交通网络的日益发达,铁路枢纽内部客流的集聚和疏散主要由轨道交通系统承担。因此,一些铁路枢纽直接与城市空间发生关系,没有过渡系统。在这种情况下,外部空间形态又重新回到了与城市空间直接相连的状态。这种外部空间形态出现在以下两种不同的规划思路中。

①铁路枢纽与城市空间直接相连,没有广场等过渡性空间。

欧洲许多城市中心的铁路枢纽多运用这种模式。我国新建的铁路枢纽在这方面也进行了尝试,如上海虹桥车站就直接与城市空间衔接,站房前后都没有广场空间,其外部空间形态与城市空间融为一体。

②铁路枢纽完全利用地下空间,与城市空间发生联系的只有出入口。例如,深圳福田高铁站共设有四座岛式站台,旅客高峰期预测量为 6000 人次/h,地下总共三层,地下一层为转换层,地下二层为站厅层,地下三层为站台层。建筑容纳了多种交通系统及功能空间,包括地铁、公交、出租车、停车场、地下商业街,并通过地下空间与周围的办公楼联系起来,整个建筑功能完善。该铁路枢纽所处地段为深圳市的核心区域,为了将其对城市空间的破坏降到最小,采用了全地下的方式,铁路枢纽的外部空间就是城市空间,二者融为一体。这种全地下的方式投资较大,因此采用这种方式建设的铁路枢纽数量并不多,但这的确为我们提供了在城市中心区建设综合性、大体量交通建筑的一个发展思路。总体而言,这种方式在欧洲和日本的许多大城市运用较多,这既有城市方面的原因,也有高速铁路成熟发展的原因。

a.城市用地环境限制。城市用地环境限制使得铁路枢纽的外部空间与城市空间融合。欧洲许多大城市的铁路枢纽多改建于旧火车站,受场地条件的限制,在城市建成区重新布置交通广场是不现实、不经济的。日本的情况又不一样,由于日本的用地紧张,对土地的开发强度非常高,城市中心区的用地更为紧张,因此,建筑与城市空间之间的过渡性空间基本被取消。

b.成熟的城市轨道交通网络的支持。这些国家和地区的城市轨道交通网络都发展得比较成熟。客流通过地下轨道系统进行疏散,大量的旅客在站房建筑内部就通过各个换乘系统进入轨道交通系统,客流不会对城市交通造成过大的影响,原有的城市道路能够满足客流的聚集及疏散需求。

c.运营模式的影响。这种空间的融合还受到运营模式的影响。欧洲和日本的高速铁路发展都比较成熟,各方面的管理、服务设施、信息系统都促使运营模式走向通过式,旅客在车站停留的时间很短,客流的聚集和疏散完全可以直接利用城市交通系统。

(2)强调空间发展的紧凑性。

空间总是为人所用的,因此,满足空间的使用需求是规划设计的出发点。对于铁路枢纽的外部空间而言,最重要的就是合理组织交通流线。建筑师们也在这方面做了大量的研究实践工作,以达到空间利用的最大化。与传统客运站强调外部空间的大尺度不同,当代铁路枢纽的外部空间形态朝着越来越紧凑的方向发展,这既是城市整体发展的需求,也是交通建筑本身功能发生变化的必然结果。这种紧凑性既体现在站区所占用的土地面积的缩小上,也体现在整体空间结构的日益紧凑上,这是节约型社会发展的需求。

高速铁路的发展方向是"公交化"。因此,当代许多铁路枢纽都深入城市中心或是副中心区域,其土地开发强度必然较高。而铁路枢纽本身需要占用大量的土地资源和社会资源,这与城市发展的现状是背离的,要在铁路枢纽与城市发展之间寻求平衡就必须在满足使用需求的同时,尽量缩减铁路枢纽用地,这就要求内部功能安排和外部空间设计都紧凑。铁路枢纽自身功能发生变化也会影响外部空间形态发展。当代铁路技术的发展也为铁路枢纽外部空间日益往紧凑的方向发展提供了有力的支持。通过提高人流的通过效率,在高速铁路快速、大运量的输出能力的支持下,铁路枢纽的室外空间由传统的停留空间转换为通过空间,尺度逐渐缩小。广场功能的变化也促使外部空间的尺度大大缩减。许多铁路枢纽通过对地下空间的开发将广场从停车及聚集功能中解放出来,更多地作为缓冲空间,景观性要求代替了尺度要求,这也促使空间形态日益紧凑。

多种功能空间的叠合发展使得铁路枢纽的外部空间呈现立体化的多层次发展形态。在多种交通系统综合的条件下,为了使各种流线之间互不交叉,同时与城市交通衔接,当代铁路枢纽一般采用立体交通的方式,通过高架桥与城市道路系统衔接,将主要出入口设置在高架层,乘坐公共交通抵达的旅客会通过地下层或地面层进入铁路枢纽内部。这种交通组织方式必然带来外部空间形态的多层次化。要想实现这种多层次化,不仅要加大空中发展力度,同时也要充分利用地下空间。

(3)强调空间的多样性。

人是空间中运动的主体,因此人的参与程度决定了空间的使用效率。一般而言,多样性的空间才是具有活力的空间。铁路枢纽作为大型的公共交通建筑,多样性是其外部空间形态发展日见明显的特征之一,这种多样性体现在三个方面:功能、形态、环境。

①功能。

当代铁路枢纽的外部空间承担了更多的功能,如市民的日常活动、旅客的休闲、城市的景观延续、内部交通组织、城市交通的整合。有些铁路枢纽引入城市商业、休闲、娱乐等服务性功能,其外部空间还承担着城市消费人群的休闲、疏散等功能。当代铁路枢纽的外部空间功能呈现多样化的特点,是多向性的体现,但这些功能空间之间不应该是独立的,而应该存在着紧密的联系。功能空间的互相叠合、穿插,体现"整体大于局部之和"的空间聚合效应。在复合性空间形态策略的指导下,强调土地利用的整体性,研究各功能空间之间的整体关系,结合所在地区的城市空间结构以及人文历史、城市景观等,使得铁路枢纽的外部空间发挥更大的潜力,在充分利用城市土地的前提下,最大限度地发挥土地使用效率。

②形态。

传统客运站建筑的外部空间形态往往是平面的,通过建筑的围合或设施的限定来形成空间的场所感。随着人们对空间的舒适度要求的不断提高,这种单一的空间形态逐渐被多样化组织所取代。在当代铁路枢纽建筑的规划设计中,外部空间多运用立体开发模式,这就使得其外部空间形态组织呈现多样化的特征。空间通过平面、竖向组织实现三维联系,组成一个外部空间系统。

人们对于丰富性空间的需求促使建筑师做出了许多努力,例如建筑师通过局部空间的下沉、抬起丰富空间形态;或通过空间衔接的多种方式实现形态组织的多样性,从而获得人们对场所空间的心理认同感。

③环境。

客运站外部环境体现空间的地域性特征,为旅客提供休闲场所,同时也能提高空间品质。环境的多样性体现在构成环境的要素的多样性。构成环境的要素包括绿植、小品、室外家具等,对这些要素的不同配置方案会产生不同的空间效果。例如,我们可以通过树木的围合对场所进行限定,同时也可以用绿化来对客流进行引导。多样性的环境设计形成了具有趣味的空间,吸引更多的人进入空间内部,提升空间的活力。

(4)开放性空间与城市发展共生。

当代客运站的外部空间形态呈现开放性发展的态势。当代城市发展过程中,出现了城市形态与空间环境的发展互相分离、城市公共空间与建筑外部空间相互隔离的情况,建筑长期将其外部空间作为一种服务于自身的封闭性空间,造成城市环境缺乏整体性和延续性。

在协调共生理念的指导下,城市空间与铁路枢纽之间"边界两侧应该可以相互渗透,是缝合线,而不是屏障",人们对于城市公共空间一体化需求不断加强。如何使城市外部空间与建筑的公共空间及地下空间一体化发展是进行枢纽规划设计需要解决的问题。

铁路枢纽的开放性体现在其对城市居民的可进入性得到加强,由于与城市步行系统联系紧密,并形成整体网络,城市居民进入站区越来越便利。

开放性的另一个体现是由于铁路枢纽外部空间功能的多样化发展,当代客运站的外部空间更多地容纳了城市功能,包括提供城市生活所需的公共场所和服务。人们进入站区内部的机会大大增多,客运站与城市的联系从未这样紧密过。客运站不再是脱离城市空间独立发展的内部空间体系,而是具有极大开放

性的城市空间中的一部分。

提高车站的识别性是与城市发展共生的另一个必然需求。由于当代铁路枢纽建筑的空间日益复杂,组合形态也呈现多样化的发展趋势,旅客处于外部空间时面临多个选择,因此,如何加强外部空间的可识别性应该是建筑师着重考虑的问题。增加可识别性空间可以大大减少旅客在行进过程中的无效交通,提升客运枢纽的使用效率,这也是构建绿色交通的基本需求。

(5)立体化绿化景观系统的构建。

绿化景观系统是构建低碳型铁路枢纽的重要环节。一方面,绿化景观系统能创造舒适的环境;另一方面,绿化植物可有效吸收温室气体,从而减少铁路枢纽对城市环境的污染。此外,绿化系统是城市生态系统的延续和支撑。

"人类持续不断的城市化和土地开发的结果使得人工环境和自然生态系统之间的角色发生了转换:原来的自然环境包含人工环境转化为人工环境包含退化了的自然系统。"人类活动的介入对自然生态环境产生了不可逆转的破坏,通过枢纽地区内部自身绿地环境系统的构建来弥补这种破坏是一种主动应对环境问题的措施。

受城市用地紧张化的影响,城市的绿地景观系统呈现出分散状态,通过有效的联系而融合,从而形成城市绿地网络,希望以绿地网络的构建恢复人与自然的和谐发展。而低碳型铁路枢纽的内部景观系统则成为城市绿地网络中的"斑块",应改善枢纽地区高强度开发带来的城市热岛效应,改善城市景观,减少热辐射对建筑及城市带来的影响,协调枢纽内部建筑之间的关系,提高枢纽外部空间的活力。

针对城市中心区土地资源的现状,为了将绿化景观系统的规模尽可能地扩大,我们应该利用立体化的景观布置方式,并尽可能地将车站及枢纽功能集约化布置,以便为绿化景观系统释放更多的空间。

在德国斯图加特 21 的规划方案中,建筑师将整个车站埋入地下,希望通过新的绿化系统将"城市外围的罗森斯坦公园和深入城市核心区的古堡花园连接为整体,并加以拓展和延伸,形成完整的城市中心地区的'绿肺'"。

3. 协调、共生理念下的外部空间构建原则

(1)可持续发展理念的运用。

可持续发展理念体现在两方面,一方面是指对我们的生存环境的尊重,实现环境的可持续发展,另一方面则是指空间的可持续发展,也就是要考虑到空间的

弹性,留下日后发展的余地。

①环境的可持续发展。

随着社会观念的不断发展,人性化设计及可持续发展的理念深入建筑创作,"传统的视觉艺术方法多从美学的角度考虑问题,强调视觉形式并重视设计者的意见;现代的设计方法从环境和行为的角度考虑问题,强调公众对城市生活和城市环境的体验。"这种设计观念对当代铁路枢纽建筑的外部空间设计也产生了深远的影响,建筑师对此做出了大量的尝试,如充分利用地下空间,从而将地面空间解放出来,可以延续城市的景观系统及生态系统。刘易斯·芒福德认为,"在区域范围内保持一个绿化环境,这对城市文化来说是极其重要的,一旦这个环境被损坏、被掠夺、被消灭,那么城市也随之衰退,因为这两者的关系是共存共亡的。"如在斯德哥尔摩车站区的改造工程中,将道路抬高,车站全部采用高架的方式,而车站及道路的下部空间被用作停车空间,将城市公园及内部庭院结合成为一个整体,形成一个连续的空间体系。

②空间的可持续发展。

铁路建设技术日新月异,并且随着高速铁路优势的凸显,其客运量仍然具有很大的开发潜力,而铁路枢纽的建设是一个耗费巨额资源、持续时间长的繁杂的工作,如何在设计之初就考虑到空间发展的弹性是每一个建筑师都应该考虑到的问题。这也是建设绿色交通、发展低碳城市的必然要求。

(2)从城市的整体形态出发。

由于当代铁路枢纽对城市空间形态及结构具有引导或整合效应,并且城市一体化设计理念要求客运站的外部空间与城市空间直接联系,形成系统,因此,在进行铁路枢纽建筑外部空间形态创造时,首先要遵循的是从城市的整体出发来设计。具体而言,应该体现在城市形态和城市外部空间两方面。在城市的发展过程中,根据当地的地理、气候、人文环境,城市会形成一个整体的形态,建筑的主体朝向、色彩、功能结构布局等方面都会体现每一个城市的特点。因此,我们在进行铁路枢纽的规划设计时,要尊重这种城市已有的形态特征,但不能对城市原有形态进行简单的模仿。我们要寻求铁路枢纽与城市整体形态的深层次的联系,要强调"城市环境的场所精神的传承,用当代设计思想和技术手段重新解读城市空间文脉,而不是将从风格或手法方面的模仿作为清规戒律去束缚新建筑,从而实现崭新的现代城市空间的连续性"。

(3)延续城市外部空间发展趋势。

"当代城市空间形态正朝向系统化、立体化和宜人化方向迅速演进,传统的

二维规划方式正在演变为一种三维的整体设计。"在规划设计过程中,要使客运站建筑所形成的外部空间形态与城市内部已经形成的空间之间形成延续性,而不应该打破这种发展趋势。南京南站在进行空间布局规划设计时,充分考虑了对城市公共空间的延续和发展,结合南部新城的"一心、两轴、四板块"的总体结构,尤其注重对中央景观轴的完善和强化。

(4)城市景观的控制核心。

当代社会崇尚科学技术、环境保护,关注人类生物圈和人居环境质量,尊重人性自由和公众权利,人们对自然的需求更加迫切,对室外交往、休闲、娱乐空间的舒适度要求更高,因此,对公共建筑的外部空间设计,不能忽视景观环境的创造。在进行客运站的规划设计时,我们应该对构成其外部空间形态的各个要素进行整体分析,从城市景观角度对其进行系统的整合,使其成为城市景观的控制核心,创造一体化的城市空间环境体系。

一般而言,城市景观包括两方面:自然景观,多指地形、地貌、水体、绿化等生态系统;人工景观,多指建筑形式、建筑风格、建筑体量、城市环境、小品、设施。

要体现客运站的城市景观核心地位,一方面,要尊重城市的自然景观现状,尊重城市的生态系统,这也是可持续发展的需求;另一方面,对人工建筑环境的塑造要具有整体性和时代性,整合、协调周边建筑群风格,既保证整体建筑环境的协调性,也要使建筑具有个性,在城市意象中发挥地标性节点的作用。

(5)空间尺度与城市空间协调。

尺度是构成外部空间形态的重要元素。在很长一段时间内,客运站建筑的外部空间尺度巨大,与城市空间形成割裂之势,不利于城市与车站地区的协调发展。此外,广场尺度过大容易造成车站外部空间混乱,增加旅客的出行流线,降低车站地区的运行效率。

当代铁路枢纽的外部空间设计强调与城市的协调和共生。因此,其外部空间尺寸应该强调人性化的尺度,强调与城市空间的协调。尺度过大会造成土地资源的浪费,过小则会造成人流的阻塞,这都是不符合构建绿色交通理念的。例如滑铁卢车站在改造时,建筑师将新建建筑退后,形成一定的外部开敞空间与城市空间衔接,建筑师对于尺度的把握非常到位,在整体空间结构中也不显得突兀。

而我国目前的铁路枢纽建筑体量巨大,相应地,其外部空间尺度也远远超过城市公共空间的一般尺度。这虽然是基于我国客运的实际需求形成的,但巨型化的尺度是否恰当仍值得商榷。这种超大尺度空间既造成了土地资源的浪费,也无形中增加了出行距离,降低了枢纽的运行效率。

4.协调、共生理念下的建筑设计策略

各地因为各自的地理环境、经济水平以及高速铁路网建设的情况不同,对客运站建筑形态的创作有着多种探索方向。客运建筑是铁路枢纽的标志,是整个区域的核心。通过建筑形态来适应城市环境,吻合城市可持续发展的轨迹,形成绿色交通体系中的低碳节点是当代铁路枢纽的发展趋势。总体而言,基于绿色交通理念的建筑设计策略体现在对城市无序空间的协调;用新结构、新技术降低建筑的能耗;鼓励城市旧车站的改造和更新;注重地域性元素的引入四个方面。

(1)协调城市空间的无序性。

城市的无序扩张带来了城市空间的无序和混乱,交通系统能引导城市形态的发展,而铁路枢纽作为交通系统上的控制性节点,对城市空间有着引导和控制作用,而建筑形态的恰当表达可以有效地控制城市区域的空间形态和城市意向。

①高技的表达。

从世界建筑的发展历史看来,尽管建筑所表现出来的风格及形式发生了许多变化,但归纳到美学体系而言,人们审美观念的变化并不明显。但从近代开始,技术创新进入了一个高速发展的阶段,这种技术的高密度推陈出新对人类的建筑审美观念也产生了巨大的影响。总体而言,可以归纳为从古典建筑的形式美学到现代建筑的技术美学,从现代建筑的技术美学到后现代、解构主义等建筑流派这两次大的建筑审美观念的变革。在经历了后现代建筑对传统美学的颠覆性对抗之后,人们又逐渐恢复理性,希望在建筑的逻辑性建造及美学价值创造中寻找一条体现时代性的道路,而建筑创作中的高技倾向就是众多探索道路上的一个方向。高技倾向强调"技术至上的美学观念""大量利用高科技成果和现代技术手段""突破传统形式美的局限""力图塑造一种崭新的建筑形象"。铁路枢纽建筑本身就是技术发展的代表性建筑,在建筑风格的塑造上试图体现这种技术的美感,赞美技术给人类生活带来的便利和舒适。

卡拉特拉瓦设计的比利时列日火车站(见图 7.12)位于比利时瓦隆地区。这个地区有着悠久的历史,非常繁华,被认为是查理曼帝国的发源地,是一个综合了文化、商业和宗教的地区。但由于近代金属和煤炭的开采盛行,城市的空间结构及产业结构都被破坏。到了 20 世纪 90 年代,政府讨论通过建设一个铁路枢纽,以此为契机对城市进行改造,并且利用其在德国、法国、荷兰等国家的主要城市之间的战略地位来激发城市新的活力。

图 7.12　比利时列日火车站整体形态

列日火车站的屋顶蔚为壮观,以钢和玻璃的技术表达实现了公开性和透明度,为了减少火车站对周边的影响,类似"排骨"状的跨越了约 157.89 m(相当于一辆列车全长)的拱形结构覆盖在月台及轨道之上,从火车站后面的丘陵公园看过去,火车站闪闪发光,在中世纪的大都市中如此清晰,像是一片灰色背景下发光的灯塔。

②动态的形体。

回溯传统客运站的建筑形体,一般多以对称性布局体现其在城市中的地标性建筑的重要作用,由于复古主义思想的影响,很长一段时间内,客运站建筑基本都采用矩形形体,整体建筑形态宏大、庄严。

当代铁路事业的发展进入高速时代,速度是铁路能重获往日光辉的关键技术因素。因此,为了体现这一特色,当代的客运站建筑多采用动态的形体来表达其快速、便捷的交通特性。这种动态的形体表达可能是流线型的,也可能是无规则曲面型的。

釜山是韩国的第二大城市。釜山高铁站位于一个非常关键的位置,建筑师根据其场所特点将其处理成一个曲线的形体,作为对一侧为山、一侧为海的地形的呼应,同时也希望将客运站处理成衔接这两大地貌的纽带。穿过铁路的高架步道联系新建建筑,形成不对称的立面形态。为了抵抗海边的大风,屋面处理成了一个倾斜的种植了大量绿植的曲面,同时在其后安置了一个长达 2 km 的绿色峡谷,可以形成与外界类似的微气候环境,这座建筑被称为"神秘的花园城市"。通过形体的表达和生态理念的介入,整个建筑成为一个微气候调节单元。

(2)新结构、新技术的运用。

一方面,新结构、新技术的运用使得建筑具有更大的灵活性。低碳型铁路枢纽要求利用大空间的灵活性，"大跨度的结构技术是构成站房大空间的基础，而结构的形式和结构构件的形态就是决定建筑形态的基本特征，因此选择结构形式是关键所在"。许多新的结构形式、新型材料被运用到车站建筑中，这也成为建筑师对客运站建筑形态发展的一个探索方向。如果一种建筑类型受到社会的关注，那么就会主动地将时代性的技术及材料运用到建筑形态表达上。客运站建筑的复兴正是因为铁路技术的进步，对于高技的表达在一段时间内是新建的客运站建筑形态最明显的特征。

另一方面，新结构、新技术支持下的建筑具有了更多的生态特征。新结构形式、新材料技术的运用也会降低建筑对传统材料和传统能源的消耗，同时还能更多地将自然环境引入建筑内部。这也是低碳型铁路枢纽必须要考虑的建筑形态的发展方向。

如武汉站中央大厅的穹顶和侧翼的站台雨棚都是由上表面的半透明聚碳酸酯板及下表面的穿孔金属管吊顶组成，可以为内部空间引入自然光线，而遮阳的穿孔金属管孔可以巧妙地散射这些光线（见图7.13）。

图 7.13　武汉站侧翼的站台雨棚

（3）旧车站的改造和更新。

铁路的衰败带来客运站建筑的废弃，许多古典复兴时代的铁路枢纽建筑都面临着被拆除的命运，而建筑所具有的独特艺术魅力和历史意义使得更多的人呼吁对其进行改造和更新。城市复兴需要建筑设计的技巧，对现有建筑的修整以及再利用成为问题的要点。并且对于构建低碳城市和绿色交通体系，采取有效的措施重新利用车站无疑是最恰当、最节能减排的方式。目前对于旧火车站的改造和更新集中在两个方面。

①转变车站功能。

由于城市的发展以及交通系统的变革，一些具有极大历史意义的客运站建筑本身已经不适合被改建成为铁路客运站。因此，当地政府一般保留建筑形态，但改变其内在功能，例如改成博物馆、商场等。一方面，建筑的外部形态特征得以保留，城市发展的脉络得以延续；另一方面，这些旧建筑也获得了新的发展机会，甚至有时候还成为地标性建筑。

②内部功能升级。

许多旧火车站虽然已经衰败，但是还一直有火车停靠，并且其地理位置仍然属于多条铁路线路的交织点，对这一类旧火车站一般采取的改造方法是保留建筑形态，对内部功能进行更新升级，仍然作为火车站使用。

总体而言，对于旧火车站的改造一般都尊重了其原有的建筑形态及整体风格，但会对其内部空间功能及结构进行符合时代需求的改造和更新，在尊重历史的前提下使旧建筑获得了新的活力和生机。

（4）地域性元素的引入。

在全球化背景下，建筑创作领域信息的同步共享，使得建筑形态日益趋同，但人们对建筑的文化性、民族性和地域性的追求也从未停滞，即使是在铁路枢纽建筑的创造上，建筑师也努力在创作时阐释"地域性"的设计表达。"地域性"的概念表明一种结果，它不同于"地域主义"，建筑的"主义"是建筑思想、世界观和方法论，是解决建筑问题的方式，而非建筑的结果。当代的客运站建筑对地域性元素的引入强调的是在时代背景下，技术以及地方生态对建筑的影响。建筑形态表现为对地域文化的传承、对环境文脉的尊重，以及在技术的支持下对地域气候的回应。

①对地域文化的传承。

建筑总是处于一定的文化环境中。不同城市的肌理、传统符号、地方材料等不同。在客运站建筑的创作过程中，应该通过借鉴这些地域性元素来实现对地域文化的传承,当然这种传承应该是一种再创造、再理解的过程,而不是生硬地将符号性的元素运用到建筑的外立面上。对于地域性建筑来说,只要把建筑置于特定的环境和场所中,并且使建筑表达了这种特定的文化和场所精神,任何设计方法都是可以被接受的。

客运站建筑一般规模较大,而且属于功能性建筑,建筑首先要满足流畅的旅客流线等功能方面的需求,对建筑形态有一定的限制。地域文化在建筑中不能仅仅表现为对民族符号或地方材料的运用,如何在建筑形态上整体对地域文化进行传承是需要经过慎重思考的。

拉萨火车站位于拉萨河南岸,海拔达到 3641 m,是青藏铁路上最大的火车站,虽然这座火车站并不是在客运专线背景下建设的,但其在对地域文化的传承上所做出的突出贡献仍然值得我们在当代的铁路枢纽建筑设计中借鉴。拉萨火车站的设计理念是"追求与自然环境和西藏民族文化的协调"。拉萨火车站在整体造型上选择了水平舒展的体量,让建筑有一种从大地上隆起的感觉,在颜色及材质上选用了极具地方特色的元素。此外,拉萨火车站还采用了当地的适宜性技术——防尘通风窗槽,为了充分利用当地的高原气候的特点,还采用了太阳能的采暖系统。整个建筑从整体形态到技术运用,都坚持了从地域出发的原则,获得了良好的艺术效果和使用效果。

和若铁路是世界首条环沙漠铁路,其沿线分布着尼雅文化、安迪尔古城、达玛沟小佛寺等文化遗址,站房设计时充分融合了沿线城市特征、历史文化景观元素,按照"一站一景"的设计思路对全线 9 座车站进行设计。和若铁路全线地处沙漠边缘,站房建筑利用中庭自然通风,并设置了出挑大檐口等遮阳构造,结合保温措施,达到节能减排效果,同时利用空气源热泵机组提供房屋所需冷热源,夏季供冷,冬季供暖,达到节能环保要求。结合沙尘气候特点,站房外立面采用干挂仿石铝板,既保证外立面色泽丰富、匀质,也有效减少了建筑外墙落尘积沙。和若铁路沿线"一站一景"的客运站房设计,结合了自然环境,充分融合了沿线城市特征、历史文化景观元素,将"丝绸之路"沿线各地悠久的文化与风俗完美地融入站房的设计方案,并赋予其独一无二的文化价值生命力。

济南西站位于济南市槐荫区齐鲁大道,是京沪高速铁路五个始发站之一,总建筑面积约 10 万 m^2,包括了地铁、公交、高速铁路等多种交通方式,候车室采用高架方式。齐鲁文化是山东的代表性文化,孔子的故乡也在山东。因此,建筑师在设计济南高铁枢纽时就力图体现这种文化内涵。其站房建筑采用了高低错落的方式,由中间向两侧逐渐降低,整个建筑形体稳定而内敛。建筑试图通过有意识的穿插跌落体现传统建筑的神韵,取传统建筑挑檐的意象,整体屋面呈现一种传统建筑的意象,创造出一种古朴的建筑形象。在细节方面,设计师同样试图对传统文化进行阐释:外檐开窗形式与传统建筑中的支摘窗类似,石材墙面也试图体现文化内涵。

②对环境文脉的尊重。

地域性表达很重要的一点就是对当地环境文脉的尊重。当客运站建筑以其繁忙的交通、庞大的体型介入城市已建成的环境时,如何对已有的环境做出形态上的回应,以便获得整体城市空间意向,是建筑师应该要考虑的问题。这种地域性元素的引入多用于传统街区的旧车站改造,建筑师或是通过在旧建筑之间增加一个透明的体量以体现现代交通建筑新的生机和活力,或是对传统环境文脉进行继承和发扬。

③在技术的支持下对地域气候的回应。

建筑应该是时代性的,应该体现时代的科技发展成果。当代的计算机信息技术发展迅速,对建筑形态的发展起到了极大的推动作用,这种作用不仅仅体现在形体塑造上,更重要的是,计算机信息技术可以被用于调节建筑与环境之间的关系。在计算机信息技术发展迅速的背景下,地域性建筑的概念已经不仅仅指材料的地域性、文化的地域性,还指利用计算机信息技术来调节建筑与环境的微妙关系。

铁路枢纽建筑一般规模较大,占用大量的土地,耗费大量的资源,对生态环境的影响较大。在这种背景下,建筑师应在设计之初就对当地的气候环境做详尽的调查,并根据气候的特点,尽量利用技术的力量减少对建筑能源的消耗,从而更好地适应当地的气候条件,创造更为宜人的室内环境。

如大量客运站利用屋顶材料形成主动或被动接收太阳能的装置,并利用现代的计算机技术调节阳光的投射率。建筑具有自我调节功能,可根据外部气候环境的变化适时调整内部系统,建筑对多变的外部环境有着良好的适应性。这正是在技术的支持下提高建筑的地域适应性的典型手法。

7.2.4 高效、低耗的内部功能空间规划设计

内部功能空间具有物质属性和社会属性,当我们研究和分析内部功能空间形态及组织模式时,既要从关联空间形态的物质要素(如尺度、明暗、形状、色彩等)方面着手,也要从社会背景和社会需求角度出发来探求空间的本质内涵,从而找到空间组织的基本规律和轨迹。内部功能空间是主要的能源消耗载体,也

是有害气体排放的来源,通过高效、低耗的空间利用策略可以大大降低枢纽对能源尤其是传统能源的消耗,从而减少碳排放,达到低碳型铁路枢纽节能减排的目标。

　　绿色交通就是通过低能耗、低排放的交通运输方式来满足城市运行的需求,而城市的扩展必然会带来出行距离和出行频率的增加,节能减排的交通理念并不意味着盲目减少交通,这与城市的发展目标显然是背道而驰的。提高交通系统的效率是实现绿色交通的核心,而对于铁路枢纽而言,主要的能耗和排放产生在使用阶段,要实现低碳化的目标,必须追求铁路枢纽内部功能空间的高效利用,减少对传统能源的消耗,通过运用适宜技术减少有害气体的排放。

1. 高效、低耗的内部空间的特点。

　　(1)适宜的空间尺度。

　　尺度规定的是空间的体量,一方面,尺度是按照功能需求而定的,但另一方面,空间的性质对尺度也有影响。比如对于私人活动的空间,一般要求亲切、亲密,因此,这一类空间的尺度往往比较贴近人的尺度;而对于一些公共性的空间,尤其是一些具有纪念性质的空间,其尺度往往超过使用需求,以达到宏伟的空间感受。

　　对于高效、低耗的低碳型铁路枢纽的内部空间而言,适宜的尺度是降低能耗的必然选择,巨大的空间能带来视觉和心理上的震撼效果,但同时也会带来巨大的能源消耗,不符合低碳型铁路枢纽的设计原则。

　　(2)明确的空间形态。

　　空间形态对人的心理感受也有影响。当空间的平面为横向的矩形时,空间给人的感受是展示、迎接;当空间的平面改为纵向的矩形时,则给人一种导向暗示,让人感受到一种明确的方向感;不规则的形状则会让人感觉到活泼、富有动感。建筑师在进行一些特殊功能建筑的创作时,会巧妙地通过空间形态的变化来引导人们的心理感受和行动。比如古根海姆博物馆通过螺旋形空间的设定,使得置身其中的人们自然而然地跟随空间移动。

　　在当代的交通建筑中,这种具有明确导向性的空间设计尤为重要。具有明确方向性的空间形态可以大大节约旅客在行进过程中的判断时间,从而提高行进效率。

　　(3)人性化的内部装饰。

　　内部装饰会影响人对空间的感知。内部装饰的色彩对人的心理影响很大,

暖色环境会使人觉得温暖、紧张,而冷色环境则给人安宁、优雅的感觉。内部装饰所用材料的质地也会影响人对空间的感受,材料细腻会让人觉得空间细致,而粗糙的材料则让人感觉空间粗犷。

在实际建筑创作中,建筑师往往将主要精力用于建筑的形体创造、空间的组合,容易忽视内部装饰对空间的影响。低碳型铁路枢纽的内部空间应该是人性化的、温暖的,通过对内部装饰的仔细推敲和考量,可以大大改善内部空间环境。

2. 高效、低耗的内部空间的组成要素

铁路枢纽的内部空间与传统的客运站基本相似,但其空间的功能及组织模式都发生了重大的变化,这种变化是在功能的更新与人们对出行要求的变化双重作用下产生的。

(1)交通空间。

铁路枢纽的内部空间中最为重要的部分就是交通空间,包括平面联系的交通空间和垂直方向的交通空间两大体系。

①高效的通道。

铁路枢纽容纳了多种交通体系,如何合理组织不同方向的人流、车流是内部空间规划设计中首先要考虑的问题。一方面,我们要将进出站的旅客快速疏散到城市交通体系;另一方面,换乘的旅客需要通过最短流线到达换乘点;此外,我们还需要将部分人流引入商业等辅助空间。

人行流线包括进出站流线、换乘流线等。在设计中,要尽可能减少各种交通方式运行差别带来的影响。同时,各种交通方式之间的换乘距离应该尽可能地缩短,并且具有明确的空间形态。

通道设计的效率与通道的宽度、人行流线组织、垂直交通组织有关。在当代的铁路枢纽中,通道往往形成一个完整的立体结构,构成内部空间的输送系统。

②进出站大厅。

通道的某些位置有节点空间,比如进出站大厅、换乘大厅。旅客会在这些空间短时间停留以判断自己行进的方向。

进站大厅的设置一般要与城市主要交通流发生关系,并且要与候车厅或站台有直接的联系。出站大厅的主要功能特点是在短时间内积聚大量人流并且具有频发性。同时,出站大厅要与停车场、城市公共交通系统紧密结合,其流线组织做到让旅客在多种交通方式之间"零换乘"。

进出站大厅的空间组织及形态设计应注意以下几点:首先要保证大厅的面

积尺度满足疏散及换乘需求；其次，对人流的疏导非常重要，要在尽可能短的时间内将大量人流疏散到各自的目的地。因此，我们要注意关键出入口的尺度和标识，通过光线及空间暗示加强对人行流线的引导。

③换乘大厅。

当代铁路枢纽综合多种交通方式，换乘成为其主要的功能之一。换乘大厅属于交通流线上重要的交通节点空间，在空间尺度控制上，要根据高峰期人流规模来确定，同时还应该通过引导标识的设定、灯光明暗的变化引导人的行进方向，并采取措施控制人流节奏，避免人流堵塞。

④开放的候车空间。

候车空间是旅客暂时休息的场所。候车空间的舒适性是衡量功能布局的关键性指标，因为旅客要在这个空间内度过较长时间。铁路枢纽候车空间分为以下两类。

a. 以开放为主要特征的多样化候车空间。

铁路枢纽候车空间强调流线的便捷与高效，强调"以人为本"，以创造舒适的出行环境为空间布局的出发点。因此，传统的封闭空间被开放空间取而代之。这种开放的候车空间为旅客提供交流的平台，同时通过各种类型的隔断让旅客获得场所感和安全感，满足各类功能需求，具有极大的灵活性。

当代的候车空间是开放的单一型大空间，但这个大空间又强调空间的多样化。空间的多样化既体现为空间层次的多样化，也体现为空间功能的多样化。

如上海南站的候车空间是一个直径达 270 m 的大型钢结构屋盖覆盖下的整体空间，通过高差的变化划分空间。同时，候车空间内通过一些低矮的隔断进行划分，使乘客获得舒适感和场所感。

b. 模糊化的候车空间。

国外许多铁路枢纽多采用通过式，候车空间趋于模糊化。候车空间与内部的交通空间及站台空间整合，形成整体的流动性空间。如柏林火车站的内部空间完全是流动性的，候车空间模糊化。候车室成为一种简易的临时性设备。

我国的客运系统仍然处在传统模式与当代模式的交接期，虽然经过六次大提速，但以客运专线为背景的高速铁路仍处于起步阶段。同时，我国人口众多，流动性强，具有季节性人口高峰期的特征。因此，等候式在一定时期内仍然是主要形式，但等候式转变为通过式是不可逆的发展趋势。我国的铁路枢纽中，建筑师对候车空间形态如何顺应发展的需求做出了许多新的尝试。如武汉站的候车空间采用了通过式和等候式相结合的方式，旅客可以根据其出行需求选择直接进入站台或者进入候车空间候车。

⑤站棚一体化下的站台空间。

在铁路客运站发展过程中,站台空间一直是非常重要的功能空间。站台的主要功能就是临时聚集即将要离站或刚刚抵达的旅客。一方面,站台空间的尺度要满足短时间内聚集大量人流的需求;另一方面,也要考虑一定的艺术因素,给刚抵达的旅客或离站的旅客留下良好的空间印象。

与站台空间形态相关的要素主要是雨棚的形式。最原始的站台提供的只是一个能遮风避雨的顶棚。随着技术的进步以及铁路在交通体系中的地位日益重要,站台的形式也有了极大的变化。在这个时期,站台是独立的内部空间,雨棚是由工程师进行创作的。进入高速铁路时期,以客运专线为背景,铁路枢纽的内部空间走向一体化,站台空间也转变为站棚一体化。无站台柱雨棚的出现即是这种创新思路的体现。与过去常见的低矮多柱的钢筋混凝土雨棚相比,无站台柱雨棚可以最大限度地保障旅客在站台上的通行和视线不受阻碍,除了上下天桥的楼梯、扶梯,站台空间一览无余,没有一根雨棚柱。站台的高度统一加高至1.25 m,与火车的车厢地板持平,旅客上下车更轻松、方便。我国许多新建铁路枢纽的站台都采用了站棚一体化的形式,获得了良好的空间艺术效果和使用效果。

⑥灵活布置的辅助空间。

辅助空间是保证铁路枢纽正常运转必不可少的条件,主要包括售票处、问询处、小件寄存、厕所等。辅助空间是旅客出行过程中经过的空间,设计时要以满足人的使用需求和行为需求为出发点。这些辅助空间的布置日趋灵活,并且,由于信息技术的发达以及人们出行方式的改变,许多辅助空间的尺度在不断地缩小。

传统的售票大厅通常为一个封闭性的独立空间,但随着售票方式的多样化,人们可以通过零散的售票机或网络、电话等购票。这些新技术的运用使得售票大厅的面积大大缩小。现在的售票处与集散大厅结合布置,有些客运站甚至不设置独立的售票处,如和若铁路沿线客运站通过零散布置在人行流线上或集散处的售票机来完成取、售票工作。售票处的设计要考虑其布局的灵活性,并且尽量加大售票员与旅客的交流面积,采用大玻璃、低隔断的方式。

(2)商业空间。

早期客运站的商业服务主要是为长时间候车的旅客提供餐饮、休闲等服务,商业活动非常有限,而且很呆板。无论是位于中心区还是城市新建区的铁路枢纽都是该区域的核心,也是地区发展的触媒,具有极大的商业潜力和较强的集聚效应。

当代铁路枢纽的商业空间本身与旅客出行并没有必然联系,是空间一体化发展以及城市属性引入的必然需求。一方面,商业空间的开发和利用可以提升旅客出行的趣味性;另一方面,商业空间也加深了铁路枢纽与城市空间的联系,为城市居民提供一个开放性的公共场所。以下从商业空间的组成、组合方式及布置原则展开叙述。

①商业空间的组成。

当代铁路枢纽已经由传统的单一性交通建筑转变为综合性的商业建筑。铁路枢纽内部的商业开发一般包括两种模式。

一种是为旅客服务的,具有临时性、流动性的小商业。这部分商业提供临时性的饮食、休闲活动等,以售货车或摊位的形式出现,一般被安置在乘客停留的区域,如候车大厅、站台等。在传统客运站中,这种商业模式是主导性的。由于面对的人群单一,这种商业模式规模小,往往层次不高,有可能成为室内环境恶化的因素之一。这种商业模式的优点在于便利性强,并且随着商业品质的逐渐提升,商业空间走向精品化。

另一种是与城市商业规模相当的商业空间,如日本京都站的伊势丹百货。这种商业模式已经完全摆脱铁路客运对其的制约,其服务对象为整个城市。德国铁路局提议在斯图加特中央火车站开辟 35000 ㎡ 的零售空间,而法兰克福火车总站则规划设计一条 200 m 长的购物大街。

②商业空间的组合方式。

a. 独立的商业区。

当代铁路枢纽利用多层次空间,在主体功能之外独立设置商业区,并将其统一在同一个综合体内,形成城市交通综合体。这种组合方式适合于土地开发强度极高的地区。

大阪站共有地上 27 层、地下 4 层,地上 2 层以上全部用于商业开发,同时还在地下设置了商业街。地上部分的商业独立于车站经营,通过首层组织各个功能空间的人行流线。

b. 购物大街,形成丰富的室内空间。

利用站棚内部的高大空间形成多层级的购物大街也是商业空间的组合方式之一,这种方式更多地被运用于传统客运站的改造。英国维多利亚时代的许多铁路枢纽为了满足排烟等功能需求建造了巨大的内部空间,随着铁路技术的发

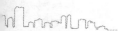

展,这些巨大的内部空间变得浪费而无实际意义。在对这些铁路枢纽进行改造或改建时,人们通过设置购物大街来充分利用内部空间,形成了丰富的室内空间形态。当然,在一些新的方案构思中,这种商业空间的组合方式也被运用于内部功能设计,如慕尼黑中央车站利用站台空间建设内部商业大街。

c.结合站台形成小店铺。

日益模糊化的候车空间决定了人们会有更多的时间停留在站台,站台空间具有极大的商业潜力。传统的站台商业利用小推车等形式,既造成人流拥堵,也降低了铁路枢纽的品质。有效地开发、利用站台空间的商业价值也是商业空间的发展趋势之一。如国王十字车站的第八站台周边设计了一系列的商店和餐厅,吸引了大量的旅客在此停留、候车。

③商业空间的布置原则。

首先,商业空间在设计过程中要提高其可达性,这种可达性是同时针对旅客及城市居民的。只有具有良好的可达性,才能吸引更多的人,达到集聚人流及提高商业价值的目的。

其次,在商业空间的布置上,要强调灵活性。相对于客运功能而言,商业功能是多变的,要根据市场的需求和人群消费理念的变化做出不同的调整。因此,商业空间布置的灵活性是商业空间开发的关键性因素之一。

此外,商业功能的特性要求商业空间具有一定的新颖性,新颖的空间布局模式及装饰能吸引更多的人群聚集。

(3)地下空间。

当代铁路枢纽的建设非常注重对地下空间的开发和利用。这既是城市发展的需求,也是铁路枢纽先天具备的良好条件。地下空间的内敛性使得人类活动对周边环境的影响大为降低,同时,城市空间的立体化发展释放了地面空间,改善了城市环境。因此,在规划和建设铁路枢纽的过程中,必须重视对地下空间的开发和利用,通过空间的立体发展缓解大型建筑群及集聚人群对城市交通、环境、用地带来的巨大压力。

①地下空间的开发和利用是必然趋势。

a.地下空间的开发和利用是城市土地开发的需求。

在城市可用土地日益稀缺的背景下,地下空间的开发和利用受到了广泛的重视。科学技术的进步为广泛利用城市地下空间提供了可能性。地下空间的利用已成为城市生活的一部分,具有不受气候条件影响,安全、迅速、便捷和节能的优点。

铁路枢纽一般设立在人流密集区域。随着地区经济的发展,车站强大的集聚效应会使铁路枢纽周边土地开发强度短时间内迅速增加。因此,如何提高土地的有效利用率是当代铁路枢纽建设之初就应该考虑的关键性问题。尤其有些铁路枢纽位于城市已建成区,需要对城市建筑环境做出回应,向高空发展有一定的限制。在这种情况下,加大对地下空间的开发和利用力度是一种有效的节地手段。陆化普认为:"地下交通空间和地下公共空间组成的城市地下空间系统,是最具活力的城市地下功能空间和人员地下活动空间,也是城市土地利用与交通协调发展对城市地下空间的需求中最核心的内容。"

b.地下空间的开发和利用是绿色交通的重要组成。

绿色交通的核心理念就是通过高效的交通组织达到节能减排的目的,有效利用地下空间可以提高道路的通行能力,减少道路对土地资源的占用,减少道路系统对城市景观的破坏,减少噪声和空气污染,提高交通系统的运行效率,从而实现构建绿色交通的城市发展目标。

c.铁路枢纽已具备先天条件。

铁路枢纽的铁路股道数量都比较多,所以车场较宽。目前我国大量新规划建设的铁路枢纽的车场宽度都在 200 m 以上,可以开发利用部分车场的地下空间。铁路枢纽考虑大量人流的疏散与聚集,一般会设立尺度较大的交通广场,广场的地下空间也可以开发利用起来。

总体而言,开发和利用地下空间可以扩大城市空间、提高城市土地开发强度并优化使用结构,同时还可以缓解交通压力,以及城市发展对环境造成的压力,对构建绿色交通体系支撑下的低碳城市有着特殊的作用和深远的意义。

②地下空间的开发和利用方式。

a.地下商业开发。

在土地紧张的市中心区,可以利用铁路枢纽的地下空间开发地下商业街,并且与城市原有商业连通。节约出来的地面空间可以用作城市道路、广场等公共空间。日本新宿站的地下商业开发就非常成功。新宿站有超过 200 个出入口,通过将交通枢纽与周边商业高效连通,有效地促进地上和地下空间的充分利用,增加了商业空间,提高了周边土地的利用效益,打造日本首屈一指的顶级繁华大商圈。

b.地下停车场。

停车需要的空间很大,但对空间的环境要求并不高。将地下空间作为停车场是近年来铁路枢纽建设的基本模式。这样可以减少道路辅助设施对土地的占

用,从而开辟更多的绿化面积。

c.地下换乘系统。

当代铁路枢纽一般都要引入城市轨道交通系统,换乘的需求也促使人们对地下空间进行有效的开发和利用。在土地使用日益紧张的大城市,为了保证铁路枢纽进、出人流独立,许多铁路枢纽将出站大厅也放在地下空间,并结合换乘系统形成地下交通网络,缓解地面交通的压力,节约土地。利用地下空间可以实现城市交通的立体化发展。我国目前新建的大型铁路枢纽都充分重视对地下空间的开发利用,其地下空间的主体功能一般为停车及换乘。

(4)自然元素。

人的自然属性决定了人对自然环境的向往和不自觉的追求:阳光、植物、自然通风等都是舒适的空间不可或缺的。因此,建筑师通过各种手法和技术手段,尽可能多地将自然元素引入车站的内部空间,这也成为衡量一个铁路枢纽服务水平和舒适程度的非常重要的指标。

候车室是旅客在车站中逗留时间最长的内部空间,因此,如何创造更为舒适的候车环境成为当代客运站建筑设计必不可少的一环。由于功能性的需求,客运站的候车空间往往是巨大的。在早期,对于候车空间的关注主要集中在提供能满足需求的空间尺度,而对自然元素的引入关注很少。

①自然光线的引入。

人类感知空间,尤其是建筑的内部空间,主要依赖的就是视线。因此,内部空间的光环境会对人对空间的感知带来非常大的影响。勒·柯布西耶在《走向新建筑》一书中提到:"建筑是对在阳光下的各种体量作精练的、正确的和卓越的处理。我们的眼睛天生就是为观看光照中的形象而构成的。"许多著名的建筑师都善于利用光线来丰富建筑的内部空间形态。如理查德·迈耶在谈到自己的设计理念时,就特别提及对光线的运用:"这里包括我处理空间和房间的方法,即如何在步行通过它们时被感觉到;如何处理和表现光线;如何在一栋建筑物中安排光线一整天的变化;如何在不同的季节,利用完全不同的光线使来访者或生活在这里的人感受到这个活生生的现实。对我来说,光线是最好、最适用的建筑'材料'。"

由于材料及结构技术的制约,传统客运枢纽内部环境一般较为昏暗。如我国前一阶段的车站候车厅设计中,采光一般依靠侧窗,这种采光方式对于巨大室内空间是远远不够的,加上服务水平的限制,候车室内容易出现脏、乱、差的局面。对于低碳型铁路枢纽而言,内部空间巨大,并且由于多层次立体开发,地下空间的利用和开发显得尤为重要。引入和利用自然光线,可以创造良好的空间效果和使用效果,并且还可以大大减少对人工采光的依赖,达到节能减排的目的。

　　而在上海虹桥站的设计中,建筑师注重自然通风及自然光线的引入(见图7.14),其屋面系统大面积采用聚碳酸酯板,并采用了三层构造,既避免阳光直射,又使光线柔和地进入室内,创造出宁静祥和的空间效果。通过采光屋面及采光井,将光线引入地下二层,这既可以使旅客获得宜人的候车环境,也能减少能耗,符合"低碳减排"的基本发展方针。

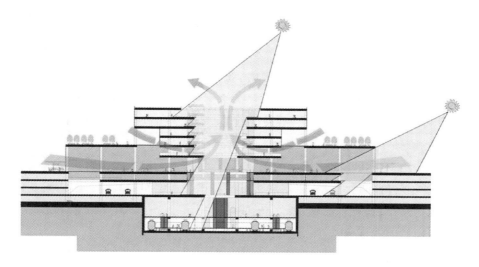

图 7.14　上海虹桥站自然通风及自然光线的引入

　　②自然通风的加强。

　　自然通风对提高内部空气质量和人体舒适度有着重要的作用,对铁路枢纽这一类人员密集、空间巨大的交通建筑而言则显得更为重要。传统客运枢纽要么为了降低对能源的消耗而牺牲内部空气品质,要么为了提升人体舒适度而完全依赖空气调节系统,这两种方式都不符合低碳型客运枢纽的本质需求。运用适宜的技术加强自然通风的效果可以在满足旅客舒适度需求的同时大大降低能耗。并且,自然通风有着空气调节系统无可比拟的舒适度。因此,在低碳型铁路枢纽的内部空间设计中,加强自然通风有着重要的意义和实践价值。

　　③绿化景观的利用。

　　绿化景观对于人的心理和生理而言,都是必不可少的自然要素。绿色植物带给人心灵的宁静,同时还净化空气。因此,当代铁路枢纽在组织内部空间时日益重

视绿化景观的引入,如利用绿化分割空间、通过屋顶花园拓展内部休闲空间等。

3. 高效原则下对旅客流线的组织

如果说铁路枢纽的外部交通是以机动车交通为主导,那么,对于进入客运站建筑内部而言,如何合理地组织人的行为流线则成为设计的主要关注点。在高效原则下组织旅客流线能提高客运枢纽的运行效率,减少内部空间,减少客运枢纽对社会资源和传统能源的占用,高效原则是低碳化铁路枢纽内部空间设计的出发点。

(1)交通流线的组成。

①从构成流线的主体来分。

当代客运站的综合性导致建筑内部的流线组织非常复杂。从构成流线的主体(交通类型)来分,交通流线包括社会车辆流线;城市公共交通流线,包括公共汽车、出租车;快速轨道交通流线,包括地铁及轻轨;步行流线;普速铁路流线;高速铁路流线以及在这些流线之间的转换。将多种交通方式在同一个建筑内合理安排是空间布局的重点,流线的出入口位置、规模、空间形态等都应该是建筑师需要慎重考虑的问题,同时还要考虑到停车场的布置。

一些铁路枢纽还承担了机场的部分功能,将登记等程序放在客运站内完成,然后通过机场专线直接登机,以实现机场与城市交通之间的"零换乘"。因此,在这一类客运站中,还要考虑这一部分流线的安排。

②从出行方式来分。

从出行方式来分,交通流线可以分为步行流线、车行流线。如果说在铁路枢纽的外部空间交通流线组织中,车行流线是主体考虑对象的话,那么对于内部空间的组织而言,人行流线的组织则是设计的重点。对于人行流线,主要考虑对进出站人流的引导以及如何将站内人流尽快地疏散到换乘系统中;对于车行流线,主要考虑进入客运站内部的交通流线的组织,包括合理安排各种交通工具换乘层、停车场地及换乘大厅的位置。

③从流线目的来分。

从流线目的来分,站内交通流线可划分为进站候车流线、内部换乘流线。客运站内部人流主要分为两部分:一部分人进入车站后通过候车区进入站台乘车,另一部分则是在各个交通体系中换乘。

(2)立体化的交通流线组织。

①进出站客流组织的多层次化。

交通流线如同客运站建筑中的骨骼和脉络,组织各个功能空间形成整体。

只有交通流线是顺畅的、高效的,才能避免在大规模人流聚集的情况下出现拥挤,才能具有良好的疏散能力。在客运专线的背景下,铁路枢纽综合了多种交通方式。因此,如何有效地组织各类交通流线的集散以及各类交通之间的换乘是设计的重点,可以通过区分各种流线的性质和流动特点,根据交通流量的各种影响因素,对交通建筑的总体功能和空间布局统一进行规划和设计。

客运站内部交通的组织方式主要有平面交通流线组织和立体交通流线组织两部分。传统客运站一般采用平面交通流线组织模式,而当代铁路枢纽交通流线的复合性要求对交通流线的组织采用立体模式。

一般而言,进出站旅客流的组织可以分为上进下出、下进上出、下进下出等方式。当然,在铁路枢纽中,往往会综合多种交通方式来解决大规模人流疏散和集聚的需求。

天津站采用的是上进下出、下进下出的旅客进出站模式。乘坐城市公共交通到达的旅客如果从后广场下车,则可直接进入进站大厅,或从地下一层公交车及出租车站下车后,经垂直交通抵达一层候车空间,选择进入基本站台或进入高架候车厅,经过等候后再进入站台上车。乘坐地铁的旅客从地下一层的进站厅进站。在地下一层设置了出站通道,通过这个通道,旅客可以进入其北侧的换乘大厅换乘地铁,也可以从通道北侧的公共出入口出地面换乘,出租车的候车区也设在通道的北侧。

济南西站的旅客进出站流线模式为上进下出模式。来自地铁的进站旅客通过地下的换乘通道进入垂直交通系统到达候车厅,而乘坐公交车抵达车站的旅客在首层进站,乘坐社会车辆及出租车到达的旅客则到达高架层,可以进入基本站台或者通过垂直交通进入候车厅。旅客的出站层设置在 $-3.50\,\mathrm{m}$ 处,是换乘层,换乘地铁的旅客通过垂直交通下到地下地铁换乘厅乘坐地铁,换乘出租车则通过城市通廊抵达出租车乘车点。地面层则安排了公交车、长途车的停车场。社会车辆的停车场位于地下 $-7.8\,\mathrm{m}$ 处。

②换乘流线组织的便捷化。

换乘流线组织是铁路背景下铁路枢纽的内部空间组织中最复杂的一项工作,各种交通方式之间的转化要以便捷为原则,归纳起来应该包括以下几类。

a. 城市出租车及社会车辆与高速铁路之间的换乘。乘坐城市出租及社会车辆进入车站的客流通过高架平台进入广厅或候车厅,然后通过站房内的垂直交通体系(主要为扶梯)进入铁路站台乘车。

b. 城市公交及长途车辆与高速铁路之间的换乘。乘坐城市公交及长途车辆直接进入车站站台层的进站大厅,通过垂直交通体系进入候车厅购票或停留,然后再通过垂直交通体系进入站台乘车。

c.普速铁路与高速铁路之间的换乘。普速铁路与高速铁路一般位于同一高度层面上。因此,乘客通过同一层的转换大厅即可进行换乘,或者通过垂直交通体系进入候车大厅等候后再进入高速铁路站台。

d.城市地下轨道交通与高速铁路之间的换乘。乘坐城市地下轨道交通的旅客在与高速铁路进行换乘的过程中,通过换乘大厅进入客运站的内部垂直交通体系。换乘大厅设置恰当是流线组织合理、高效的前提。

③辅助功能流线组织。

人们在铁路枢纽中行进的主要目的是乘坐交通工具出行,但与此同时也要进行一些辅助的功能活动,如购票、购物、餐饮等,这一部分功能流线的组织应该结合进出站客流及换乘客流的动线来安排,如购票流线结合进站流线、换乘流线来安排,购物、餐饮流线结合候车流线来安排等。

辅助功能流线除以旅客为主体的流线外,还包括客运站内部办公及后勤人员的工作流线。这一部分流线应该具有一定的独立性,有独立的出入口及独立的垂直交通体系。

(3)交通流线组织原则。

①流线顺畅、避免干扰。

站房内部交通流线的组织总体原则就是要保证内部交通畅通,互相之间不干扰,流线简洁。这体现在内部功能空间的安排上,必须要根据各自的功能特点安排在不同的交通流线上,特别是各个交通节点的安排必须防止拥堵。这一原则的关键在于对各交通节点空间尺度的把握和通道空间的通畅。广厅是人们进入车站后的过渡空间,应具有良好的空间可读性,尽量减少人们的停留时间。联系各功能空间的垂直交通体系必须要保证连续性和方便性,如自动扶梯数量的选择、位置的安排都必须有充足的理论依据和数学模型支持。在组织流线时要考虑人的行为心理,避免人群在关键性交通节点空间停留。

②分清主次。

分清客运站的流线主次是另一个重要的设计原则。流量大的旅客流线是设计的重点,首先要满足主要流线上的旅客疏散要求,采用最短的流线距离。其次,对于次要流线也要尽量避免迂回,在满足主要流线要求的基础上尽量缩短次要流线的长度。最后,对于一些特殊的流线则要特殊考虑,比如贵宾流线的设计最好能保证其有单独的出入口和进站通道。

③人性化设计。

在进行客运站设计时,一方面,应对其交通流线做出理性分析并提出合理方案,并据此安排各个功能空间。因此,交通流线的组织方案对客运站的空间形态及布局有着决定性的作用,我们在进行流线组织时,要遵循流线畅通的原则,同时要根据流线的主次来安排各个交通空间,人性化原则是根本的指导原则。人性化设计原则应该贯穿整个客运站建筑设计的全过程,体现在流线设计上即一切从旅客的需求出发。人性化原则在客运站内部人流的交通组织上显著体现在简洁性方面,即保证人在客运站内部进行乘车或换乘的路线最短。另一方面,应该保证旅客中的弱势群体的无障碍通行条件,包括无障碍通道、电梯等的引入。

4. 低耗原则下内部功能布局模式

铁路客运站历来把交通流线作为设计构思的重点。而其建筑空间的组合模式,则是实现相应流线设计的基本空间条件。上文分析了当代铁路枢纽内部空间的组成及形态特点,以及影响空间形态的关键性因素。在了解空间形态的特点及影响因素的基础上,通过对铁路客运站的功能布局的发展历程的回顾,分析并总结当代铁路枢纽的功能布局模式,并以此为出发点探析内部功能布局的设计策略。高能耗是大空间、大尺度建筑的典型特征,尤其对于铁路枢纽这一类交通建筑而言,必须在低耗的原则下组织内部功能的布局,通过合理、紧凑的内部功能空间的组织来降低对能源的消耗。

由于客运专线所带来的巨大社会效益以及经济效益,目前世界上许多国家都在大力发展高速铁路事业,随之带来的是大规模客运站建设浪潮。由于各国的国情、经济水平、社会文化各有不同,客运站的功能布局模式都各有特点,如日本主要以综合体建筑的形式来建设铁路枢纽,我国由于自身经济水平及社会背景的原因,客运站的功能布局模式与其他国家又有不同。下面将列举当今世界客运专线发展比较迅速的国家和地区中占主流的内部功能布局模式。

(1)集约化的功能综合体模式。

一个集多种功能于一体的综合体可以减少土地消耗,减少交通能耗,将资源和能量集中利用。日本及欧洲的高速铁路发展时间比较长,系统构建比较完善,并且社会接受度也高。因此,这些国家和地区的高速铁路线上的铁路枢纽都完全走向以通过式为特征的新型运营模式,由此也使客运站的内部功能由单一的交通功能走向多种功能综合的集约化发展模式。集约是相对于粗放而言,集约化是以效益(社会效益和经济效益)为根本对各个要素进行重组,以最小的成本获得最大的投资回报。铁路枢纽的集约化模式体现在以下几个方面。

①交通功能单元。交通功能单元本身也是复合的,综合了多种交通系统,是城市内部交通、外部交通的集合与换乘中心。

②商业功能单元。商业功能单元所指的不是单独针对旅客服务的商业,而是为整个城市或区域服务的公共性商业空间。这种商业是一种广义上的商业,包括零售、办公、金融服务、旅馆业等功能。由于城市发展较为成熟,一般都选择将铁路枢纽设置在城市中心区。因此,这一类客运站内部功能布局都非常紧凑,对室内空间的利用率非常高。"复合的功能,高的使用价值,吸引人的环境,此外更重要的是高品质的建筑必须能够弥补那些失去的生活空间。"

客运站内部的各个功能单元一般通过一个公共空间来组合,然后通过垂直交通网络联系各个功能空间。流线复杂但各成体系,互不干扰、互不交叉。组合各部分功能的公共空间具有了城市属性,是面向城市开放的空间。同时,车站人流的疏散并不是通过传统方式,而是通过高架道路和延续的人行系统直接疏散到城市中,这从另一个侧面增强了车站对城市的开放性。

综上所述,这一类型的功能布局模式有以下特点。

a. 以通过式空间为主,以公共空间为核心组织功能布局。

b. 功能复杂,交通功能与城市服务功能复合并协调布局。

c. 对城市完全开放。

d. 开发强度较高,内部功能布局紧凑。

(2)立体化的交通综合体模式。

我国的铁路一直超负荷运行,高速铁路发展处于起步阶段。我国正处在经济快速发展阶段,人口流动性大,而且具有季节性的人口流动高峰,因此,在一段时间内,还不可能完全采用"通过式"的客运站设计理念。这一基本国情决定了目前我国铁路枢纽的功能布局还要以"大候车室、大疏散广场"为基本模式。目前,我国大型铁路客站候车空间的整体发展趋势呈现出立体化、综合化及空间组织简化的总体特征。在候车空间上,更多地运用大空间、灵活分隔,将辅助服务部分穿插在候车厅大空间内,使候车空间打破了以往条块分割、封闭单一的模式,趋于开放和灵活,站房的整体空间进一步融合及简化。但我国的铁路枢纽设计存在一定的特殊性,还不能从等候式彻底转为通过式。因此,候车厅从总体上应采取兼顾等候与通过的设计策略。

铁路枢纽内部交通组织实现立体化的交通网络布局。出站及换乘组织多利用地下空间及垂直交通。商业空间的开发以对内部大空间的开发利用为主,辅以部分地下商业开发,主要面对的消费人群是进入火车站内部的旅客。此外,在总体规划布局上,考虑独立商业开发。总体而言,我国当代的铁路枢纽内部功能布局模式的特点如下。

a. 以候车空间为主、通过空间为辅。

b. 功能较为单一,以满足客运站自身功能需求为主。

c. 综合多种交通体系。

d. 对城市的开放性不足。

e. 开发强度相对较低,一般以大尺度空间为主导,对上部空间的开发和利用率不高。

参考文献

［1］ 柏原士郎.建筑设计与环境规划［M］.崔正秀,崔硕华,译.北京:中国建筑工业出版社,2019.

［2］ 曾雅洁.现代绿色生态住宅景观艺术设计研究［D］.南京:东南大学,2022.

［3］ 陈煊,肖相月,游佩玉.建筑设计原理［M］.成都:电子科技大学出版社,2019.

［4］ 程浩.房屋使用寿命的影响因素分析［J］.低碳世界,2016(30):144-145.

［5］ 冯胜石.建筑防水设计及防水材料的选用分析［J］.现代物业(中旬刊),2019(8):90.

［6］ 郝永池,袁利国.绿色建筑［M］.北京:化学工业出版社,2018.

［7］ 胡海燕,逯海勇.建筑环境设计思维、设计与制图［M］.北京:化学工业出版社,2019.

［8］ 胡颖,邬荣亮.延长我国建筑使用寿命的可持续发展设计［J］.中华民居(下旬刊),2014(5):88-89.

［9］ 贾宁,胡伟.建筑设计基础［M］.2 版.南京:东南大学出版社,2018.

［10］ 姜阳阳.商业空间设计中色彩的应用［J］.建材与装饰,2020(4):82-83.

［11］ 金龙哲,汪澍.安全生产典型技术［M］.北京:化学工业出版社,2019.

［12］ 金招芬,朱颖心.建筑环境学［M］.北京:中国建筑工业出版社,2001.

［13］ 李博.室内设计中的绿化设计探析［J］.绿色环保建材,2017(10):74.

［14］ 刘经强,田洪臣,赵恩西.绿色建筑设计概论［M］.北京:化学工业出版社,2016.

［15］ 刘素芳,蔡家伟.现代建筑设计中的绿色技术与人文内涵研究［M］.成都:电子科技大学出版社,2019.

［16］ 刘相林.对建筑防水设计的分析探讨［J］.工程建设与设计,2019(24):16-17.

［17］ 罗湘蓉.基于绿色交通构建低碳枢纽——高铁枢纽规划设计策略研究［D］.天津:天津大学,2011.

［18］ 马成松,马进军.谈建筑物防洪防涝设计［J］.工业建筑,2000(3):24-25＋81.

[19] 同方股份有限公司.智能建筑工程质量验收规范:GB 50339—2013[S].北京:中国建筑工业出版社,2014.

[20] 全惠民,赵彬.试析我国建筑环境艺术设计发展趋势[J].雕塑,2020(3):82-83.

[21] 冉光杰,彭英才,魏聪.低碳节能建筑设计和绿色建筑生态节能设计探讨[J].工程建设与设计,2023(16):14-16.

[22] 孙洪硕.房屋建筑学[M].北京:人民邮电出版社,2015.

[23] 谭征.建筑设计原理与技术探究[M].北京:中国水利水电出版社,2018.

[24] 王的刚.建筑设计与环境规划研究[M].长春:吉林科学技术出版社,2021.

[25] 王秀龙.谈房屋建筑工程节能环保现状及其设计[J].工程建设与设计,2018(3):56-58.

[26] 徐波.建筑设备工程与建筑物理环境[M].北京:中国水利水电出版社,2020.

[27] 徐力.绿色建筑设计理念在建筑设计中的整合与运用[J].工程建设与设计,2021(23):17-19.

[28] 杨晚生.建筑环境学[M].武汉:华中科技大学出版社,2009.

[29] 姚振星,王勇.论建筑的安全与防灾设计[J].电力学报,2003(1):20-22+28.

[30] 余克志,傅俊萍,李明柱,等.建筑环境学[M].长沙:中南大学出版社,2019.

[31] 雨君.议建筑保洁若干问题[J].建筑装饰材料世界,2008(3):32-37.

[32] 张峰.建筑与环境关系的解读[J].工程建设与设计,2014(6):39-41.

[33] 张靖宇,孟津竹,鲍吉言.建筑设计基础[M].北京:北京大学出版社,2021.

[34] 张丽丽.绿色建筑设计[M].重庆:重庆大学出版社,2022.

[35] 中国城市规划设计研究院.城市居住区规划设计标准:GB 50180—2018[S].北京:中国建筑工业出版社,2018.

[36] 中国建筑材料联合会.建筑材料放射性核素限量:GB 6566—2010[S].北京:中国标准出版社,2011.

[37] 中国建筑科学研究院有限公司,上海市建筑科学研究院(集团)有限公司.绿色建筑评价标准:GB/T 50378—2019[S].北京:中国建筑工业出版社,2019.

［38］　中国建筑科学研究院有限公司.建筑采光设计标准:GB 50033—2013［S］.北京:中国建筑工业出版社,2013.

［39］　中国建筑科学研究院有限公司.建筑结构可靠性设计统一标准:GB 50068—2018［S］.北京:中国建筑工业出版社,2018.

［40］　中国建筑科学研究院有限公司.建筑气候区划标准:GB 50178—1993［S］.北京:计划出版社,1993.

［41］　中国建筑科学研究院有限公司.建筑照明设计标准:GB 50034—2013［S］.北京:中国建筑工业出版社,2014.

［42］　中国建筑科学研究院有限公司.严寒和寒冷地区居住建筑节能设计标准:JGJ 26—2018［S］.北京:中国建筑工业出版社,2018.

［43］　中华人民共和国公安部.建筑设计防火规范(2018 年版):GB 50016—2014［S］.北京:中国计划出版社,2018.

［44］　中国建筑科学研究院有限公司.公共建筑节能设计标准:GB 50189—2015［S］.北京:中国建筑工业出版社,2015.

［45］　中国建筑科学研究院有限公司.民用建筑热工设计规范:GB 50176—2016［S］.北京:中国建筑工业出版社,2017.

［46］　中国建筑标准设计研究院有限公司.民用建筑设计统一标准:GB 50352—2019［S］.北京:中国建筑工业出版社,2019.

［47］　上海现代建筑设计(集团)有限公司.智能建筑设计标准:GB 50314—2015［S］.北京:中国计划出版社,2015.

［48］　朱彩霞,杨瑞梁.建筑节能技术［M］.武汉:湖北科学技术出版社,2012.

后　　记

　　建筑设计和环境规划对单体建筑或整个城市的建设、运营和发展起着重要的推动作用。环境设计作为建筑规划设计的重要组成部分,在现代建筑业的规划设计中不可替代,也是城乡建筑规划设计的核心内容。其设计的合理性、科学性和适用性不仅直接关系到城乡建筑规划设计的合理性和适用性,也直接决定人们生活环境的舒适度。因此,规划师或建筑师应该更加重视建筑设计,尤其是环境规划,并通过各种渠道不断提高自己的规划设计技术,提高项目规划设计的质量。这不仅有利于建筑师、规划师等人员的专业发展,也有利于促进建筑行业乃至经济社会的可持续发展。

　　建筑师、规划师在进行建筑设计和环境规划时,要注意做到以下三个方面。第一,不同的环境因素(如行为环境等)具有不同的设计和规划要求。建筑师在规划、设计和开发项目时必须从彼此的内在关系和特点出发,才能获得相应的建筑设计效果,使各种元素在和谐中相互融合,获得人与环境的良好关系。第二,应从和谐融合的角度来处理那些更具动态性的功能性元素,比如交通。在建筑设计和环境规划中,交通要素表现为静态的场地型建筑和相应的环境要素的布置,在不同的交通条件下也会表现出更明显的变化。因此,对交通要素的处理会有更严格、更高层次的设计规划要求,不仅要体现合理性和科学性,同时也要体现便利性和舒适性。第三,注意立体化设计。特别是在城市建筑设计和城市环境规划过程中,建筑师应从空间系统构建的角度构建人与自然和谐共处的空间,在营造多维度人居环境的同时,实现城市的全面可持续发展。